教育部高等学校轻工类专业教学指导委员会"十四五"规划教材

包装应用力学

（第二版）

王　军　卢富德　主　编
段青山　颜建伟　向　红　周建伟　副主编
高　德　主　审
潘　嘹　王洪江　鄂玉萍　孙德强　仲　晨　林　晶　参　编

中国轻工业出版社

图书在版编目（CIP）数据

包装应用力学/王军，卢富德主编.—2版.—北京：
中国轻工业出版社，2023.9
ISBN 978-7-5184-4457-1

Ⅰ.①包… Ⅱ.①王…②卢… Ⅲ.①包装—应用力
学—高等学校—教材 Ⅳ.①TB48

中国国家版本馆CIP数据核字（2023）第103222号

责任编辑：杜宇芳 责任终审：李建华
文字编辑：王晓慧 责任校对：吴大朋 封面设计：锋尚设计
策划编辑：杜宇芳 版式设计：霸 州 责任监印：张 可

出版发行：中国轻工业出版社（北京东长安街6号，邮编：100740）
印 刷：三河市万龙印装有限公司
经 销：各地新华书店
版 次：2023年9月第2版第1次印刷
开 本：787×1092 1/16 印张：14
字 数：360千字
书 号：ISBN 978-7-5184-4457-1 定价：59.80元
邮购电话：010-65241695
发行电话：010-85119835 传真：85113293
网 址：http://www.chlip.com.cn
Email：club@chlip.com.cn
如发现图书残缺请与我社邮购联系调换
211041J1X201ZBW

前　　言

包装工程包括包装制品的生产制造、包装产品的商品化、包装物流运输、包装产品销售使用和废弃物处置 4 个过程。为准确设计、评价包装工程系统，需要掌握成体系的应用力学知识，"包装应用力学"就是一门为后续包装材料、包装工艺、包装机械、运输包装等课程学习打好基础的专业基础课程。

全书分为 3 个篇章，第一篇章：包装固体力学（包括第一章：包装应用力学概论，第二章：包装固体力学基础，第三章：包装材料力学模型，第四章：包装件振动中的力学问题，第五章：包装件冲击中的力学问题）；第二篇章：包装流体力学（包括第六章：包装工程中流体力学基础，第七章：包装系统传质传热中的力学问题）；第三篇章：工程应用（包括第八章：包装件损伤失效的力学分析）。

本书整合了固体力学和流体力学中与包装工程相关的主要知识并形成体系，力求做到既能反映当前行业工程应用问题的实际需求，又能反映在包装工程领域全球力学基础研究的前沿进展，适合包装工程、机械工程、振动工程及相关专业本科生、研究生学习。

本书的编写参阅了国内外学者的大量工作和研究，在此一并致谢。

尽管编写组经历了长期的努力编写出版此书，但限于作者的知识和经验，书中不足之处在所难免，敬请读者指正。

本书由江南大学王军教授与湖南工业大学卢富德副教授担任主编，浙大宁波理工学院高德教授担任主审，广西大学段青山博士、华东交通大学颜建伟教授、华南农业大学向红教授、浙大宁波理工学院周建伟副教授担任副主编，江南大学潘嘹副教授、黑龙江八一农垦大学王洪江副教授、浙江理工大学鄂玉萍副教授、陕西科技大学孙德强教授、中山火炬职业技术学院仲晨副教授、哈尔滨商业大学林晶教授参与编写，江南大学包装工程系博士生刘丰怡同学协助统稿等工作。

2023 年 5 月于无锡

目　　录

第一章　包装应用力学概论

内 容 提 要

　　本章主要包括包装应用力学的任务、主要内容及发展历史和趋势 3 节内容。主要讲授：包装应用力学的任务、包装件、物流过程、振动与冲击、包装件的损伤失效、缓冲防护包装的力学问题、流体力学在包装中的应用、包装应用力学的发展历史和包装应用力学的发展趋势。

基本要求、重点和难点

　　基本要求：掌握包装件的组成、各组成的基本要求和流通过程，熟悉包装件、内装物、缓冲衬垫、外包装、物流过程等一些基本概念，掌握包装应用力学在包装工程教育中的作用，以及强度与刚度、稳定性的知识，了解包装力学的现状及发展趋势。

　　重点：重点掌握包装件、物流过程。

　　难点：断裂、冲击、疲劳、黏弹性力学模型等知识。

第一节　包装应用力学的任务

　　包装应用力学是包装工程专业本科生的 8 门核心专业课程之一。包装应用力学的主要任务有以下几个方面：

　　① 随着现代科学技术的发展，力学的研究内容已渗入到包装工程学科涉及的知识领域，如包装结构设计、运输包装、包装机械、包装技术与方法等专业课程，都要以振动、冲击、破损机理、传递原理等力学知识为基础，而这些力学基础问题在大学物理和工程力学等基础课程中无法解决，导致包装工程专业工程设计能力明显不足。因此，包装应用力学是学习一系列后续课程的理论基础。

　　② 包装件在物流过程中要经历搬运装卸、储藏和运输等多个流通环节。有些简单的工程问题可以直接采用包装力学的基本理论去解决；较复杂的工程问题，则需要综合运用包装力学和其他专门多学科知识协同解决，建立科学合理的包装防护理论。所以学习包装应用力学，是为解决工程问题奠定一定的基础。

　　③ 包装应用力学的研究方法是数学与力学知识在包装工程专业领域的直接应用，因此充分理解包装应用力学的研究方法，不但可以深入地掌握这门知识，而且有助于学习其他科学技术理论，有助于培养正确的分析问题和解决问题的能力与综合素质，为今后解决包装工程的生产实践问题、从事科学研究工作奠定扎实的理论基础。

第二节　包装应用力学的研究内容

　　包装应用力学主要研究内容是以包装件的物流过程为主线，采用力学理论研究包装件在物流过程中承受振动与冲击作用的内在规律，阐释防护包装中的缓冲材料及结构的刚度、强度及稳定性力学问题。通过对常用包装件进行力学分析，研究包装工程中流体的流动性和输送问题，从微观上研究应用流体力学原理，简述液体和气体等在包装材料及物品中的渗透和泄漏，包装中化学物质的迁移问题，包装物的防潮问题。

主要讲授固体力学基础知识、包装件振动与冲击理论、流体力学在包装中的应用、缓冲防护中的力学问题、常用包装件破损的力学分析、缓冲包装材料的力学模型及包装力学实验等内容。

一、包　装　件

包装是人们为了在物流中保护产品、方便储运、促进销售、易于使用，按照一定的技术方法而采用容器、吸能材料及辅助物等形成一定单元体的总称。产品经过包装形成包装件，包装件通常由内装物、缓冲衬垫和外包装3部分组成。

1. 内装物特性

（1）物态　物态即产品存在的状态，它主要影响包装容器的选择，如液态产品不能同固态产品一样直接用木箱或纸箱包装，而需采用桶、罐、瓶等密闭容器进行包装。

（2）外形、尺寸、质量和结构　产品的外形主要影响外包装容器的结构、固定形式以及单元包装的数量。产品的尺寸和质量主要影响包装容器的种类、形式和级别以及储运时的堆码高度。了解产品的结构有助于选择内装物在容器中的固定方式。

（3）化学腐蚀性　由于空气中的水分、氧气、氮气、碳、尘埃及其他化学成分的存在，暴露在大气环境中的金属、机电类等产品会产生不同程度的腐蚀，如黑色金属（钢或铁）制品要比合金金属容易锈蚀。产品的这种特性主要影响产品在运输储存过程中要求的防护方法，如防潮、防锈、防水、防酸碱等。

（4）物理损坏性　包装件物流过程中的机械外载主要是冲击和振动，用以表征包装件内装物的耐损程度，从而采用相应的缓冲包装及防护等级。物流过程的其他外场力主要是指静电、电磁场和放射性作用，需要采用防静电、防电磁和防辐射包装等。

（5）危害性　产品的危害性主要有易燃易爆性、毒性、放射性等，包装不善将导致对人与环境的危害。产品的危害性主要决定了防护方法、防护等级、包装标志以及储运中的一些特殊规定。

（6）载荷类型　按内装物施加给包装容器的结构强度大小，可将载荷类型分为3种：轻载荷、中等载荷和重载荷。根据载荷类型及产品在包装容器中的固定方式采取相应防护等级。

（7）分解与组合性　了解产品是否具有可分解组合的特性，对减小包装尺寸、简化包装结构及方便储运有重要意义。

（8）材料相容性　材料的相容性体现在衬垫材料、内裹包材料、捆扎材料及产品表面之间应彼此相容，不允许出现因包装环节影响产品品质的问题。

2. 缓冲衬垫

缓冲衬垫是根据商品不同形状及薄弱或关键部位，用于固定商品，确保商品在运输过程中不致移动，同时具有缓冲作用的包装构件。衬垫作为具有缓冲作用的包装构件，主要作用是减少或降低外界冲击对内包装物品的破坏。常用的缓冲衬垫材料有发泡聚苯乙烯（EPS）、发泡聚乙烯（EPE）、聚乙烯（PE）、聚丙烯（PP）、纸浆模塑、瓦楞纸板等。

了解包装缓冲衬垫的力学特性，对揭示包装件在动态激励下响应规律、合理设计包装缓冲衬垫具有重要意义。包装缓冲衬垫材料绝大部分是黏弹性材料，除具有一般材料的弹性和塑性外，蠕变和应力松弛现象也是其典型力学特征。

3. 外包装

产品的外部包装在流通过程中主要起保护产品、方便运输的作用。外包装是运输包装件的重要组成部分，除了通常对外包装有结构、形状、材质等方面的要求外，还应具有一定的抗压强度和戳穿强度，以确保产品在装卸运输和仓储条件下的无损性。

最常用的外包装容器是瓦楞纸箱，部分重型产品也采用蜂窝纸板包装箱或木箱，一些较轻或本身抗压强度较高的产品如玻璃空罐等，在使用托盘运输时，可用缠绕薄膜包装代替瓦楞纸箱。

二、物　流　过　程

一般来说，包装件的物流过程主要包括：装卸、搬运、运输、仓储等环节。

1. 装卸、搬运环节

所谓装卸是指随物品运输和保管而附带发生的作业，是物流作业中的一个环节。具体来说，它指在物流过程中对物品进行的装卸货、搬运移送、堆垛拆垛、放置取出、分拣配货等活动。装卸活动的基本动作包括装车（船）、卸车（船）、堆垛、入库、出库以及连接上述各项动作的短程输送，是随运输和保管等产生的必要活动。在物流过程中，装卸活动是频繁发生的，它出现的频率远高于其他各项物流活动，耗费时间长，所以往往是决定物流速度的关键。装卸活动所消耗的人力也很多。此外，进行装卸操作时必然发生货物接触行为，这是在物流过程中造成货物可能发生破损、散失、损耗、混合等损失的主要环节。例如，袋装水泥纸袋破损和水泥散失主要发生在装卸过程中，玻璃、机械、器皿、煤炭等产品在装卸时最容易损坏。

物流过程中的装卸作业包括卸货和搬运分拣堆垛中以及拆垛配货活动中的装卸作业，发货活动中的搬运、装货等装卸作业。具体来说，装卸作业按作业内容分有以下 4 种类型：装货卸货作业、搬运移动作业、堆垛拆垛作业、分拣配货作业。

按装卸场所分类：车站装卸、机场装卸、仓库装卸、港湾、码头装卸。

按物品形态分类：单个物品装卸（一般指大物件装卸）、集装货物装卸（如托盘、集装箱等装卸）、散装货物装卸（如粉粒状物体的装卸）。

按机械来分类：传送带装卸、吊车装卸、叉车装卸、托盘、各种其他装卸机械的装卸。

包装件在物流过程中，要经过多次装卸和短距离搬运等作业。包装件的体积和质量影响着装卸搬运的方式。现今，装卸搬运方式主要有机械和人工两种。其中机械方式大多采用叉车、吊车等设备，用以装卸笨重的包装件，要求外包装设计适应机械装卸的要求。人工装卸适用于 40kg 以下的包装件。过重难以做到轻拿轻放，过轻则显得零乱、分散；在人工装卸时，由于工况和操作者习惯不同，包装件受跌落、碰撞、抛掷的机会较多，在包装设计时，要合理配置提手或手孔，以利于文明装卸和搬运。

2. 运输环节

运输是用设备和工具将物品从一地点向另一地点运送的物流活动，其中包括集货、分配、搬运、中转、装入、卸下、分散等一系列操作。

由生产厂到消费地，包装件要历经漫长的旅程。在汽车、火车、轮船以及飞机等运输过程中，包装件所受到的冲击力一般小于装卸作业，所以受冲击损坏的几率降低，而受振动损坏的几率则较大。特别是汽车运输，受公路路面颠簸激励、车辆减振性能和轮胎充气程度的制约，均可能导致包装件的振动破损。

包装件在物流过程中，还要经受气象环境条件的考验，不同的温度和湿度对包装件也有影响，如纸包装易受潮变形，内装食品、药品霉变，金属制品锈蚀，电子类产品受潮等从而导致变质或性能降低等。货物运输的使命就是防止上述现象的发生，保证产品从生产者到消费者移动过程中的质量和数量，起到产品的保值作用，即保护产品的经济价值，使该产品在到达消费者时使用价值不变。

3. 仓储环节

包装件在物流过程中还需要作长期或短期的仓储存放。仓储周期越短，越利于产品保护。仓储中要求尽可能占用较小的场地，以提高仓储率，所以堆码是常用的方式。堆码会使下层包装件受到因上层包装件重力而引起的静压力，导致外包装发生静变形，危及内装物，因此堆码的高度应根据包装件的强度进行计算，避免底层包装件压损。

对于长期储存的包装件，还要考虑环境条件的影响，特别是露天存放时，尽管会采取某些遮蔽措施，但是环境仍然是恶劣的，其中阳光、风雨、腐蚀气体、微生物等危害不容忽视。

综上所述，包装件在装卸、搬运、运输、仓储环节中，会受到许多外部因素的危害。因此，必须对包装件的物流过程有全面的了解，并模拟环境条件对包装件进行相关测试，以了解所设计包装的防护性能，从而优化包装设计。

三、振动与冲击

包装件在物流过程中，受到的破损大多是由振动与冲击导致的。为了更好掌握包装件的力学防护原理，主要介绍包装件在单自由度线性系统、两自由度和多自由度情况下的振动与冲击基本原理，了解包装件在振动和冲击情况下的运动规律，为缓冲包装设计奠定理论基础。

四、包装件的损伤失效

介绍包装件在物流过程的损伤失效形式，主要包括弹性失效和弹性失稳、脆性失效和脆性断裂、疲劳失效、过度变形，对振动和冲击过程中的易损度及冲击谱理论进行了描述，介绍包装箱盒类、包装袋类、包装瓶罐类、包装桶类等典型包装件致损原因，并进行力学分析。

五、包装材料的力学模型

从线性应力应变关系及本构模型的概念、弹塑性本构模型、黏弹性的本构模型等力学模型基础入手，讲解发泡聚苯乙烯、发泡聚乙烯、瓦楞纸板等几种常用缓冲包装材料的力学模型，进而介绍利用最小二乘法原理进行模型识别的方法，了解如何采用本构模型进行缓冲包装设计。

六、流体力学在包装中的应用

在物流过程中，包装对物品的保护是其最根本的功能，不同的物品有不同的防护要求，例如防潮、保鲜、防霉、防锈、无菌、防虫害、防静电、防震缓冲等。这些保护要求包装物品在流通过程中起到一定的阻隔作用，将物品和环境中的热量、水分、气体、力、光、电、虫、菌、尘等传递量减少到最低、最合理的程度。包装工程中的流体力学问题主要涉及以下几个方面：流体的流动和输送、包装的渗透和泄漏、包装中化学物迁移。

第三节　包装应用力学的发展

一、包装应用力学的发展历史

包装应用力学的经典理论分析最早由美国明德林（R. D. Mindlin）于 1945 年在论文《缓冲包装动力学》中提出。明德林指出，包装件在物流过程中产生机械损伤的原因不外是产品本身太脆弱、保护性缓冲不当、包装容器不够坚固等。1952 年，简森（R. R. Janssen）提出缓冲系数-最大应力曲线；1961 年，富兰克林（P. E. Franklin）和海旦（M. T. Hatae）提出最大加速度-静应力曲线。根据这些经验曲线，可以设计计算单自由度线性或非线性系统的跌落缓冲包装。缓冲系数-最大应力曲线是包装材料的静态压缩特性曲线，实验设备要求低，操作简便而便于应用。最大加速度-静置应力曲线是包装材料的动态压缩特性曲线，考虑材料的动力学效应，更接近于实际情况，目前应用较广泛。1961 年，缓冲包装设计被作为一个独立的章节，列入了美国的权威工具书 *Shock and Vibration Handbook*。在 1964 年美国国防部制定的 *Military Standardization Handbook* 中，介绍了缓冲包装设计的内容。1968 年，马斯登（G. S. Mustin）在 *Theory and Practice for Cushion Design* 一书中，首次较系统地总结归纳了已有成果。1969 年，星野茂雄和丰田实较全面地总结了缓冲包装设计理论。1976 年，麦旦其（D. McDaniel）和威斯基德（R. M. Wyskida）提出包装材料动态压缩曲线除了与包装材料尺寸和跌落高度有关外，还与时间和环境温度有关。1982 年，马斯登同样提出了上述观点，为了减少试验工作量，科斯特（T. L. Cost）、麦旦其和威斯基德分别建立了使用某些包装材料包装产品最大加速度的数学表达式，根据不同静应力、厚度、跌落高度和环境温度，可根据此数学表达式直接计算最大加速度值。

由于包装件结构较复杂，缓冲材料的非线性效应十分突出，在明德林（R. D. Mindlin）建立的双自由度简化的动力学模型中，只能得到近似的计算结果。历来采用的跌落试验机，在对包装后的产品进行跌落试验时，很难保证冲击时的姿态和防止反弹，不易得到准确的冲击加速度-时间曲线，影响分析精度。因此，无论是理论还是试验方法及设备，都有很大的改进空间。

1954 年高霍索（M. Komhauser）和 1965 年彭特莱（J. W. Pendered）提出了损坏灵敏度概念。1968 年牛顿（R. E. Newton）提出了破损边界概念。围绕易损度的评价及损伤边界曲线的理论和试验研究，国内外许多学者做了不少工作。目前世界上常用的缓冲包装设计方法为"五步法"，由 MTS 系统公司和密歇根州立大学包装学院在 20 世纪 70 年代末期共同研制成功。缓冲设计的 5 个步骤包括：确定流通环境、确定产品的易损度、选用适当的缓冲衬垫、设计与制造原型包装、试验校核原型包装的性能。

"五步法"在美国和世界各地获得应用，经过近 10 年的发展，终于被美国国家标准学会（American National Standards Institute，ANSI）列入美国试验材料学会（American Society for Testing and Materials，ASTM）标准。之后又出现了修正的缓冲包装设计的"六步法"，并给出了与每一个步骤相关联的 ASTM 标准。该理论与方法已列入美国《包装工程设计手册》，编入包装动力学教材。一些国家按各自的实际情况修订了相应的包装标准。如日本从 1987 年 3 月起实施了新的标准——包装物实验方法通则 JIS Z 0202、JIS Z 0232 等。

我国很早就有了包装应用力学的实践，如公元 7 世纪唐代将陶瓷制品完整无损地运往日本、印度及马来西亚等国，表明当时我国已掌握了较高的防震缓冲技术及设计经验。但现代包装应用力学理论研究相对较晚。1978 年，湖南大学朱光汉教授向国内介绍关于包装应用力学的情况。同年，由国家标准局发布了包装材料静、动态压缩试验，振动传递率和缓冲包装设计等 4 项国家标准。

20 世纪 80 年代起，我国开始进行包装应用力学的系统研究。1987 年 1 月，浙江大学奚德昌教授发起召开了全国首届包装动力学学术讨论会，后经中国科协和中国振动工程学会批准，于 1989 年 6 月在嘉兴成立了中国振动工程学会包装动力学专业委员会。通过该学会历届理事会与广大会员的努力，至今其工作已辐射全国 20 多个省市，理事单位涵盖了全国几十所高校和一批包装主干研究机构、大中型包装企事业单位；国际上和美国、新加坡、加拿大、德国、日本等国的相关学术、教育组织建立起交流合作关系。先后在杭州、北京、温州、重庆、无锡、广州、哈尔滨、西安、郑州、珠海、武汉、宁波、株洲、天津等地召开了 18 届全国性学术交流大会，交流发表论文 3000 余篇，为推动我国包装应用力学和缓冲包装结构设计的发展做出了重要的贡献。

1985 年起，浙江大学奚德昌、童忠钫、王振林等开始培养包装应用力学方向的硕士研究生，1987 年开始招收博士研究生；陕西科技大学（原西北轻工业学院）彭国勋、北京工商大学（原北京轻工业学院）郑百哲、北京印刷学院许文才、暨南大学王志伟、浙大宁波理工学院高德、江南大学卢立新、天津商业大学计宏伟等相继培养了一批包装动力学方向的硕士研究生；2003 年江南大学开始招收包装工程博士生，王志伟、卢立新、王军等培养了一批包装动力学方向的博士生。自此，我国自主培养的包装动力学高层次人才开始了现代包装应用力学的发展和推动中国现代包装科技进步新里程。

1989 年 10 月，由彭国勋主编的《缓冲包装动力学》全国包装统编教材填补了我国该方向教材的空白。浙江大学奚德昌，湖南工业大学（原株洲工学院）宋宝丰、汤伯森，北京工商大学郑百哲等主编的相关教材或专著，对我国包装动力学人才培养起到了重要作用。

在国际化方面，湖南工业大学、江南大学、天津科技大学、北京印刷学院、暨南大学等一批高校先后加入并成为国际包装研究联合会（IAPRI）成员单位；1999 年奚德昌作为国内唯一获邀的评委参加第 11 届 IAPRI 国际会议，在国际同行中确立了影响；王志伟教授先后于 2004 年和 2007 年分别代表江南大学和暨南大学当选国际包装研究联合会（IAPRI）理事会理事，这是中国包装学术界首次进入 IAPRI 决策机构——理事会；王军教授先后于 2019 年和 2022 年再次当选国际包装研究联合会（IAPRI）理事会理事；王军教授于 2021 年应邀担任国际包装权威期刊 *Packaging Technology and Science* 主编，进一步扩大了我国学者在国际包装舞台的影响。

目前，我国无论是在包装应用力学理论研究，还是在科研攻关、人才培养、教材著作等方面都已接近国际水平。随着包装工业经济的发展和人才队伍的壮大，我国的包装应用力学学科在 21 世纪必将会以更快的速度日臻完善。

二、包装应用力学的发展趋势

从国内外学科的进展和学科需求来看，现代包装应用力学的发展趋势主要有以下几点：

1. 深入研究多自由度、非线性包装系统动力学分析理论，阐述不同激励下系统的响应规律；

2. 深入开展包装流体力学的基本理论和分析方法研究，解释复杂包装系统中的流体力学问题；

3. 加强包装新材料、新工艺中涌现的新的力学问题研究和建立新的应用力学问题分析方法。

练习思考题

1. 包装件通常由哪几部分组成？
2. 包装件的物流过程主要包括哪些环节？
3. 包装应用力学的主要研究内容是什么？

第二章 包装固体力学基础

内 容 提 要

包装应用力学的主要研究对象包括固体和流体两大类。传统的包装动力学主要解决固体对象在各种激励下的动态响应及损坏失效问题。了解固体力学的基本概念对分析包装件的动态失效行为具有十分重要的意义。据此，本章主要内容包括：固体力学中的若干定义和概念、材料力学与结构力学基础。主要讲授质量与惯性、弹簧与弹性、阻尼与黏性、力、力偶与力矩、应力、应变、应变率与应变能、蠕变与松弛等基本概念；强度与刚度、稳定性、构件的基本变形、断裂、冲击与疲劳等固体力学基本原理与方法。

基本要求、重点和难点

基本要求：熟悉弹性、塑性、黏性、应力、应变、蠕变与松弛等一些基本概念，掌握包装材料的强度与刚度、稳定性的知识，了解断裂、冲击与疲劳。

重点：重点掌握弹性、塑性、黏性、应力、应变、蠕变与松弛等基本概念，以及强度、刚度、稳定性和构件的基本变形的知识。

难点：断裂、冲击、疲劳等知识。

第一节 固体力学中的若干定义和概念

一、质量与惯性

牛顿第一定律指出，一切物体在不受外力作用时，总保持匀速直线运动状态或静止状态。物体具有保持原来匀速直线运动状态或静止状态的性质叫作惯性。描述物体惯性的物理量是它们的质量。物体质量越大，惯性越大，反之则越小，质量是质点惯性的度量。对于惯性的理解，要注意以下 5 点：

① 一切物体都具有惯性；

② 惯性是物体的固有属性；

③ 质量是惯性大小唯一的量度；

④ 惯性与质量成正比；

⑤ 惯性是物体的一种属性，而不是一种力。

惯性质量 m 与力 F 和加速度 a 的基本关系遵从牛顿定律 $F=ma$，可以清楚看出：当物体受外力 F 方向与物体运动速度 v 方向在同一直线上时，物体的加速度与质量成反比，质量越大的物体越难被加速；当物体受外力 F 方向与物体运动速度 v 方向互相垂直时，物体运动方向的改变量由物体质量决定，质量越大的物体，运动方向越难被改变。当作用在物体上的外力为零时，惯性表现为物体保持其运动状态不变，即保持静止或匀速直线运动；当作用在物体上的外力不为零时，惯性表现为外力改变物体运动状态的难易程度。所以有：惯性定律是描述运动的规律，惯性是物体本身的一种性质；惯性定律成立是有条件的，而惯性是任何物体都具有的。

惯性力与达朗伯原理：达朗伯在研究用动静法解非自由质点和非自由质点系动力学问题时，提出了惯性力的概念，并推证出达朗伯原理。达朗伯原理用静力学研究平衡问题的方法来研究动力学的不平衡问题，研究方法简单，在工程中被广泛使用，本节在此予以简述。

（1）惯性力　当质点受到其他物体的作用而改变其原来的运动状态时，由于质点的惯性而产生对施力物体的反作用力，称为质点的惯性力。惯性力的大小等于质点的质量与其加速度的乘积，方向与加速度的方向相反，并作用在施力物体上，表达式为：

$$F_I = -ma \tag{2-1}$$

式中　　F_I——惯性力；

m——质点质量；

a——质点加速度。

（2）质点的达朗伯原理　质点在运动的每一瞬时，作用在质点上的主动力、约束反力与假想加在质点上的惯性力构成形式上的平衡力系。这就是质点的达朗伯原理，即：

$$F + F_N + F_I = 0 \tag{2-2}$$

式中　　F——作用在质点上的主动力；

F_N——约束反力；

F_I——惯性力。

（3）质点系的达朗伯原理　在质点系运动的每一瞬时，作用于质点系上的所有主动力、约束反力与假想加在质点系上的惯性力构成形式上的平衡力系，即：

$$\sum F = 0, \ 即：\sum F_i + \sum F_{Ni} + \sum F_{Ii} = 0 \tag{2-3}$$

$$\sum M_O = 0, \ 即：\sum M_O(F_i) + \sum M_O(F_{Ni}) + \sum M_O(F_{Ii}) = 0 \tag{2-4}$$

式中　　　　　　　　　　F_i——作用在第 i 个质点上的外力的合力；

F_{Ni}——作用在第 i 个质点上外约束反力的合力；

F_{Ii}——作用在第 i 个质点上的惯性力；

$M_O(F_i)$、$M_O(F_{Ni})$、$M_O(F_{Ii})$——分别为 F_i，F_{Ni}，F_{Ii} 对点 O 之矩。

刚体运动时惯性力系的简化：刚体运动时，其惯性力系的简化结果见表2-1。

表 2-1　　　　　　　　　　　　刚体运动时惯性力系的简化结果

刚体运动形式	简化中心	惯性力系简化结果	符号说明
平动	质心 C	$R_I = -ma_C$	R_I, M_{IO}, M_{IC} 为刚体惯性力系的主矢和主矩
定轴转动	转轴 O	$R_I = -ma_C = -m(a_{C\tau} + a_{Cn})$ $M_{IO} = -J_O \varepsilon$	a_C, ε 为刚体质心的加速度和角加速度 $a_{C\tau}, a_{Cn}$ 为刚体质心的切向和法向加速度
平面运动	质心 C	$R_I = -ma_C$ $M_{IC} = -J_C \varepsilon$	m, J_O, J_C 为刚体的质量，转动惯量

二、弹簧与弹性

1. 概念与性能

弹簧是利用材料的弹性和特定的结构特点，使变形与载荷之间保持某种恒定关系的一种弹性元件。弹簧在受载时能产生较大的弹性变形，把动能转化为形变能，而卸载后弹簧的变形消失并回复至原状，将变形能转化为动能。所以，弹性性能是弹簧的基本属性。如橡胶、金属丝等受外力作用时各点间的相对位置发生改变，撤去外力后又恢复原状，这种可恢复的变形称为弹性变形。弹性变形范围内，应力与应变呈线性关系的最大应力值称为比例极限，可达到的最大应力值称为弹性极限。对于可能经历往复多次载荷的缓冲衬垫而言，弹性变形将是其重要的变形特征。对于线弹性力学模型可表示为无质量的线性弹簧，如图 2-1 所示。

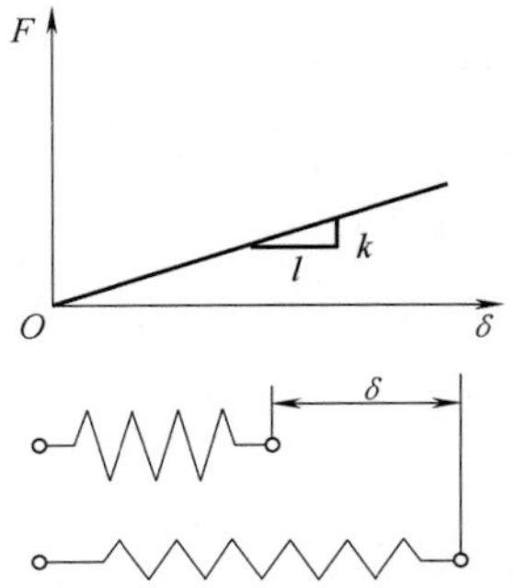

图 2-1　线弹性

为简化研究，根据单向压缩时弹性范围的应力-应变曲线，将缓冲材料的弹性模型分为线性弹性（简称"线性"）和非线性弹性（简称"非线性"）两大类。典型的非线性弹性又分为分段线性、三次函数型、正切函数型、双曲正切函数型和不规则型（如前段双曲正切后段正切型组合）。具有分段线性的弹性系统往往由相应的结构组合所造成；三次函数型在小变形时十分接近线性，主要代表是悬挂包装的组合弹簧；正切函数型十分接近线性材料在趋于压实状态的情况；双曲正切函数型是弹性极限小的材料在较大变形范围内的状态；一般的泡沫类材料在整个变形范围内呈典型的不规则型。不同弹性材料的载荷-变形曲线如图 2-2 所示。

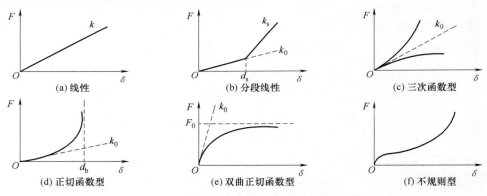

图 2-2　几种典型弹性材料的载荷-变形曲线

对于非线性弹性模型，变形曲线各点的斜率不同，因而各点的 E、k 值均有差别：

$$E_a = \frac{\mathrm{d}\sigma}{\mathrm{d}\varepsilon} \Big|_{\varepsilon_a} \tag{2-5}$$

$$k_a = \frac{\mathrm{d}F}{\mathrm{d}\delta} \Big|_{\delta_a} \tag{2-6}$$

引入小变形情况初始弹性模量 E_0 和初始弹簧刚度 k_0 的概念，把它们定义为相关曲线在原点处的斜率：

$$E_0 = \frac{\mathrm{d}\sigma}{\mathrm{d}\varepsilon} \Big|_{\varepsilon \to 0} \tag{2-7}$$

$$k_0 = \frac{\mathrm{d}F}{\mathrm{d}\delta} \Big|_{\delta \to 0} \tag{2-8}$$

工程上为了表征和比较材料的性能，常采用所谓条件弹性模量，如将金属、石料、混凝土等材料在弹性极限内使用，允许按线弹性处理，其切线斜率取为常量，亦称为正切模量。

$$E = \frac{\sigma}{\varepsilon} \tag{2-9}$$

通常正切模量是在标准应变下测定的。可见，为了研究问题的方便，工程上对不同材料的弹性评价有多种方法，应注意其适用条件。

2. 组合体材料的弹性系数

在缓冲包装设计时，有时会组合两种不同特性的材料一起作为缓冲垫，以适应对缓冲包装的特殊功能需求，或通过组合手段提高缓冲包装系统的缓冲性能。两种材料组合的弹性系统，其弹性特性明显区别于两种原始材料的力学特性，下面按照线性弹性体、非线性弹性体的并联和串联组合方式分别对组合体材料的弹性系数进行分析。

（1）线性弹性体的并联组合　图 2-3 给出了并联组合的线性弹性体的力学模型。设两种材料的厚度相同，材料 I 的承载面积为 A_1，刚度为 k_1；材料 II 的承载面积为 A_2，刚度为 k_2。

根据材料力学轴向拉伸或压缩的变形规律，厚度方向变形 $\Delta d = Fd/(EA)$，也可以写成 $F = (EA/d)\Delta d$，则根据材料的弹性系数定义可以表示成：

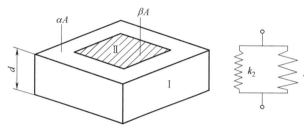

图 2-3　并联组合模型

$$k = \frac{EA}{d} \tag{2-10}$$

式中　E——材料的弹性模量，MPa；

A——试样的承载面积，cm^2；

d——试样厚度，mm。

并联组合材料的弹性系数为原始材料弹性系数之和，表示为：

$$k = \sum_{i=1}^{n} k_i \tag{2-11}$$

用弹性模量来表示组合材料的弹性系数为：

$$k = k_1 + k_2 = \frac{E_1 A_1 + E_2 A_2}{d} \tag{2-12}$$

式中　k_1、k_2——各组合原材料的弹性系数，kN/m；

E_1、E_2——各组合原材料的弹性模量，MPa；

A_1、A_2——各组合原材料的承载面积，cm^2；

d——材料厚度，mm。

实际包装过程中，由于外包装容器结构尺寸的限制，总承载面积取为某定值，则：

$$k = (\alpha E_1 + \beta E_2)\frac{A}{d} \tag{2-13}$$

其中 α 和 β 分别为两种原始材料面积的占比。显然，调节上式中的 α 和 β 的值，就可以线性地获得不同的系统弹性系数。

【例 2-1】 某缓冲衬垫如图 2-4 所示。两种材料的厚度均为 d，材料 Ⅰ 的承载面积为 A_1，弹性模量为 E_1；材料 Ⅱ 的承载面积为 A_2，弹性模量为 E_2。若有一底平面面积为 A（$A > A_1 + A_2$），重量为 W 的重物完全置于此衬垫上，分别求出两种材料此时受到的应力和变形量。

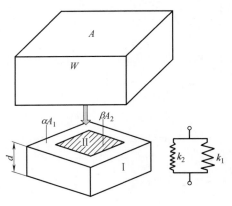

图 2-4　并联组合模型

解：组合材料刚度为：

$$k = k_1 + k_2 = \frac{E_1 A_1 + E_2 A_2}{d} \tag{2-14}$$

两种材料的变形量是一样的，即 $\Delta d_1 = \Delta d_2 = \Delta d$，所以：

$$\Delta d = \frac{W}{k} = \frac{Wd}{E_1 A_1 + E_2 A_2} \tag{2-15}$$

应变均为：

$$\varepsilon_1 = \varepsilon_2 = \varepsilon = \frac{\Delta d}{d} = \frac{W}{E_1 A_1 + E_2 A_2} \tag{2-16}$$

由此，两种材料受到的应力分别为：

$$\sigma_1 = E_1 \varepsilon_1 = \frac{E_1 W}{E_1 A_1 + E_2 A_2}, \quad \sigma_2 = E_2 \varepsilon_2 = \frac{E_2 W}{E_1 A_1 + E_2 A_2} \tag{2-17}$$

（2）线性弹性体的串联组合　图 2-5（a）给出了串联（叠置）组合的线弹性体的力学模型。假定两种材料承载面积相同，均为 A，材料 Ⅰ 的厚度为 d_1，刚度为 k_1；材料 Ⅱ 的厚度为 d_2，刚度为 k_2；总厚 $d = d_1 + d_2$。不难证明，上述串联（叠置）组合模型恰好符合直线形的弹性体力学模型，如图 2-5（b）所示。

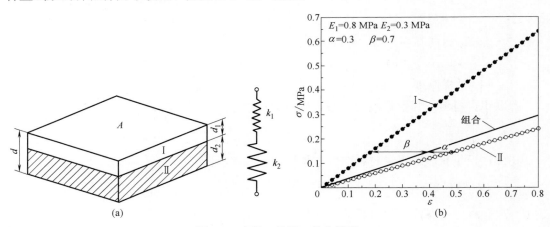

图 2-5　串联（叠置）组合模型

根据变形为两种原材料变形的总和容易得出串联组合材料的弹性系数和原始材料弹性系数间的关系为：

$$\frac{1}{k} = \frac{1}{k_1} + \frac{1}{k_2} \tag{2-18}$$

即：

$$k = \frac{k_1 k_2}{k_1 + k_2} \tag{2-19}$$

式中　k_1、k_2——材料 I 和材料 II 的弹性系数。

将弹性系数 k 用弹性模量 E 表示，$k_1 = \dfrac{E_1 A}{d_1}$，$k_2 = \dfrac{E_2 A}{d_2}$，则：

$$k = \frac{E_1 E_2 A}{d_1 E_2 + d_2 E_1} \tag{2-20}$$

如果组合后的总厚度 d 设计成常量，两种材料厚度占比为 α 和 β，则组合材料的弹性系数为：

$$k = \frac{E_1 E_2}{\alpha E_2 + \beta E_1} \cdot \frac{A}{d} \tag{2-21}$$

因此，与并联组合一样，调节 α 和 β 可以得到不同的组合材料弹性系数，获得设计需要的弹性系数。如材料 1 和材料 2 的弹性模量分别为 800MPa 和 300MPa，面积相同，厚度比为 3∶7，求叠置组合后的弹性性能，如图 2-5（b）所示。

（3）非线性弹性体的并联组合　由于非线性弹性体的弹性系数要随应变状态变化，不再是恒定值，因此，上述线性弹性体的运算法则不再适用，必须从应力-应变关系曲线入手。先从图线上求出合成的应力-应变曲线，然后用选点法、剩差法或最小二乘法求初始弹性系数。

① 厚度相同的两种非线性弹性材料的并联组合　图 2-6（a）为厚度相同的两种非线性弹性材料的应力-应变曲线。此组合条件下，任意给定的应变量所对应的合应力可按下式求得：

$$\sigma = \alpha \sigma_1 + \beta \sigma_2 \tag{2-22}$$

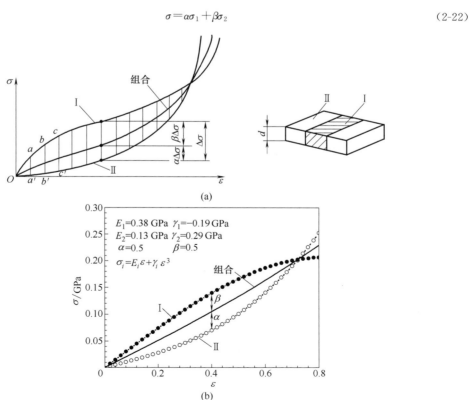

(a)

(b)

图 2-6　相同厚度非线性材料的并联组合

式中　α、β——材料 I、II 占总承载面积的比值；

　　　σ_1、σ_2——材料 I、II 各自的应力，MPa。

在图线上，合成的应力-应变曲线可采取比例分割的方法得出。设任意给定的应变量所对应的应力坐标为 a、b、c（对应 σ_1）和 a'、b'、c'（对应 σ_2），连接各对应点，得线段 aa'、bb'、cc'；以 $\alpha:\beta$ 之比值分割各线段，然后连接所有被分割点得到一条平滑曲线，代入应力应变数学表达式，此曲线即是合成的应力-应变曲线，如图 2-6（b）所示。

② 厚度不同的两种非线性弹性材料的并联组合　图 2-7 为厚度不同的两种非线性弹性材料并联组合时的载荷-变形（F-x）曲线。由于存在厚度差，当材料受压时，材料 I 先开始变形（变薄），当材料 I 压缩到与材料 II 等厚时，材料 II 才开始变形。因此，曲线 II 的起点在变形 x 轴上要滞后一定距离（即厚度差）；两种材料共同受压时，承载面积扩大，意味着负载能力提高了，为两种材料载荷能力之和，即：

$$F = F_1 + F_2 = \sigma_1 A_1 + \sigma_2 A_2 \tag{2-23}$$

式中　F——外加载荷，kN；

　F_1、F_2——两种材料在各自承载面积上作用的载荷，kN；

　σ_1、σ_2——两种材料各自的应力，MPa；

　A_1、A_2——两种材料各自的承载面积，cm^2。

合成的载荷-变形（F-x）曲线作法可按坐标叠加法求出。在曲线 I 上，以纵坐标 F_1 为基准点，叠加 F_2 值，得到两种材料随变形量增加时承受的总载荷，平滑地连接就得到了合成的载荷-变形曲线，如图 2-7 所示。

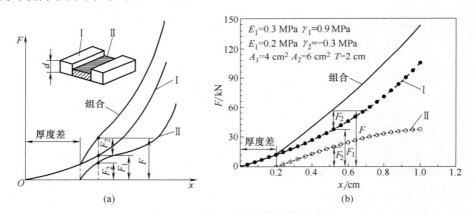

图 2-7　厚度不同非线性材料并联

（4）非线性弹性体的串联组合

① 面积相同的两种非线性弹性材料的串联组合　图 2-8 为两种面积相同而厚度不同的材料串联组合的情况。任意应力状态下合成的应变量 ε 可按下式求出：

$$\varepsilon = \alpha \varepsilon_1 + \beta \varepsilon_2 \tag{2-24}$$

式中　ε_1、ε_2——材料 I、II 各自的应变；

　　　α、β——材料 I、II 各自的厚度占比。

串联时合成的应力-应变曲线的作法如下：用平行 x 轴的直线联结同一应力（纵）坐标下曲线 I 和曲线 II 的对应点，得线段 aa'，bb'，cc'，按 $\beta:\alpha$ 的比例分割这些线段，联结各分割点得到的平滑曲线，即合成后的应力-应变曲线。如图2-8（b）所示，随着应变增大，组合模型的应力最大值是两种材料应力的最小者。

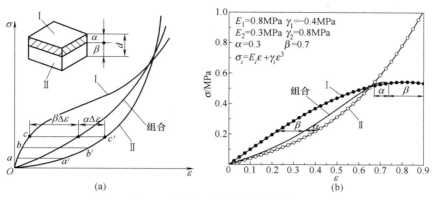

图2-8 相同面积非线性材料串联

② 面积不同的两种非线性弹性材料的串联组合 在缓冲衬垫结构设计中，有时需把较软的材料嵌在基础衬垫的中间，形成如图2-9所示的串联结构。在外加载荷的作用下，两种材料同时变形，变形量 x 等于各自变形量之和，即：

$$x = x_1 + x_2 \tag{2-25}$$

由于材料 I 较软且面积也小，很快就达到极限变形量 x_b，则此时的变形量为：

$$x = x_1 + x_b \tag{2-26}$$

在图上，也可用坐标叠加的方法求得合成的载荷-变形曲线，方法与图2-7所示一致。图2-9给出了不同面积非线性材料串联组合的结果。

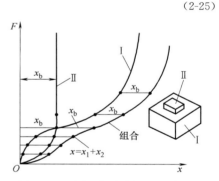

图2-9 不同面积非线性材料串联

三、阻尼与黏性

黏性是施加于流体的应力和由此产生的变形速率以一定关系联系起来的流体的一种宏观属性，具体表现为流体的内摩擦。由于黏性的耗能作用，在无外界能量补充的情况下，运动的流体将逐渐停止下来。

最初，通过观察黏性流体中运动物体所受的阻尼力，科学家们抽象概括出黏性阻尼模型。1865年，Kelvin在预测一些简单体系的自由振动衰减现象后，提出固体材料中存在内阻尼。为了描述这种内阻尼，他借用了黏性模型，提出固体材料的内阻尼与黏性流体中的黏性阻尼相似，与变形速度有关。黏性阻尼是指物体在运动过程中受各种阻力的影响，能量逐渐衰减而运动减弱的现象，其力学模型为图2-10所示的油缸与活塞阻尼过程（F 为阻力，$\dot{\delta}$ 为运动速度，c 为阻尼系数），它表示阻力与运动速度成正比，即线性黏性阻尼。

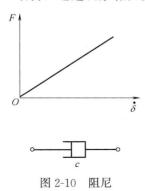

图2-10 阻尼

材料阻尼是一个机制比较复杂的物理量，由多种基本的

15

物理机制组合而成。根据不同类型阻尼的物理机制及具体阻尼现象，为了便于数学计算，物理学家和工程专家在实验基础上相继建立了许多描述阻尼的数学模型。

（1）黏性阻尼　线性黏性阻尼理论认为阻尼力的大小与速度成正比，方向与速度反向。黏性阻尼相当于物体在液体中低速运动的介质阻尼。由于这种线性假设在数学分析上带来了许多方便，而且在微小振动条件下，这种假设也具有一定的精确性，因此，黏性阻尼是使用最多的一种。

（2）干摩擦阻尼　物体在干燥表面上相对滑动时所受到的摩擦阻力称为干摩擦阻尼，也称为库仑阻尼。在工程中，该阻尼模型经常用于表示被铆接或栓接的两个结构单元之间的摩擦。干摩擦阻尼不仅与相对运动表面之间由于凹凸不平产生的啮合程度有关，接触表面之间的塑性变形及相互黏着力也对其起着一定的作用。干摩擦阻尼力的大小与正压力成正比，与相对运动速度的方向相反。

（3）结构阻尼　结构阻尼是分析结构振动时经常遇到的一种阻尼，是系统振动时由于材料内摩擦而产生的阻尼，在一个周期中，它耗散的能量与频率无关，而与振幅的平方成正比，亦称为迟滞阻尼。结构阻尼力与振幅的平方成正比，方向与速度方向相反。由于结构阻尼模型有大量的宏观实验基础，近年来已被广泛应用于航空等工程领域的振动分析。

（4）空气动力阻尼　对于在空气中运动的质量较轻的结构，空气动力阻尼将起很重要的作用。该阻尼属于外部介质阻尼，其阻尼力的大小与结构的运动速度平方成正比，方向与速度方向相反。

缓冲包装的目的就是减少振动和冲击对被包装物品的损害，包装工程中利用缓冲材料的阻尼来控制振动和冲击是一种有效方法，阻尼在振动过程中使系统能量耗散，减小被包装物品的响应强度，发挥缓冲材料减振和耗能的作用。在自由振动中，阻尼耗散系统的振幅不断衰减；在受迫振动中，阻尼耗散激励力所做的功，限制系统的振幅；尤其是在共振时，系统的放大倍数依赖于阻尼，阻尼越大，共振振幅越小。阻尼可以通过两种途径来增加：一种是外加非材料阻尼，例如干摩擦阻尼或各种阻尼器；另一种是使用复合材料或黏弹性材料。

四、力、力偶与力矩

1. 力

物体之间的相互作用称为力。物体受到其他物体的作用后，物体运动状态将发生变化或者发生形变。所谓运动状态的变化是指物体的速度发生变化，包括速度大小和方向的变化，即产生加速度。力的作用要通过时间和空间来实现，物体的运动状态的变化量或物体形态的变化量取决于力对时间和空间的累积效应。根据力的定义，对任何一个物体，力与它产生的加速度方向相同，它的大小与物体所产生的加速度成正比。

力的种类很多。作用在可变形固体上的外力有两种类型，即体力（Body Force）和面力（Surface Force）。所谓体力，是指作用在物体体积微元上的力，例如重力、惯性力、电磁力等。面力是沿着物体表面的分布力，如风力、液体压力、两物体间的接触力等。可变形固体在外力等因素作用下，其内部各部分之间就要产生相互作用。这种物体内的一部分和与其相邻的另一部分之间相互作用的力，称为内力。根据力的效果划分，有压力、张力、支持力、浮力、表面张力、斥力、引力、阻力、动力、向心力等。根据力的性质划分，有重力、弹力、摩擦力、分子力、电磁力、核力等。

力是一个矢量，力的大小、方向和作用点是表示力作用效果的重要特征，称为力的三要素。力的合成与分解遵守平行四边形法则（亦即三角形法则，如图2-11所示）。

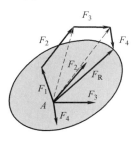

图2-11　力矢及汇交力系的合成

$$F_R = F_1 + F_2 + \cdots + F_n = \sum F \tag{2-27}$$

2. 力偶

如图2-12所示，将大小相等，方向相反但不共线的两个平行力组成的力系，称为力偶。容易证明，一个力偶无论怎样简化，都不能合成为一个力，所以一个力偶不能与一个力等效，也不能与一个力构成平衡。力偶与力一样，是一个基本力学量。

力偶对物体产生转动效应。力偶的二力对空间任一点之矩的和是一常矢量，称为力偶矩。一力偶可用与其作用面平行、力偶矩相等的另一力偶代替，而不改变其对刚体的转动效应。由于力偶作用面具有方向性，因此一个空间力偶矩是一个矢量，其方向线与力偶作用面垂直并按右手螺旋定则确定其指向，它的大小等于力和力偶臂的乘积，作用在刚体上的力偶矩矢是自由矢。力偶矩量纲的国际单位为 N·m。

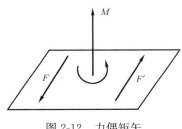

图2-12　力偶矩矢

3. 力矩

如图2-13所示，力矩是表征力对物体产生转动作用的物理量，为矢量。用力（F）和力臂（r）的叉乘来表示。物理学上力对点之矩指使物体转动的力乘以到转轴的距离，即：

$$M_O(F) = r \times F \tag{2-28}$$

式中　$M_O(F)$——力 F 对矩心 O 的矩，N·m；

　　　r——从转动轴到着力点 O 的径。

力矩还可以表示为力对轴之矩。力对轴之矩是力对物体产生绕某一轴转动作用的物理量。它是代数量，大小等于力在垂直于该轴的平面上的分力同此分力作用线到该轴垂直距离的乘积；其正负号用以区别力矩的不同转向，按右手螺旋定则确定（图2-14）。

$$M_z(F) = \pm F_{xy} \times d \tag{2-29}$$

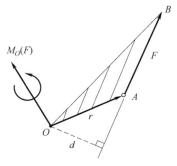

图2-13　力对点之矩

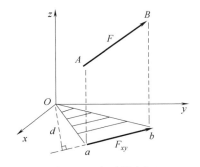

图2-14　力对轴之矩

17

式中　$M_z(F)$——力对 z 轴之矩；

　　　F_{xy}——力 F 在垂直于 z 轴的平面上的投影；

　　　d——从 O 点到力 F_{xy} 作用线的垂直距离。

五、应力、应变、应变率与应变能

缓冲包装材料的种类很多，为了弄清力和能量在其内部的传递、转换，必须深入理解应力、应变及应变能等基本概念。

1. 应力、应变、应变率与应变能的基本概念

（1）应力　物体受外载荷（力、湿度、温度等）作用而变形时，在物体内各部分之间产生相互作用的内力，以抵抗这种外因作用，并力图使物体从变形后的位置回复到变形前的位置。应力表示内力在截面上某一点的分布集度，它是一个矢量，不但有大小和方向，而且和点的位置以及通过该点的截面的方向有关。若把应力矢量沿所作用截面的法线方向和切线方向分解，则沿法线方向的应力分量 σ 称为正应力，沿切线方向的应力分量 τ 称为剪应力。

分析一点的应力状态，对研究结构的强度是十分重要的。如图 2-15 所示，给出了弹性体内一点的应力状态。这里 σ_x、σ_y、σ_z 表示正应力分量，而 τ_{xy}、τ_{xz}、τ_{yx}、τ_{yz}、τ_{zx} 和 τ_{zy} 则表示剪应力分量。所有的应力分量的第一个下标均表示应力矢量作用面的方向，而第二个下标则均表示应力分量的指向。由剪应力互等定理可知：$\tau_{xy}=\tau_{yx}$、$\tau_{xz}=\tau_{zx}$、$\tau_{yz}=\tau_{zy}$，因此 9 个应力分量只有 6 个独立。

应力分量的正负号规定如下：①正应力以拉应力为正，压应力为负，即沿着应力作用面的外法线方向的正应力为正，与外法线方向相反的正应力为负。②切应力的正负号规定对应两种不同

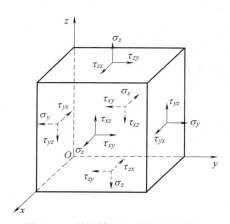

图 2-15　弹性体内一点的应力状态

情况：当应力作用面的外法线方向与坐标轴的正方向一致时，以沿坐标轴正向的剪应力为正，反之为负；当应力作用面的外法线方向与坐标轴的负方向一致时，则以沿坐标轴负向的剪应力为正，反之为负。

可以证明：如果一点的 6 个应力分量 σ_x、σ_y、σ_z、τ_{xy}、τ_{xz}、τ_{yz} 是已知的，就可以求得经过该点的任何截面上的正应力和剪应力，也可以确定主应力和主方向（具体计算公式可参考弹性力学，这里从略），因此，通过这 6 个量可以完全确定该点的应力状态。一般说来，弹性体内各点的应力状态都不相同，因此，描述弹性体内应力状态的上述六个应力分量并不是常量，而是坐标 x、y、z 的函数。

（2）位移及应变　弹性体在受外力作用以后，将发生变形。物体的变形状态一般有两种方式来描述：①给出各点的位移；②给出各体素的变形。

弹性体内任一点的位移，用此位移在 x、y、z 3 个坐标轴上的投影 u、v、w 来表示。以沿坐标轴正方向为正，沿坐标轴负方向为负。这 3 个投影称为位移分量。一般情况

下，弹性体受力以后，各点的位移并不是定值，而是坐标的函数。

单元体的变形可以分为两类：一类是长度的变化，一类是角度的变化。任一线素的长度变化与原有长度的比值称为线应变（或称正应变），用符号ε来表示。沿坐标轴的线应变则加上相应的脚标，分别用ε_x、ε_y、ε_z来表示。当线素伸长时，其线应变为正。反之，线素缩短时，其线应变为负。这与正应力的正负号规定相对应。任意两个原来彼此正交的线素，在变形后其夹角的变化值称为角应变或剪应变，用符号γ来表示。两坐标轴之间的角应变则加上相应的脚标，分别用γ_{xy}、γ_{yz}、γ_{zx}来表示。规定当夹角变小时为正，变大时为负，与剪应力的正负号规定相对应（正的τ_{xy}引起正的γ_{xy}）。

如图 2-16 所示，给出了位移矢量在Oxy面上的投影。根据弹性力学的几何关系，应变分量与位移分量的关系为：

$$\begin{cases} \varepsilon_x = \dfrac{\partial u}{\partial x}, & \gamma_{xy} = \dfrac{\partial v}{\partial x} + \dfrac{\partial u}{\partial y} \\[2mm] \varepsilon_y = \dfrac{\partial v}{\partial y}, & \gamma_{yz} = \dfrac{\partial w}{\partial y} + \dfrac{\partial v}{\partial z} \\[2mm] \varepsilon_z = \dfrac{\partial w}{\partial z}, & \gamma_{zx} = \dfrac{\partial u}{\partial z} + \dfrac{\partial w}{\partial x} \end{cases} \quad (2\text{-}30)$$

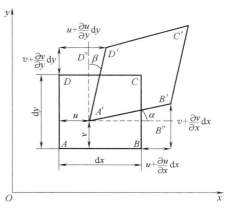

图 2-16　位移矢量在Oxy面上的投影

可以证明，对于弹性体内任一点，如果已知这 3 个垂直方向的正应变及其相应的 3 个剪应变，则该点任意方向的正应变和任意两垂直线间的剪应变均可求出，当然也可求出它的最大和最小正应变（具体计算公式可参考弹性力学，这里从略）。因此，这 6 个量可以完全确定该点的应变分量，它们就称为该点的应变分量。

（3）应变率　应变率是表征材料变形快慢的一种度量，是应变对时间的一阶导数（$\dot{\varepsilon} = \mathrm{d}\varepsilon / \mathrm{d}t$）。实验表明，当应力在比例极限之内时，应变与应力关系仍服从胡克定律，因而，通常也用应变速率来表示载荷随时间变化的速度。研究材料动态力学性能的系列实验按应变率大小排列有：中应变率实验（$1 \sim 10^2\,\mathrm{s}^{-1}$）、高应变率实验（$10^2 \sim 10^4\,\mathrm{s}^{-1}$）、超高应变率实验（$10^4 \sim 10^6\,\mathrm{s}^{-1}$）。在科学研究和工程实践中，高温蠕变现象、超塑现象和冲击问题与应变率密切相关。

在缓冲包装研究领域，应变率直接影响缓冲材料的动态力学性能、材料的本构关系和缓冲吸能特性，因此研究材料的应变率效应显得十分重要。

（4）应变能　外力在变形过程中所做的功将全部转化为内能储存在弹性体内部。这种储存在弹性体内部的能量是因变形而获得的，故称之为弹性变形能或弹性应变能。

三向应力状态下的应变能密度可表示为：

$$w_0 = \frac{1}{2}\sigma_1\,\varepsilon_1 + \frac{1}{2}\sigma_2\,\varepsilon_2 + \frac{1}{2}\sigma_3\,\varepsilon_3 \quad (2\text{-}31)$$

式中　　　w_0——应变能密度，MPa；

σ_1、σ_2、σ_3——单元体的主应力，MPa；

ε_1、ε_2、ε_3——单元体的主应变，MPa。

2. 缓冲衬垫的应力、应变、应变率与应变能计算

（1）衬垫的应力计算　缓冲衬垫在工作时，所受的外力不随时间而变化，这时其内部的应力大小不变，称为静应力，用 σ_{st} 表示。如一个重量为 W 的物品静止放置在横截面积为 A 的缓冲材料上，材料横截面上各点的静应力为：

$$\sigma_{st} = \frac{W}{A} \tag{2-32}$$

如果载荷在较短时间内按某种规律而变化，引起的最大应力称为动应力，用 σ_d 表示。如一重量为 W 的物体跌落到缓冲材料上，当材料发生最大变形瞬时，产生的最大加速度与重力加速度 g 的比值为 G_{max}，则弹性材料所受作用力的最大值 F_m 为：

$$F_m = G_{max}W + W = (G_{max}+1)W \tag{2-33}$$

当 $G_{max} > 20$ 时，可近似取 $F_m = G_{max}W$，动应力则相应为：

$$\sigma_d = \frac{F_m}{A} = (G_{max}+1)\sigma_{st} \approx G_{max}\sigma_{st} \tag{2-34}$$

定义动应力与静应力之比为动载系数，用 K_d 表示：

$$K_d = \frac{\sigma_d}{\sigma_{st}} = G_{max}+1 \approx G_{max} \tag{2-35}$$

（2）衬垫的应变计算　设材料厚度为 d，在静力作用下的变形量为 δ，将变形量 δ 与厚度 d 之比称为应变，用 ε 表示：

$$\varepsilon = \frac{\delta}{d} \tag{2-36}$$

在包装力学中经常遇到的是静压力下缓冲衬垫厚度减小，故常称 δ 为减薄量或压减量。

在小变形范围内，应力和应变之间满足虎克定律：

$$\varepsilon = \frac{\sigma}{E} \tag{2-37}$$

也可把变形量 δ 表示为：

$$\delta = \varepsilon \cdot d = \frac{\sigma \cdot d}{E} = \frac{Wd}{EA} \tag{2-38}$$

式中　E——材料的弹性模量，MPa；

　　　W——包装物品的重量，N；

　　　A——缓冲衬垫的承压面积，cm^2；

　　　d——缓冲衬垫的厚度，mm。

（3）衬垫的应变率计算　设衬垫在压缩过程中加载速度为 v，衬垫厚度为 d，则在加载任意瞬时增加 dt 时间段后衬垫压缩变形的增量为：$d(\Delta d) = v \cdot dt$；衬垫压缩变形的应变增量为：$d\varepsilon = d(\Delta d)/d = v \cdot dt/d$，则衬垫的应变率为：

$$\dot{\varepsilon} = d\varepsilon/dt = a/d \tag{2-39}$$

（4）衬垫的应变能计算　衬垫在压缩过程中可简化为单向应力状态，则缓冲衬垫的应变能密度可表示为：

$$w_0 = \int \sigma d\varepsilon = \frac{1}{2}\sigma\varepsilon \tag{2-40}$$

六、蠕变与松弛

1. 蠕变

蠕变是指在恒定应力作用下，变形随时间增加的现象。也就是说蠕变这种形变是一个过程；而理想弹性体的形变是瞬时发生的，这种形变就不是蠕变。例如，缓冲衬垫在储存期间，其蠕变变形并未停止，不同的储存期使同一缓冲衬垫具有不同的缓冲性能。

蠕变与载荷大小直接相关，图 2-17 表示在不同载荷下变形与时间的关系。当材料受到外力作用后，瞬时产生一个变形值，它与载荷作用时间无关；随后就是一个蠕变速率很大但又逐渐下降直至趋于恒定的过程。这个过程可分为两个阶段：第一个阶段是蠕变很快但又不稳定地逐渐减小速率，它历时不长，通常不超过数小时；第二个阶段是稳定蠕变阶段，几乎以不变指数速率进行变化，历时甚长。在应力足够大时，可能出现第三个阶段，即由稳定蠕变发展到蠕变加速阶段，蠕变过程近似表示为图 2-18 所示曲线。

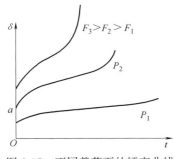

图 2-17 不同载荷下的蠕变曲线

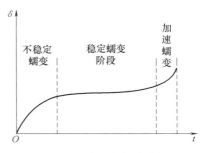

图 2-18 典型的蠕变曲线

2. 应力松弛

当应变恒定时，应力随时间而减小的现象称为应力松弛，其变化曲线如图 2-19 所示。应力松弛现象普遍存在，高分子材料尤为明显。松弛过程存在于物质由一种平衡状态转变为另一种平衡状态的过渡过程之中，它不是热力学过程，而是一种动力学过程。它不仅与温度有关，还和作用时间有关。其实应力松弛和蠕变是一个问题的两个方面，反映聚合物内部分子的三种情况。当聚合物一开始被拉长时，其中分子处于不平衡构象，要逐渐过渡到平衡构象，也就是链段顺着外力的方向运动以减少或消除内部应力，如果温度很高，远远超过

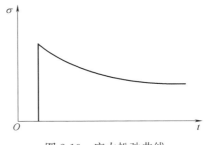

图 2-19 应力松弛曲线

T_g（玻璃化转变温度），链段运动时受到的内摩擦力很小，应力很快就松弛掉了，甚至可以快到几乎觉察不到的地步。如果温度太低，比 T_g 低很多，虽然链段受到很大的应力，但是由于内摩擦力很大，链段运动的能力很弱，所以应力变化极慢，也就不容易觉察得到。只有在玻璃化温度附近的几十度范围内，应力松弛现象比较明显。

由于应力松弛现象的存在，缓冲衬垫在受压状态下，其压应力会逐渐得到缓和，因而要根据外包装箱和内装物之间的间隙尺寸以及需要保持的时间来考虑缓冲衬垫装入时的预压紧状态。

第二节　材料与结构力学基础

一、强度与刚度

1. 强度

强度指构件抵抗破坏的能力，是在一定载荷作用下不发生断裂或显著塑性变形的性质，是衡量构件本身承载能力（即抵抗失效能力）的重要指标。其主要研究内容包括材料强度和结构强度两方面。

材料强度指材料在不同影响因素下的各种力学性能指标。影响因素包括材料的化学成分、加工工艺、应力状态、载荷性质、加载速率、温度和介质等。

按照材料的性质，材料强度分为脆性材料强度、塑性材料强度和带裂纹材料的强度。脆性材料受载后断裂比较突然，几乎没有明显的塑性变形，以其强度极限为强度指标。强度极限包括抗拉强度极限和抗压强度极限。塑性材料在断裂前有较大的塑性变形，它在卸载后不能消失，也称残余变形，以其屈服极限为强度指标。对于没有屈服现象的塑性材料，取与 0.2% 的塑性变形相对应的应力为名义屈服极限，用 $\sigma_{0.2}$ 表示。带裂纹材料的强度通常低于材料的强度极限，计算强度时要考虑材料的断裂韧性（见断裂力学分析）。

按照载荷的性质，材料强度有静强度、冲击强度和疲劳强度。材料在静载荷下的强度，根据材料的性质，分别用屈服极限或强度极限作为计算标准。材料受冲击载荷时，屈服极限和强度极限都有所提高。材料受循环应力作用时的强度，通常以材料的疲劳极限为计算标准。此外还有接触强度。

按照环境条件，材料强度有高温强度和腐蚀强度等。高温强度包括蠕变强度和持久强度。此外，还有受环境介质影响的应力腐蚀断裂和腐蚀疲劳等材料强度问题。

结构强度指机械零件和结构的强度。它涉及力学模型简化、应力分析方法、材料强度、强度准则和安全系数。

按照结构的形状，机械零件和结构的强度问题可简化为杆、杆系、板、壳、块体和无限大体等力学模型来研究。不同力学模型的强度问题有不同的力学计算方法。材料力学一般研究杆的强度计算；结构力学分析杆系（桁架、刚架等）的内力和变形；其他形状物体属于弹塑性力学的研究对象。

要解决结构强度问题，除应力分析之外，还要考虑材料强度和强度准则，并研究它们之间的关系。典型的强度理论可以写成以下的统一形式：

$$\sigma_r \leqslant [\sigma] \tag{2-41}$$

式中 σ_r 称为相当应力，表示与复杂应力状态危险程度相当的单轴拉应力，按照从第一强度理论到第四强度理论的顺序，相当应力分别为：

$$\begin{cases} \sigma_{r1} = \sigma_1 \\ \sigma_{r2} = \sigma_1 - \mu(\sigma_2 + \sigma_3) \\ \sigma_{r3} = \sigma_1 - \sigma_3 \\ \sigma_{r4} = \sqrt{\dfrac{1}{2}\left[(\sigma_1 - \sigma_2)^2 + (\sigma_2 - \sigma_3)^2 + (\sigma_3 - \sigma_1)^2\right]} \end{cases} \tag{2-42}$$

铸铁、石料、混凝土、玻璃等脆性材料，通常以断裂的形式失效，宜采用第一和第二强度理论。碳钢、铜、铝等塑性材料，通常以屈服的形式失效，宜采用第三和第四强度理论。

应用强度理论解决结构强度问题的步骤是：①分析计算构件危险点上的应力；②确定危险点的主应力 σ_1、σ_2 和 σ_3；③选用适当的强度理论计算其相当应力 σ_r，然后运用强度条件 $\sigma_r \leqslant [\sigma]$ 进行强度计算。如今，应用有限元方法进行 CAE 分析以后，优化设计成为现实的问题，可以先提出一些具体的设计目标（例如要求结构质量最小），然后寻求最佳的结构形式。

2. 刚度

刚度是结构或构件抵抗变形的能力，是衡量结构或构件本身承载能力的重要指标，一般是针对构件或结构而言的。它的大小不仅与材料本身的性质有关，还与构件或结构的截面尺寸和形状有关。

不同类型的刚度其表达式也是不同的，如截面刚度是指截面抵抗变形的能力，表达式为材料弹性模量或剪切模量和相应的截面惯性矩或截面面积的乘积。其中截面拉伸（压缩）刚度的表达式为材料弹性模量 E 和截面面积 A 的乘积；截面弯曲刚度为材料弹性模量 E 和截面惯性矩 I_z 的乘积等。构件刚度是指构件抵抗变形的能力，其表达式为施加于构件上的作用所引起的内力与其相应的构件变形的比值。其中构件抗弯刚度其表达式为施加在受弯构件上的弯矩与其引起变形的曲率变化量的比值；构件抗剪刚度为施加在受剪构件上的剪力与其引起变形的正交夹角变化量的比值。而结构侧移刚度则指结构抵抗侧向变形的能力，为施加于结构上的水平力与其引起的水平位移的比值等。

在工程应用中，结构的刚度问题也十分重要。当有不可预测的大挠度时，高的弹性模量是十分必要的；当结构需要有好的柔韧性时，就要求弹性模量不要太高。

二、稳 定 性

稳定性是指结构或构件受力后保持原有稳定平衡状态的能力。实践发现，有些构件在特定的载荷作用下，将不能维持其原有的平衡状态。例如，轴向受压的细长杆，当作用力达到或超过某一临界值时，压杆就会不能保持其原有的直线平衡状态而突然发生挠曲变形，从而丧失轴向承载能力，称之为失稳。这种情况下，细长压杆失稳时的应力并不一定很高，有时甚至低于比例极限，可见这种形式的失效并非强度不足，而是稳定性不够。与压杆相似，其他一些薄壁容器在压缩应力的作用下也会有失稳问题，如果设计不合理，一样会由于失稳而失效。

屈曲分析（稳定性分析）主要用于研究结构在特定载荷下的稳定性以及确定结构失稳的临界载荷，屈曲分析包括线性屈曲和非线性屈曲分析。线弹性屈曲分析又称特征值屈曲分析，是以小位移小应变的线弹性理论为基础的，分析中不考虑在受载变形过程中结构构形的变化，也就是在外力施加的各个阶段，总是在结构初始构形上建立平衡方程；当载荷达到某一临界值时，结构构型将突然跳到另一个随遇的平衡状态，称之为屈曲；临界点之前称为前屈曲，临界点之后称为后屈曲。非线性屈曲分析包括几何非线性失稳分析，弹塑性失稳分析，非线性后屈曲（Snap－through）分析。

在实际工程结构稳定性分析中，大量使用有限元软件进行屈曲分析。不但可以准确地找出失稳点（即临界载荷），而且可以跟踪计算结构的非稳定阶段及后屈曲点后的响应（即屈曲模态形状）。

非线性屈曲分析比特征值屈曲分析更加精确，因此在分析实际结构时一般采用非线性屈曲分析。特征值屈曲分析用于预测一个理想弹性结构的理论屈曲强度，经常产生非保守结构，通常不用于实际的工程分析。非线性屈曲分析是在考虑大变形因素时所做的一种静力分析，分析过程一直进行到达到临界载荷或者最大载荷，其他诸如塑性非线性也可以包括在分析中。

三、构件的基本变形

构件的基本变形问题在包装结构设计中具有十分重要的地位，是结构强度设计的理论基础。这里从构件的基本受力和变形特征、内力、应力及变形入手，对其强度和刚度计算进行总结。

1. 轴向拉伸与压缩

轴向拉伸与压缩，其外力的合力沿轴线方向且和轴线重合，其变形沿着轴向发生伸长或缩短（图 2-20）。

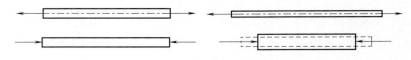

图 2-20　轴向拉伸与压缩变形

横截面上的内力为：轴力 F_N；危险截面的判断方法为：对于等截面杆在 F_{Nmax} 截面，对于变截面杆在 σ_{max} 截面。

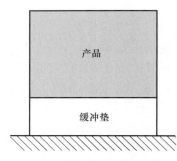

图 2-21　缓冲衬受到产品的压缩

横截面上的应力为：只有正应力 σ，沿横截面均匀分布；应力计算公式为：$\sigma = F_N/A$。

危险点的位置：危险截面上任意点；危险点单元体的应力状态：单向应力状态。

强度条件：$\sigma_{max} \leqslant [\sigma]$。

抗拉（压）刚度：EA；变形计算公式为：$\Delta L = F_N L/EA$，$\varepsilon = \sigma/E$。

刚度条件：$\Delta L \leqslant [L]$。

物理关系：$\sigma = E\varepsilon$。

如图 2-21 所示，在缓冲包装结构设计时，缓冲衬垫的受力模型一般简化为受压构件，它的承载能力分析可以应用上述轴向拉压变形理论。

2. 剪切

杆件受大小相等、方向相反且作用线靠近的一对力作用，变形表现为杆件两部分沿外力方向发生相对错动（图 2-22）。

横截面上的内力：剪力 F_S；危险截面：受剪面。

横截面上的应力：只有切应力 τ，假定沿横截

图 2-22　剪切变形

面均匀分布；应力实用计算公式为：$\tau = F_S/A$，单位是 GPa。

危险点的位置：受剪面上任意点；危险点单元体的应力状态：纯剪切应力状态。

强度条件：$\tau_{max} \leqslant [\tau]$。

3. 圆轴扭转

在垂直于杆件轴线的两个平面内，分别作用大小相等、方向相反的两个力偶矩，变形表现为任意两个横截面发生绕轴线的相对转动（图 2-23）。

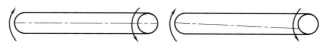

图 2-23　扭转变形

横截面上的内力：扭矩 T；危险截面的判断方法为：对于等截面轴在 T_{max} 截面处，对于变截面轴在 τ_{max} 截面上。

横截面上的应力为：只有切应力 τ，应力分布与到截面圆心的距离成正比，切应力计算公式为：$\varphi = (\tau \cdot \rho)/IP$。

危险点的位置：危险截面外圆周上各点；危险点单元体的应力状态：纯剪切应力状态。

强度条件：$\tau_{max} \leqslant [\tau]$。

抗扭刚度：GI_p；变形计算公式为：$\varphi = TL/(GI_p)$。

刚度条件：$\theta = T/(GI_p) \times 180/\pi \leqslant [\theta]$，单位为°。

物理关系：$\tau_\rho = G\gamma_\rho$

4. 弯曲

在包含杆件轴线的纵向平面内，作用方向相反的一对力偶矩，或作用与轴线垂直的横向力，变形表现为轴线由直线变为曲线（图 2-24）。

横截面上的内力为：弯矩 M 和剪力 F_S；危险截面的判断方法为：主要考虑弯曲正应力，对于等截面梁在 M_{max} 截面，对于变截面梁在 σ_{max} 截面。

横截面上的应力：既有正应力 σ，也有切应力 τ；正应力计算公式为：$\sigma = M \cdot y/I_z$，切应力计算公式为：$\tau = F_S S^*/(bI_z)$。

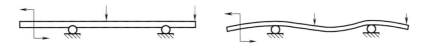

图 2-24　弯曲变形

第一类危险点：σ_{max} 点，危险截面上距中性轴最远点；第二类危险点：τ_{max} 点，F_{Smax} 截面上中性轴上各点；第三类危险点：σ 和 τ 均相当大的点。危险点单元体的应力状态：第一类危险点为单向应力状态；第二类危险点为纯剪切应力状态；第三类危险点为复杂应力状态。

强度条件：第一类危险点，$\sigma_{max} \leqslant [\sigma]$；第二类危险点，$\tau_{max} \leqslant [\tau]$；第三类危险点按强度理论。

抗弯刚度：EI_z；变形计算公式为：

$$EI_z\theta(x)=\int M(x)\mathrm{d}x+C;EI_zy(x)=\int[\int M(x)\mathrm{d}x]\mathrm{d}x+Cx+D \tag{2-43}$$

刚度条件：$\theta_{\max}\leqslant[\theta]$；$(y/L)_{\max}\leqslant[f/L]$。

物理关系：$\sigma=E\varepsilon=Ey/\rho$。

弯曲变形理论在包装结构设计中有着广泛的应用。例如，对于缓冲跨度较大的产品，不要只在两端安放缓冲衬垫。大跨度弯曲变形会引发不良后果，因此要在跨度的中部设置受压的缓冲块，或使两端缓冲块往中央方向至少延伸 1/4，才会有较好的缓冲效果（图 2-25）。又如，托盘在使用过程中最常见的作业形式为叉举，此时面板承受弯曲载荷，弯曲破坏是此作业过程中的主要失效形式，为此需要测试面板的抗弯强度，从而评定托盘的抗弯能力（图 2-26）。

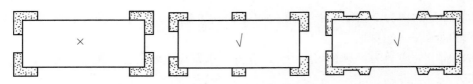

图 2-25　缓冲跨度较大的产品弯曲变形的控制

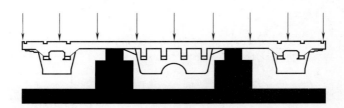

图 2-26　纸浆模塑平托盘弯曲试验

【例 2-2】　有一滑木箱，内装物质量 800kg，作用于枕木的载荷为均布载荷，如图 2-27 所示；滑木箱两外侧滑木内间距为 1m，选用标准截面尺寸为 6cm×3cm 的枕木，材料的许用弯曲应力为 10MPa，试求枕木的根数。

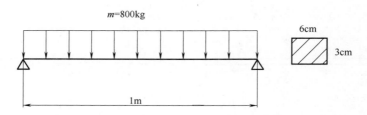

图 2-27　枕木受均布载荷简支模型

解：根据材料力学，所有枕木中间处的弯矩最大，其承受的最大弯矩 $M_{\max}$ 为：

$$M_{\max}=qL^2/8=mgL^2/8=800\times9.8\times1/8=980（\mathrm{N}\cdot\mathrm{m}）。$$

若要承受此最大弯矩，所有枕木合并起来的抗弯截面系数应为：

$$W_z=\frac{M_{\max}}{[\sigma]}=\frac{980}{10\times10^6}=0.98\times10^{-4}（\mathrm{m}^3）=98（\mathrm{cm}^3）。$$

而每根枕木的抗弯截面系数为：

$$W_{z0} = \frac{bh^2}{6} = \frac{6 \times 3^2}{6} = 9 \ (\text{cm}^3) 。$$

所以枕木的根数应为：

$$n = \frac{W_z}{W_{z0}} = \frac{98}{9} = 10.9 \ (根) \approx 11 \ (根) 。$$

故需要 11 根枕木。

5. 组合变形

受力构件产生的变形是由两种或两种以上的基本变形组合而成的。常见组合变形的类型有：斜弯曲，拉伸（压缩）与弯曲组合，偏心拉伸（压缩），弯扭组合变形。

各种组合变形杆件的强度条件：

（1）斜弯曲　$\sigma_{\max} = M_z/W_z + M_y/W_y \leqslant [\sigma]$。

（2）拉压缩与弯曲组合　$\sigma_{\max} = F_{N\max}/A + M_{\max}/W_z \leqslant [\sigma]$。

（3）偏心拉压　$\sigma_{\max} = F/A + Fe/W_z \leqslant [\sigma]$。

（4）弯扭组合变形　$\sigma_{r3} = \sqrt{\sigma^2 + 4\tau^2} \leqslant [\sigma]$，或 $\sigma_{r4} = \sqrt{\sigma^2 + 3\tau^2} \leqslant [\sigma]$。

在完成缓冲包装基本设计后，必须对基本设计进行多方面性能的校核，基本设计才能获得满意设计结果。其中对产品强度进行校核是缓冲包装校核工作的重要一环。产品支承面的应力集中，可能导致产品的局部破损。因此，必须校核产品支承面的应力，控制在产品强度所允许的范围内。一般产品支承面的应力状态处于复杂应力状态，它的强度分析可以应用上述强度理论。

6. 压杆稳定

当受拉杆件的应力达到屈服极限或强度极限时，将引起塑性变形或断裂。长度较小的受压短柱也有类似的现象，这些都是强度不足引起的失效。当细长杆件受压时，却表现出与强度失效全然不同的性质。当压力达到临界压力后，压杆将丧失其原来形状的平衡而过渡为不稳定平衡（曲线平衡），即丧失稳定。

临界应力的计算公式如下：

（1）大柔度杆（即细长杆）　此时：

$$\lambda \geqslant \lambda_P = \sqrt{\frac{\pi^2 E}{\sigma_P}}, \ \sigma_{cr} = \frac{\pi^2 E}{\lambda^2} \tag{2-44}$$

式中　λ——柔度，$\lambda = \frac{\mu l}{i}$；

μ——长度系数；

l——压杆长度；

i——惯性半径，$i = \sqrt{\dfrac{I}{A}}$，I 为截面轴惯性矩；

σ_P——材料比例极限。

（2）中柔度杆　此时：

$$\lambda_s = \frac{a - \sigma_s}{b} \leqslant \lambda \leqslant \lambda_P, \sigma_{cr} = a - b\lambda 。 \tag{2-45}$$

式中　a、b——与材料有关的常数；

σ_s——材料的屈服极限。

（3）小柔度杆　此时：

$\lambda \leqslant \lambda_s$，$\sigma_{cr} = \sigma_s$，压杆的稳定性条件如下：

$$\sigma = \frac{F}{A} \leqslant \frac{\sigma_{cr}}{n_{st}} = \frac{\sigma_{cr}(\lambda)}{n_{st}[\sigma]} \cdot [\sigma] = \varphi(\lambda) \cdot [\sigma] \tag{2-46}$$

式中　n_{st}——压杆工作的稳定安全系数。

定义：稳定因数（折减系数）为 $\varphi(\lambda) = \dfrac{\sigma_{cr}(\lambda)}{n_{st}[\sigma]}$

则稳定因数法的稳定安全条件为：$\sigma = \dfrac{F}{A} \leqslant [\sigma_{st}] = \varphi(\lambda)[\sigma]$。

稳定许用应力 $[\sigma_{st}] = \varphi(\lambda)[\sigma]$。

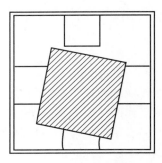

图 2-28　缓冲衬垫的稳定性校核

如图 2-28 所示，在缓冲包装结构设计时，缓冲衬垫的稳定性必须进行校核。为了避免衬垫挠曲，要求衬垫最小承载面积 A_{min} 与厚度 d 符合克斯特那经验公式，即 $A_{min} > (1.33d)^2$。

【例 2-3】　木箱中有一竖向承受压力的杆件，两端用铰链固定，长度为 1m，宽度为 3cm，厚度为 3cm，所用材料的许用应力为 10MPa，弹性模量为 10GPa，实际承受的压力为 8kN。试校核此杆的强度和稳定性。

解：（1）强度校核

$$\sigma = \frac{F}{A} = \frac{8 \times 10^3}{3 \times 3 \times 10^{-4}} = 8.89 \ (MPa) < [\sigma]。$$

所以此杆件强度符合要求。

（2）稳定性校核

首先要计算此杆件的柔度 $\lambda = \dfrac{\mu l}{i}$，

其中 μ 为长度系数；l 为压杆长度；惯性半径 $i = \sqrt{\dfrac{I}{A}}$，I 为截面轴惯性矩。

$I = \dfrac{bh^3}{12}$，$A = bh$，所以惯性半径 $i = \sqrt{\dfrac{h^2}{12}}$；

两端用铰链固定，可看成简支，μ 取 1.0。所以此杆件的柔度 λ 为：

$$\lambda = \frac{\mu l}{i} = \frac{1.0 \times 1}{\sqrt{\dfrac{(3 \times 10^{-2})^2}{12}}} = 115.47$$

此木材的临界柔度 λ_P 为：

$$\lambda_P = \sqrt{\frac{\pi^2 E}{\sigma_P}} = \sqrt{\frac{3.14^2 \times 10 \times 10^9}{10 \times 10^6}} = 99.30$$

显然，$\lambda > \lambda_P$，所以此杆件为大柔度压杆。

根据欧拉公式，大柔度压杆的临界应力为：

$$\sigma_{cr} = \frac{\pi^2 E}{\lambda^2} = \frac{3.14^2 \times 10 \times 10^9}{115.47^2} = 7.40 \ (MPa)$$

而此杆件的压应力 σ 为：

$$\sigma = \frac{F}{A} = \frac{8 \times 10^3}{3 \times 3 \times 10^{-4}} = 8.89 \ (\text{MPa}) > \sigma_{cr}$$

所以，此杆件的稳定性不够。

四、断裂、冲击与疲劳

1. 断裂

断裂力学研究存在宏观裂纹的构件，在裂纹尖端附近的应力和位移以及裂纹扩展规律，并研究部件材料抗裂纹扩展、抗断裂能力，做出部件安全性和寿命估算。

根据裂纹尖端附近材料塑性区的大小，可分为线弹性断裂力学和弹塑性断裂力学；根据引起材料断裂的载荷性质，可分为断裂（静）力学和断裂动力学。断裂力学的任务是：求得各类材料的断裂韧度；确定物体在给定外力作用下是否发生断裂，即建立断裂准则；研究载荷作用过程中裂纹扩展规律；研究在腐蚀环境和应力同时作用下物体的断裂（即应力腐蚀）问题。断裂力学已在航空、航天、交通运输、化工、机械、材料、能源等工程领域得到广泛应用。

（1）线弹性断裂力学　应用线弹性理论研究物体裂纹扩展规律和断裂准则。1921 年格里菲斯（A. A. Griffith）通过分析材料的低应力脆断，提出裂纹失稳扩展准则——Griffith 能量准则；1957 年欧文（G. R. Irwin）通过分析裂纹尖端附近的应力场，提出应力强度因子的概念，建立了以应力强度因子为参量的裂纹扩展准则。

① 格里菲斯（Griffith）能量准则　1913 年，Inglis 研究了无限大板中含有一个穿透板厚的椭圆孔的问题，得到了弹性力学精确分析解，称之为 Inglis 解。1920 年，Griffith 研究玻璃与陶瓷材料脆性断裂问题时，将 Inglis 解中的短半轴趋于零，得到 Griffith 裂纹。

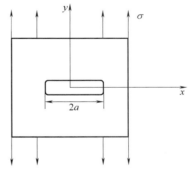

图 2-29　含中心裂纹的板

Griffith 研究了如图 2-29 所示厚度为 b 含中心裂纹的薄平板。Griffith 由 Inglis 解及裂纹扩展时应变能释放与吸收的关系，得临界应力为：

$$\sigma_c = \left(\frac{2E\gamma}{\pi a} \right)^{\frac{1}{2}} \tag{2-47}$$

σ_c 表示无限大平板在平面应力状态下，长为 $2a$ 裂纹失稳扩展时，拉应力的临界值，称为剩余强度，这里 γ 为表面能密度。

得临界裂纹长度为：

$$a_c = \frac{2E\gamma}{\pi \sigma^2} \tag{2-48}$$

对于平面应变问题：

$$\begin{cases} a_c = \dfrac{2E\gamma}{\pi(1-\nu^2)\sigma^2} \\ \sigma_c = \sqrt{\dfrac{2E\gamma}{\pi(1-\nu^2)a}} \end{cases} \tag{2-49}$$

其中 ν 为材料的泊松比。

Griffith 判据：当外加应力 σ 超过临界应力 σ_c，裂纹尺寸 a 超过临界裂纹尺寸 a_c 时，脆性物体断裂。

Irwin 在 1948 年引入解记号 G：

$$G = \frac{1}{2} \frac{\partial}{\partial a}(W-U)$$
(2-50)

式中 W——外力功；

      U——裂纹存在释放出的应变能；

      G——裂纹能量释放率（裂纹扩展能力）。

则 G 准则为：

$$G = G_c$$
(2-51)

其中 G_c 是临界值，由试验确定。

Irwin 的理论适用于金属材料的准脆性破坏，破坏前裂纹尖端附近有相当范围的塑性变形。该理论的提出是线弹性断裂力学诞生的标志。

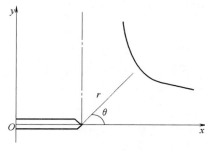

图 2-30   裂纹尖端应力场的奇异性

② 应力强度因子准则   Irwin 判据提出后的最初十年未取得显著的成果，主要原因是 G 计算不方便。而在 Irwin 之前，发现裂纹尖端的奇异性（如图 2-30 所示），即：

$$\sigma_{ij}(r,\theta) \propto \frac{1}{\sqrt{r}}(r \rightarrow 0)$$
(2-52)

其中 i，j 分别等于 x，y，z。

基于这种性质，1957 年 Irwin 提出了新的物理量——应力强度因子 K，即：

$$K = \lim_{r \rightarrow 0} \sqrt{2\pi r}\sigma_{yy}(r,0)$$
(2-53)

K 是仅与裂纹顶端局部相关联的量，确定 K 比 G 更容易。

1960 年 Irwin 用石墨做实验，测定开始裂纹扩展时的 $K \rightarrow K_c$，则应力强度因子准则（K 准则）表示为：

$$K = K_c$$
(2-54)

这是一个脆性断裂准则，应力强度因子是裂纹顶端附近奇异应力-应变场的一个度量参量，当它达到一个临界值时，裂纹就开始扩展。

实际构件中会存在多种不同类型的裂纹，裂纹的类型直接影响裂纹尖端附近的应力场和位移场的分布。

按裂纹的几何类型分类有：a. 裂纹沿构件整个厚度贯穿的穿透裂纹；b. 深度和长度皆处于构件表面的表面裂纹，可简化为半椭圆裂纹；c. 完全处于构件内部的深埋裂纹，可简化为片状圆形或片状椭圆裂纹。

按裂纹的受力和断裂特征分类：a. 张开型（Ⅰ型）：拉应力垂直于裂纹扩展面，裂纹上、下表面沿作用力的方向张开，裂纹沿着裂纹面向前扩展，是最常见的一种裂纹；b. 滑开型（Ⅱ型）：裂纹扩展受切应力控制，切应力平行作用于裂纹面而且垂直于裂纹线，裂纹沿裂纹面平行滑开扩展；c. 撕开型裂纹（Ⅲ型）：在平行于裂纹面而与裂纹前沿线方向平行的剪应力作用下，裂纹沿裂纹面撕开扩展。如图 2-31 给出了Ⅰ型、Ⅱ型和Ⅲ型裂纹的特征。

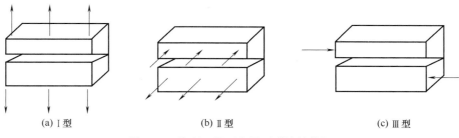

(a) Ⅰ型　　　　　　　　　(b) Ⅱ型　　　　　　　　　(c) Ⅲ型

图 2-31　Ⅰ型、Ⅱ型和Ⅲ型裂纹的特征

③ 复合型断裂准则　在一般情况下，应力场对于裂纹面来说并不是对称分布的。但是，总可以把它分解为对称部分和反对称部分。反对称部分又可以分为面内和面外的（或称反平面的）两部分。根据对称部分的应力场可以定义应力强度因子 $K_Ⅰ$；对于反对称的面内和面外两部分的应力场可以定义 $K_Ⅱ$ 和 $K_Ⅲ$。通常相应于 $K_Ⅰ$、$K_Ⅱ$ 和 $K_Ⅲ$ 的裂纹形式分别称为张开型、剪切型和撕开型。

复合型断裂就是 $K_Ⅰ$ 和 $K_Ⅱ$（或 $K_Ⅲ$）同时存在的情况下的断裂现象，由于 $K_Ⅱ$（或 $K_Ⅲ$）的存在，即使在线弹性断裂力学适用的范围内，裂纹起始扩展时的 $K_Ⅰ$ 也不等于 $K_{Ⅰc}$。复合型断裂准则就是要寻找 $K_Ⅰ$、$K_Ⅱ$ 和 $K_Ⅲ$ 的一个函数关系式 $f(K_Ⅰ，K_Ⅱ，K_Ⅲ)$，当这个关系式成立时，裂纹就扩展。在复合型断裂中，裂纹一般并不沿着裂纹原来的方向扩展。裂纹扩展的方向和原来裂纹的方向之间的夹角称作断裂角。复合型断裂准则一般还应能够确定出断裂角。目前提出的复合型断裂准则的适用范围还较窄，当 $K_Ⅰ/K_Ⅱ$ 值较大时，理论所得的结果和实验结果比较接近，而当 $K_Ⅰ/K_Ⅱ$ 值较小时，现有理论和实验结果差距较大。

（2）弹塑性断裂力学　应用弹性力学、塑性力学研究物体裂纹扩展规律和断裂准则，适用于裂纹体内裂纹尖端附近有较大范围塑性区的情况。由于直接求裂纹尖端附近塑性区断裂问题的解析解十分困难，因此多采用 J 积分法、COD（裂纹张开位移）法、R（阻力）曲线法等近似或实验方法进行分析。通常对薄板平面应力断裂问题的研究，也要采用弹塑性断裂力学。弹塑性断裂力学在焊接结构的缺陷评定、核电工程的安全性评定、压力容器和飞行器的断裂控制以及结构物的低周疲劳和蠕变断裂的研究等方面起着重要作用。弹塑性断裂力学的理论迄今仍不成熟，弹塑性裂纹的扩展规律还有待进一步研究。

（3）断裂动力学　采用连续介质力学方法，考虑物体惯性，研究固体在高速加载或裂纹高速扩展下的断裂规律。断裂动力学的主要研究内容为：①断裂准则，包括裂纹在高速加载下的响应及起始和失稳扩展准则、高速扩展裂纹的分叉判据。②高速扩展裂纹尖端附近的应力应变场。③裂纹高速扩展的极限速度。④裂纹高速扩展的停止（止裂）原理。⑤高应变率条件下的材料特性及其对高速扩展裂纹阻力的影响。⑥裂纹高速扩展中的能量转换。⑦高速碰撞下的侵彻和穿孔问题。断裂动力学研究方法分理论分析和动态实验两方面。断裂动力学已在冶金学、地震学、合成化学以及水坝工程、飞机和船舶设计、核动力装置和武器装备等方面得到一些实际应用，但理论尚不够成熟。

2. 冲击

冲击是包装件在运输过程中经常遇到的一种现象，是指随时间明显变化的载荷，即具有较大加载速率的载荷。一般可用构件中材料质点的应力速率（$\dot{\sigma} = d\sigma/dt$）来表示载荷施加于构件的速度。实验表明，只要应力在比例极限之内，应变与应力关系仍服从胡克定律，通常也用应变速率（$\dot{\varepsilon} = d\varepsilon/dt$）来表示载荷随时间变化的速度。如果 $\dot{\varepsilon}$ 在 $1\sim10\mathrm{s}^{-1}$ 范围内，即认为是冲击载荷。受到冲击载荷作用后，将引起材料力学性能的很大变化，由于问题的复杂性，工程上往往采用能量法进行简化分析计算。

实际上，在冲击的极短时间之内，冲击的加速度-时间曲线是非常复杂的。为了简单，常用光滑的近似曲线来代替它（图 2-32）。冲击过程具有冲击力的作用时间极短、冲击力极大的特点。包装件的破损与冲击中所含的 3 个因素有关：最大加速度、冲击持续时间和速度变化，但这三个因素只有两个是独立的。

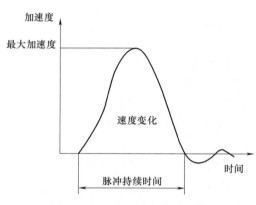

图 2-32 半正弦冲击脉冲曲线

3. 疲劳

材料或构件在交变载荷作用下，虽然名义应力低于强度极限甚至屈服极限，经过长期反复作用之后，材料或构件也会发生突然断裂的现象，称为疲劳。即使是塑性较好的材料，断裂前也无明显的塑性变形，所以疲劳破坏是一种脆性断裂，这种失效现象称为疲劳失效。疲劳破坏的机制可以分成 3 个相互关联的过程，即裂纹产生、裂纹延伸和断裂。疲劳破坏是材料和构件失效的主要原因之一，而且疲劳破坏前没有明显的变形，所以疲劳破坏经常造成重大事故。因此进行疲劳强度设计具有十分重要的意义。

材料的疲劳极限是进行疲劳强度设计的强度指标，根据构件所用材料试样的疲劳试验结果来确定。以最大应力 σ 为纵坐标、以达到疲劳破坏的循环数 N 为横坐标，画出一组试样在某一循环特征下的应力—寿命曲线（σ-N 曲线），也称为 S-N 曲线（图 2-33）。曲线的斜线部分的一般表达式为：$\sigma^m \cdot N = C$，式中 m 和 C 为材料常数。当 σ 值降低到一定限度时，不再发生疲劳破坏，即疲劳寿命是无限的，这时在图中出现了水平线段。这个 σ 值，即转折点 M 的应力值，称为材料的疲劳极限，它比静强度低很多。M 点的循环数称为循环基数，用符号 N_0 表示。N_0 将 S-N 曲线分成两部分，其右边的区域，$N \geqslant N_0$，为无限寿命区；左边的区域，$N < N_0$，

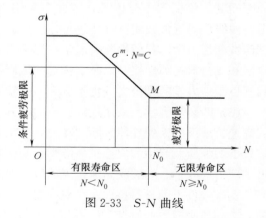

图 2-33 S-N 曲线

为有限寿命区。在 S-N 曲线的倾斜部分，与给定的循环数相对应的应力为有限寿命疲劳极限，又称条件疲劳极限。在有限寿命区内，当 N 为 $10^4 \sim 10^5$ 时为低周疲劳区。

在常规疲劳强度设计中，有无限寿命设计和有限寿命设计。无限寿命设计是将工作应力限制在疲劳极限以下，即假设构件无初始裂纹，也不发生疲劳破坏，寿命是无限的。有

限寿命设计是采用超过疲劳极限的工作应力,以适应一些更新周期短或一次消耗性的产品达到构件重量轻的目的,也适用于宁愿以定期更换构件的办法让某些构件设计得寿命较短而重量较轻的情况。

随着断裂力学的发展,美国 A. K. 黑德于 1953 年提出了疲劳裂纹扩展的理论。1957 年,美国 P. C. 帕里斯提出了疲劳裂纹扩展速率的半经验公式。1967 年,美国 R. G. 福尔曼等又对此提出考虑平均应力影响的修正公式。这些工作使人们有可能计算带裂纹零件的剩余寿命,并加以具体应用,形成了损伤容限设计。损伤容限设计是在材料实际上存在初始裂纹的条件下,以断裂力学为理论基础,以断裂韧性试验和无损检验技术为手段,估算有初始裂纹零件的剩余寿命,并规定剩余寿命应大于两个检修周期,以保证在发生疲劳破坏之前,至少有两次发现裂纹扩展到危险程度的机会。疲劳强度可靠性设计是在规定的寿命内和规定的使用条件下,保证疲劳破坏不发生的概率在给定值(可靠度)以上的设计,使零部件的重量减轻到恰到好处。

练习思考题

1. 惯性力是作用在物体上的真实力吗? 达朗伯原理用什么方法解决动力学问题?

2. 如何理解弹性、黏性、应力、应变、应变率与应变能、蠕变与松弛基本概念?

3. 举例说明产品包装中存在的强度与刚度、稳定性问题。

4. 掌握断裂、冲击与疲劳等固体力学基本原理与方法。

5. 已知受力面积为 $5cm^2$、厚度 4cm 的两种方形缓冲材料,其力与变形表达式分别为: $F_1 = 2x_1 + 0.12x_1^3$, $F_2 = 3x_2 + 0.32x_2^3$, 设计这两种材料并列放置,其中材料 1 的受力面积为 $3cm^2$,材料 2 的受力面积为 $2cm^2$,求组合后的力-变形表达式。

6. 如图 2-34 所示,已知各单元材料的弹性系数,求组合后材料的弹性系数。

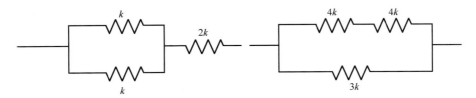

图 2-34　弹簧组合模型

第三章　包装材料力学模型

内 容 提 要

本章包括缓冲包装材料的力学模型、静态模型缓冲包装、动态模型缓冲包装三节内容。主要讲授线性、典型非线性包装材料力学模型；缓冲材料静、动态缓冲系数测试的基本原理与方法及其影响因素；动态缓冲包装系统动力学分析及设计等。

基本要求、重点和难点

基本要求：熟悉缓冲系数的基本概念，了解几种典型的包装材料非线性力学模型。

重点：重点掌握缓冲材料非线性力学模型、缓冲系数及其测量、动态缓冲系统设计的基本知识。

难点：非线性力学模型。

第一节　缓冲包装材料的力学模型

缓冲包装材料的力学特性，对解释包装件在动态激励下的响应规律、合理设计缓冲包装衬垫具有重要意义。

一、缓冲包装材料的经典力学模型

缓冲材料的变形特性，大致分为两大类：弹性型（Resilient Type）和压溃型（Collapsible Type），而弹性型又可分为两大类：线性型（Linear Type）和非线性型（Nonlinear Type）。目前工程上广泛使用的缓冲材料大多是非线性弹性材料。

在包装力学研究中，常把缓冲材料视为理想的弹性体，也就是在长时间振动和多次冲击下，它的弹性仍然均匀、无变化。实际缓冲材料的弹性，从它们的载荷-变形曲线来看是相当复杂的。

下面介绍几种缓冲材料常用的简化力学模型。

1. 线性弹性体

线性弹性体（图 3-1），在反复压缩过程中不产生塑性变形，犹如金属弹簧。载荷与形变成正比关系，刚度系数 k（单位 N/mm）为常数。其载荷形变表达式为：

$$F = kx \tag{3-1}$$

2. 双直线弹性体

双直线弹性体（图 3-2），又称分段线性材料，它具有两种不同的刚度系数值。当形变达到某一临界值（d_s）时，材料变得坚硬（k_1），以避免产品受到过大冲击力时缓冲材料完全被压缩。其载荷-形变表达式为：

$$F = \begin{cases} k_0 x & 0 \leqslant x \leqslant d_s \\ k_0 d_s + k_1(x - d_s) & x \geqslant d_s \end{cases} \tag{3-2}$$

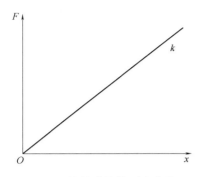

图 3-1　线性弹性体刚度曲线

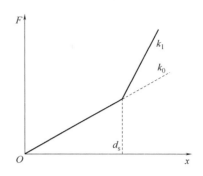

图 3-2　分段线性弹性体刚度曲线

3. 三次非线性弹性体

三次非线性弹性体（图 3-3）与双直线弹性体类似，当受到过高压力时通过连续增大刚度的方式避免缓冲材料完全被压缩。其形变与载荷函数关系可近似表达为：

$$F = k_0 x + r x^3 \tag{3-3}$$

式中　F——压缩载荷，N；

　　　r——刚度的增加率，N/m^3；

　　　k_0——初始刚度，在图上是曲线在原点的斜率，N/m；

　　　x——压缩变形量，mm。

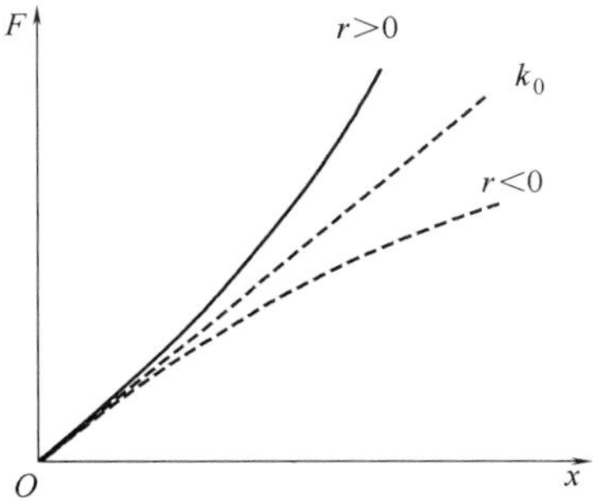

图 3-3　三次非线性弹性体刚度曲线

三次非线性弹性体多为纤维性材料，如木丝、干草、醋酸纤维丝、发泡塑料草等，组合拉伸吊装弹簧也属此类。

4. 正切型弹性体

正切型弹性体（图 3-4）又称硬特性材料。当变形量较小时，变形图线近似于一直线（k_0），当载荷达到某一特定点后，刚度突然急剧增大，极大的载荷仅产生很小的形变（d_b 为形变极限）。这种情况发生于缓冲材料受压硬化或完全压缩现象。

载荷-形变关系可近似表达为：

$$F = \frac{2k_0 d_b}{\pi} \tan \frac{\pi x}{2 d_b} \tag{3-4}$$

当 $x \to d_b$ 时，$F \to \infty$。此类材料多为高分子发泡材料、泡沫橡胶、海绵、纸条、棉花等。

5. 双曲正切型弹性体

双曲正切型弹性体，又称软特性材料（图 3-5）。当变形在某一临界值前（x_1），压力随着压缩量呈直线上升（k_0）；超过临界值后，载荷增量很小，而形变量却快速增加，甚至载荷几乎不增加（载荷极限 p_0）。此时载荷-形变关系可近似用双曲线的切线函数来表达。这是形式的缓冲材料可用于控制包装件受到最大力的幅值 $k_0 x_1$。

$$F = k_0 x_1 \tanh \frac{x}{x_1} \tag{3-5}$$

当 $x \to \infty$ 时，$F \to p_0$。此时有：$F = p_0 \tanh \dfrac{k_0}{p_0} x$。充气袋、压缩橡胶气枕、瓦楞纸板（未压溃时）等属于该类型材料。

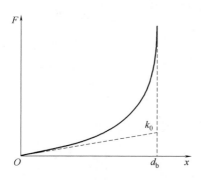

图 3-4 正切型弹性体刚度曲线

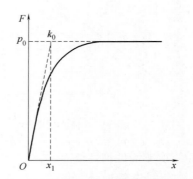

图 3-5 双曲正切型弹性体刚度曲线

二、常用缓冲材料的力学模型

1. 发泡聚苯乙烯的力学模型

发泡聚苯乙烯（EPS）是十分常见的缓冲包装材料。图 3-6 是 EPS 缓冲包装材料的压缩应力-应变曲线。

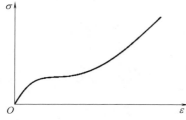

图 3-6 EPS 压缩时应力-应变曲线

从曲线上可以看出，该曲线可分为弹性段、塑性屈服平台段以及致密段三个阶段。变形的初始阶段表现出良好的弹性性状，其中在 $0 \sim 2\%$ 应变范围内表现出线性行为，可由试验测定其弹性模量；当载荷超出比例极限后，其模量值迅速下降；在超出了线弹性范围后，EPS 仍在很大范围内保持良好的弹性性质。在材料开始屈服后，应力-应变曲线表现为塑性屈服平台段。当应变继续增长，EPS 呈现明显非线性，这是由于内部孔隙被挤压造成空腔结构破坏，材料开始被压实造成应力迅速增大，进入密实化阶段。

EPS 泡沫塑料的静态力学模型表示如下：

$$\sigma = a_3 \tanh(a_1 \varepsilon) + a_4 \tan(a_2 \varepsilon) + a_5 \tan^3(a_2 \varepsilon) \tag{3-6}$$

其中 σ，ε 为应力和应变，a_1、a_2、a_3、a_4、a_5 参数由试验数据确定。

EPS 的动态力学模型为：

$$\sigma + b_1 \dot{\sigma} = \rho \left(\frac{\rho_i}{\rho_1} \right) \{ K \tanh[a_2(\varepsilon - \varepsilon_{\mathrm{p}})] + (a_4 \tan a_3 \varepsilon + a_5 \tan^3 a_3 \varepsilon) E_1 + E_2 \} + E_3(\dot{\varepsilon} - \dot{\varepsilon}_{\mathrm{p}}) + E_4(\ddot{\varepsilon} - \ddot{\varepsilon}_{\mathrm{p}})$$

$$\tag{3-7}$$

式中 $E_1 = -(\varepsilon - \varepsilon_{\mathrm{p}}) + a_6(\varepsilon - \varepsilon_{\mathrm{p}})^2$；

$E_2 = a_7(\varepsilon - \varepsilon_{\mathrm{p}}) + a_8(\varepsilon - \varepsilon_{\mathrm{p}})^2 + a_9(\varepsilon - \varepsilon_{\mathrm{p}})^3$；

$E_3 = a_{10} + a_{11}(\varepsilon - \varepsilon_{\mathrm{p}}) + a_{12}(\varepsilon - \varepsilon_{\mathrm{p}})^2 + a_{13} | \dot{\varepsilon} - \dot{\varepsilon}_{\mathrm{p}} | + a_{14}(\varepsilon - \varepsilon_{\mathrm{p}}) | \dot{\varepsilon} - \dot{\varepsilon}_{\mathrm{p}} |$；

$E_4 = a_{15} + a_{16}(\varepsilon - \varepsilon_{\mathrm{p}}) + a_{17}(\varepsilon - \varepsilon_{\mathrm{p}})^2 + a_{18}(\dot{\varepsilon} - \dot{\varepsilon}_{\mathrm{p}})$；

$$\rho\left(\frac{\rho_i}{\rho_1}\right)=1-b_2\left(1-\frac{\rho_i}{\rho_1}\right)-b_3\left[1-\left(\frac{\rho_i}{\rho_1}\right)^2\right]-b_4\left[1-\left(\frac{\rho_i}{\rho_1}\right)^3\right];$$

$$K=\begin{cases}a_1 & |\sigma|\leqslant\sigma_b\\ M_{max}\{a_1(1-bt_b^2),0\} & |\sigma|>\sigma_b\end{cases}。$$

塑性应变按照下面的增量方程计算：

$$d_{\varepsilon,p}=(p_1+p_2\varepsilon+p_3\varepsilon^2)d\varepsilon \tag{3-8}$$

屈服压应力的强化按下式计算：

$$\sigma_T=\sigma_{T_0}+\alpha(\sigma_m-\sigma_{T_0})\quad(0\leqslant\alpha\leqslant1,\sigma_m>\sigma_{T_0}) \tag{3-9}$$

式中　σ、$\dot{\sigma}$——应力和应力的变化率；

$\quad\quad\sigma_T$——屈服应力；

$\quad\quad\sigma_{T_0}$——强化前屈服应力；

$\quad\quad\sigma_m$——最大动态应力；

$\quad\varepsilon$、$\dot{\varepsilon}$、$\ddot{\varepsilon}$——应变、应变的变化率和应变对时间的二阶导数；

ε_p、$\dot{\varepsilon}_p$、$\ddot{\varepsilon}_p$——塑性应变、塑性应变的变化率和塑性应变对时间的二阶导数；

$\quad\rho_1$、ρ_i——第一次冲击前和第 i 次冲击前的材料密度；

$\quad\quad t_b$——冲击过程应力 $|\sigma|$ 超过 σ_b 的累积时间；

$\quad\quad\sigma_b$——初刚度开始损失的应力值。

a_1、a_2、$\cdots$、a_{18}；b_1、b_2、b_3、b_4；p_1、p_2、p_3；α、p_1、σ_{T_0}、σ_b 共 29 个参数，根据 n 次冲击的加速度、速度、位移时域试验数据及材料塑性变形数据，采用优化方法确定。

2. 发泡聚乙烯的力学模型

发泡聚乙烯（EPE）俗称珍珠棉。与一般多空材料的压缩特性相似，其应力-应变曲线也可分为弹性段、塑性屈服平台段及致密段 3 个阶段（图 3-7）。一般当其形变量达到 40% 后，应力值迅速增加，但压缩形变却增长缓慢。材料表现出明显的非线性特征。这种材料的应力-应变关系可以参考 Rusch 模型：

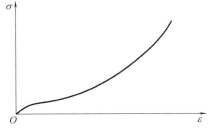

图 3-7　EPE 压缩时的应力-应变曲线

$$\sigma=A+B\varepsilon+C\varepsilon^{2.5}+D\varepsilon^3 \tag{3-10}$$

其中 A、B、C、D 为待定常数。

3. 瓦楞纸板的力学模型

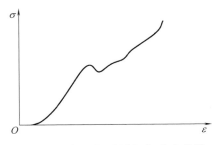

图 3-8　瓦楞纸板平压应力-应变曲线

瓦楞纸板的平压力学行为如图 3-8 所示。其应力-应变曲线可分为 3 个阶段，即弹性阶段、塑性屈服阶段和强化阶段。第一阶段为弹性阶段，曲线呈上升趋势，当达到某一峰值后出现下降。第二阶段为塑性屈服阶段，在载荷达到峰值之后，瓦楞芯纸出现塑性屈曲，承受的载荷也会随之迅速见效，曲线呈下降趋势。第三阶段为强化阶段，瓦楞芯纸被"压实"，该阶段应变的微小增加都会使应力迅速上升。

瓦楞纸板静态平压的数学模型为：

$$\sigma = a_1\varepsilon + a_2\sin(a_3\varepsilon) + a_4\tan(a_5\varepsilon) \tag{3-11}$$

其中，a_0，a_1，a_2，a_3，a_4，a_5 为 6 个参数，由 n 组实验数据 $(\sigma_i, \varepsilon_i)(i=1, 2, \cdots n)$ 确定。

瓦楞纸板动态模型为：

$$\sigma + a\dot{\sigma} = f(\sigma_p)f(\sigma_d)f(\sigma_{HR})\{K^*\varepsilon + a_2\sin[a_3(\varepsilon-\varepsilon_p)] + f(\sigma_n)a_4\tan(a_5\varepsilon) + E\} \tag{3-12}$$

式中 $f(\sigma_{HR}) = h_1 - h_2 \times HR^{h_3}$，反映温湿度的影响；

$$f(\sigma_d) = \begin{cases} 1 & \text{平压} \\ 10 + d_1(1-\varepsilon) + d_2(1-\varepsilon)^2 + d_3(1-\varepsilon)^3 & \text{边压} \\ 3 + d_4(1-\varepsilon) + d_5(1-\varepsilon)^2 + d_6(1-\varepsilon)^3 & \text{侧压} \end{cases}$$

$$f(\sigma_n) = \begin{cases} 1 + c_1(1-\varepsilon) + c_2(1-\varepsilon)^2 + c_3(1-\varepsilon)^3 & \text{单层} \\ 1 & \text{双层} \end{cases};$$

$$f(\sigma_p) = 1 - m_1\left(1 - \frac{\rho_i}{\rho_1}\right) - m_2\left[1 - \left(\frac{\rho_i}{\rho_1}\right)^2\right] - m_3\left[1 - \left(\frac{\rho_i}{\rho_1}\right)^3\right];$$

$$E = a_6(\varepsilon-\varepsilon_p) + a_7(\varepsilon-\varepsilon_p)^2 + a_8|\dot{\varepsilon}-\dot{\varepsilon}_p| + a_9(\varepsilon-\varepsilon_p)|\dot{\varepsilon}-\dot{\varepsilon}_p|;$$

$$K^* = \begin{cases} a_1 & |\sigma| < \sigma_b \\ M_{\max}\{a_1(1-bt_b^2), 0\} & |\sigma| \geqslant \sigma_b \end{cases}。$$

$f(\sigma_{HR})$ 用来反映温湿度的影响；$f(\sigma_d)$ 用来反映变形种类的影响；$f(\sigma_n)$ 用来反映层数的影响；$f(\sigma_p)$ 反映了冲击次数对密度的影响；K^* 用来反映瓦楞纸板材料受冲击压缩时的起始刚度的损失。

瓦楞纸板材料的塑性应变按以下增量方程计算：

$$d\varepsilon_p = Q(\varepsilon)d\varepsilon \quad (|\sigma| > \sigma_T, d\varepsilon < 0, \varepsilon < 0) \tag{3-13}$$

式中 $Q(\varepsilon) = (p_1 + p_2 + p_3\varepsilon^2)d\varepsilon$

瓦楞纸板材料在变形过程中屈服压应力的强化按下式计算：

$$\sigma_T = \sigma_{T_0} + \alpha\varepsilon_p(\sigma_m - \sigma_{T_0}) \tag{3-14}$$

上面各式中，σ、$\dot{\sigma}$ 为应力和应力的变化率；σ_T 为屈服应力；σ_{T_0} 为强化前屈服应力；σ_m 为最大动态应力；ε、$\dot{\varepsilon}$ 为应变和应变的变化率；ε_p、$\dot{\varepsilon}_p$ 为塑性应变和塑性应变的变化率；ρ_1、ρ_i 为第一次冲击前和第 i 次冲击前的材料密度；t_b 为冲击过程应力 $|\sigma|$ 超过 σ_b 的累积时间，σ_b 为初刚度开始损失的应力值。$h_1\cdots h_3$，$d_1\cdots d_6$，$m_1\cdots m_3$，$c_1\cdots c_3$，$a_0\cdots a_9$，$p_1\cdots p_3$，b，σ_{T_0}，α 共 31 个参数，可用模型参数化识别及优化方法确定。

4. 蜂窝纸板的力学模型

蜂窝纸板常用于大型机电产品的缓冲防震包装，对其进行平压试验可研究其力学行为。图 3-9 给出了典型的蜂窝纸板平压试验应力-应变曲线。

蜂窝纸板的静态压缩变形过程也可分为 3 个阶段，具体如下：

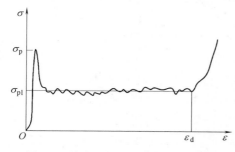

图 3-9　蜂窝纸板平压应力-应变曲线

（1）线弹性弹塑性阶段　该阶段中，材料先以线弹性的方式发生变形，然后蜂窝空穴产生弹性屈曲，导致非线弹性变形，在应力应变曲线中表现出一个弹性屈曲应力峰值。

线弹性阶段的数学模型为：

$$\frac{\sigma}{E_s} = 1.54 \left(\frac{t}{c} \right) \varepsilon \tag{3-15}$$

临界应力 σ_p 由下式确定：

$$\frac{\sigma_p}{E_s} = \frac{3.16 t^3 \left(m + \frac{1}{m} \cdot \frac{H^2}{c^2} \right)^2}{H^2 (1 - \mu^2) c} \tag{3-16}$$

上式中，m 近似为 $2H/C$ 的取整结果。

此时，临界应力 σ_p 所对应的应变为：

$$\varepsilon = \frac{2.06 t^2 \left(m + \frac{1}{m} \cdot \frac{H^2}{c^2} \right)^2}{H^2 (1 - \mu^2)} \tag{3-17}$$

对于弹塑性阶段，蜂窝纸板产生微小的压缩应变，其压缩应力就迅速下降，因此模型中简化为压缩应变不变而压缩应力下降，直至达到塑性坍塌应力 σ_{pl}。坍塌标准化应力表达式如下：

$$\frac{\sigma_{pl}}{E_s} = 6.6 \frac{\sigma_{ys}}{E_s} \left(\frac{t}{c} \right)^{5/3} \tag{3-18}$$

（2）塑性坍塌阶段　该阶段表现为一段很长的近似平台区，该平台区的应力即为塑性坍塌应力 σ_{pl}。数学模型如下：

$$\frac{2.06 t^2 \left(m + \frac{1}{m} \cdot \frac{H^2}{c^2} \right)^2}{H^2 (1 - \mu^2)} \leqslant \varepsilon \leqslant \varepsilon_d \tag{3-19}$$

式中　$\varepsilon_d = \varepsilon_D \left(1 - \frac{1}{D} \right)$。

（3）密实化阶段　最后，空穴完全坍塌破坏，且随着蜂窝孔壁压在一起，其应力急剧上升，蜂窝纸板被"密实"。其模型为：

$$\frac{\sigma}{E_s} = \frac{\sigma_{pl}}{E_s} \cdot \frac{1}{D} \cdot \left(\frac{\varepsilon_D}{\varepsilon_D - \varepsilon} \right)^M \tag{3-20}$$

式中 D、M 的值可由给定蜂窝芯厚跨比 t/c 的蜂窝纸板准静态压缩试验数据拟合得到。ε_D 可由下式确定：

$$\varepsilon_D = 1 - 3.08 \frac{t}{c} \tag{3-21}$$

式（3-20）的适用条件可写为：

$$\varepsilon_d = \varepsilon_D \left(1 - \frac{1}{D} \right) \leqslant \varepsilon \leqslant \varepsilon_d \tag{3-22}$$

式中　σ——蜂窝纸板压缩过程中所受到的应力；

　　　ε——蜂窝纸板压缩过程中产生的应变量；

　　　E_s——由承载截面面积计量的弹性模量；

μ——蜂窝原纸泊松比；

t——纸蜂窝单层壁板厚度；

c——纸蜂窝的边长；

H——纸蜂窝芯的高度；

σ_p——纸蜂窝芯弹性屈曲临界应力（也称峰值应力）；

σ_{pl}——纸蜂窝芯塑性屈曲坍塌应力；

σ_{ys}——蜂窝原纸的屈服应力；

ε_d——蜂窝纸板压缩进入密实化区时的应变量；

ε_D——蜂窝纸板压缩已达到密实化时的应变量；

D、M——蜂窝芯密实化参数。

5. 缓冲气垫的力学模型

根据准静态试验测定的缓冲气垫应力-应变曲线（图 3-10）可以看出，缓冲气垫近似于正切型弹性材料。

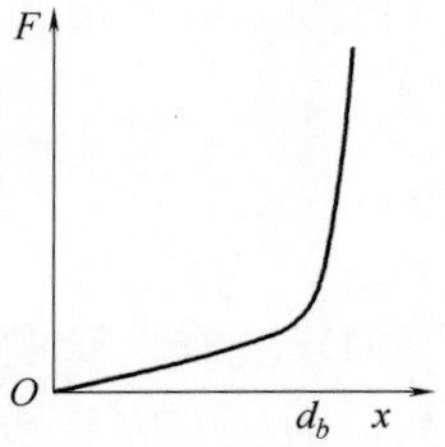

其力学模型表示为：

$$\sigma = \frac{4kd}{\pi^2 nLT\varepsilon}\tan\frac{\pi T\varepsilon}{2d} \tag{3-23}$$

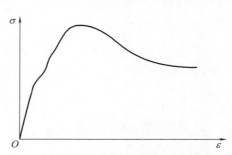

图 3-10　缓冲气垫的
应力-应变曲线

式中　n——空气垫的总气室数量；

L——空气垫气室长；

T——气垫原始厚度；

k——曲线在 $x \to 0$ 时的斜率，称初始弹性系数；

d——材料的形变极限，在 $x \to d$ 时，$F \to \infty$。

6. 纸浆模塑的力学模型

纸浆模塑的应力-应变曲线如图 3-11 所示。包括 3 个阶段：弹性阶段、塑性阶段和压溃破坏阶段。开始为弹性阶段，曲线呈上升趋势，当达到某一峰值后出现下降。进入塑性变形阶段后，斜率是变化的，随着应变增大，斜率减小。最后进入破坏阶段，应力急剧下降，材料发生屈曲。虽然压缩试验尽量避免了试件在实验过程中发生失稳，但从材料呈现出的破坏形式看，最终材料破坏仍然以屈曲破坏为主，有时伴随着纤维层间撕裂破坏现象。

图 3-11　纸浆模塑压缩应力-应变曲线

其力学模型如下：

$$\begin{cases} \sigma = E_s & \varepsilon \leq \varepsilon_s \\ \sigma = A(\varepsilon-\varepsilon_s)^3 + B(\varepsilon-\varepsilon_s)^2 + C(\varepsilon-\varepsilon_s) + \sigma_s & \varepsilon_s \leq \varepsilon \leq \varepsilon_y \end{cases} \tag{3-24}$$

式中　　ε_s——屈服极限 σ_s 引起的应变；

ε_y——强度极限 σ_y 引起的应变；

$(\varepsilon-\varepsilon_s)$——模型的塑性形变；

A、B、C——$(\varepsilon-\varepsilon_s)$ 一次项、二次项和三次项的待定系数。

三、组合包装材料的力学模型

在缓冲包装设计中，往往不只采用一种缓冲材料，为了满足不同价值、复杂结构产品的缓冲需要，有时不同种类缓冲材料混合应用。常见的多种缓冲材料组合的方法很多，最基本的是串联和并联两种方法。

下面按照线性材料和非线性材料两种情况分别讨论。

1. 线性材料的组合

（1）串联组合 设两种材料串联组合后的结构受力面面积均为 A，原始厚度分别为 T_1、T_2，$T=T_1+T_2$，材料受力方向垂直于受力表面。图 3-12 为两种缓冲材料串联组合的力学模型。

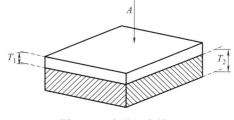

图 3-12 串联组合模型

设原始厚度分别为 T_1、T_2 的两种线弹性材料的弹性模量分别为 E_1、E_2，在外力 F 作用下产生的形变分别为 x_1、x_2，组合的等效弹性模量和总形变分别为 E 和 x。

$$x=x_1+x_2 \tag{3-25}$$

根据胡克定律，上式可写为：

$$\frac{1}{k}=\frac{1}{k_1}+\frac{1}{k_2} \tag{3-26}$$

式中 k_1、k_2——两种线弹性材料的弹性系数。

由 $k=E/T$，上式可改写为：

$$\frac{T}{E}=\frac{T_1}{E_1}+\frac{T_2}{E_2} \tag{3-27}$$

或：

$$E=\frac{E_1 E_2 T}{E_1 T_2+E_2 T_1}$$

假设两种线弹性材料的弹性模量不同，且有 $E_1>E_2$，则有：

$$E_1>E>E_2 \tag{3-28}$$

上式表明，选用两种线弹性材料串联，其作用就与选用弹性模量为 E，厚度为 T 的线弹性材料相当，弹性介于两种原始材料之间。

（2）并联组合 设两种材料并联组合后的结构初始厚度均为 T，受力面积分别为 A_1、A_2，总面积 $A=A_1+A_2$，材料受力方向垂直于受力表面。图 3-13 为两种缓冲材料并联组合的力学模型。

图 3-13 并联组合模型

设原始受力面积分别为 A_1、A_2 的两种线弹性材料的弹性模量分别为 E_1、E_2，在外力 F 作用下两种材料受力分别为 E_1、E_2，组合的等效弹性模量为 E，则有：

$$F=F_1+F_2 \tag{3-29}$$

将式（3-1）分别代入上式中的 F、F_1 和 F_2，得：

$$k=k_1+k_2 \tag{3-30}$$

式中 k_1、k_2 分别为两种线弹性材料的弹性系数。上式考虑在外力作用下两种材料具有相同的形变量。

由 $k = E/T$，上式可改写为：

$$EA = E_1 A_1 + E_2 A_2 \tag{3-31}$$

或

$$E = \frac{E_1 A_1 + E_2 A_2}{A}$$

假设两种线弹性材料的弹性模量不同，且有 $E_1 > E_2$，则有：

$$E_1 > E > E_2 \tag{3-32}$$

上式表明，并联组合后缓冲材料的弹性模量介于两种原始材料之间，与串联组合结论相同。至此，可以得出如下结论：

组合设计的缓冲效果，其对应的等效弹性模量与两种原始材料的弹性模量有关，大小介于两者之间，与两种原始材料的尺寸结构有关，通过改变原始材料的尺寸结构，可以得到连续变化的等效弹性模量。

2. 非线性材料的组合

（1）串联组合　由于非线弹性材料的弹性模量不是不恒定的，上述对线弹性材料的处理方法和结果在这里不再适用，必须从两种非线弹性材料的应力-应变曲线入手考虑，求出组合后的应力-应变曲线，再进一步处理。

在外力作用下，两种非线弹性材料同时变形，形变量 x 等于各自形变量之和，由式（3-25）得：

$$E_1 > E > E_2 \tag{3-33}$$

或：

$$\frac{\varepsilon_2 - \varepsilon}{\varepsilon - \varepsilon_1} = \frac{\alpha}{\beta} \tag{3-34}$$

其中，ε_1、ε_2 分别为两种材料各自的应变；α、β 分别为两种材料各自的厚度占总厚度的比值，故存在 $\alpha + \beta = 1$。

图 3-14 中的曲线（1）和曲线（2）分别为两种非线弹性材料的应力-应变曲线，串联组合的应力-应变曲线可按如下方法得到。首先在图上水平连接同一应力坐标下曲线（1）和曲线（2）的对应点，得到线段 aa'、bb'、cc'，根据式（3-34）将各线段按 $\alpha : \beta$ 的比例分割，把各分割点连成平滑的曲线，也就是组合后的应力-应变曲线，按前述方法可分析其力学特性。

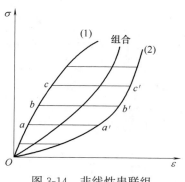

图 3-14　非线性串联组合应力-应变曲线

（2）并联组合　依据线弹性材料的基本假设，在外力 F 作用下，对于非线弹性材料也有式（3-30）存在，故可得：

$$\frac{F}{A} = \frac{F_1}{A} + \frac{F_2}{A} \Rightarrow \frac{F}{A} = \frac{A_1}{A}\frac{F_1}{A_1} + \frac{A_2}{A}\frac{F_2}{A_2} \tag{3-35}$$

即：

$$\sigma = \alpha\sigma_1 + \beta\sigma_2$$

或：

$$\frac{\sigma_2-\sigma}{\sigma-\sigma_1}=\frac{\alpha}{\beta} \tag{3-36}$$

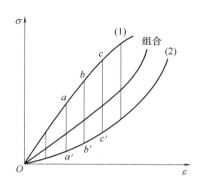

式中，σ_1、σ_2 分别为两种材料各自的应力。α、β 分别为两种材料的厚度占比，$\alpha+\beta=1$。

图 3-15 中的曲线（1）和曲线（2）分别为两种材料的应力-应变曲线，组合应力-应变曲线可按如下方法求得。

首先在图线上竖向连接同一应变下曲线（1）和曲线（2）的对应点，得到线段 aa'、bb'、cc'…，根据式（3-36）将各线段按 $\alpha:\beta$ 的比例分割，把各分割点连成平滑曲线，也就是组合后的应力-应变曲线。通过以上对非线性弹性材料的串联和并联两种组合方法的讨论，可以清楚地认识到：

图 3-15　并联组合应力-应变曲线

组合后的应力-应变曲线，不仅与原始材料的应力-应变曲线有关，还与原始材料的结构尺寸占比有关。通过改变原始材料的占比，可以得到不同的组合应力-应变曲线，且组合应力-应变曲线介于两种原始材料的应力-应变曲线之间。

第二节　静态模型缓冲包装

在包装件经受冲击时，冲击载荷通过缓冲垫作用于产品。不同缓冲材料具有不同的力学特性，所需缓冲垫的厚度也就不同。

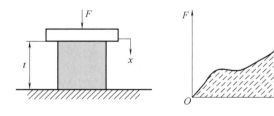

图 3-16　缓冲材料的非线性变形曲线

材料的力学性能都具有强非线性特征。如图 3-16 所示，压缩厚度为 t 的缓冲材料块的外力 F 与其压缩变形 x 之间并不遵循线性关系，曲线与横坐标所夹的面积对应缓冲材料的变形能。

当缓冲材料受到冲击时，如果不考虑机械能损耗，全部冲击能都转化为缓冲材料的变形能。不同材料有不同的变形曲线，对冲击能的吸收也就不同。单位体积吸收冲击能越大的缓冲材料，满足同样缓冲效果所需的材料越少。缓冲材料的弹性系数为 $k=F/x$。由于材料的非线性特征，k 不是常数，通常可用三次函数来表示，即式（3-3）。表 3-1 给出了一些典型缓冲材料的非线性弹性系数数据。

表 3-1　　　　　　　　　　　部分缓冲材料非线性弹性系数

材料	塑料纤维 A	塑料纤维 B	橡胶纤维
ρ	$0.05\mathrm{g/cm^3}$	$0.05\mathrm{g/cm^3}$	$0.05\mathrm{g/cm^3}$
k_0	26.5	1.37	5.95
r	0.724	0.677	0.113

缓冲材料的变形能可按下式计算：

$$E_c = \int_0^x F \, dx \tag{3-37}$$

单位厚度吸收的变形能为 E/t，此值与外力 F 之比定义为该缓冲材料的缓冲效率：

$$\eta = \frac{E_c/t}{F} = \frac{E_c}{Ft} \tag{3-38}$$

实际上，缓冲材料的最大变形不会超过材料的变形极限 d_b，超过此极限，缓冲材料就会失去弹性。由 d_b 得到的单位变形吸收的能量为 E/d_b，此值与 F 之比定义为该缓冲材料的理想缓冲效率：

$$\rho = \frac{E_c/d_b}{F} = \frac{E_c}{Fd_b} \tag{3-39}$$

因为 $t > d_b$，所以 $\eta < \rho$。d_b 是一个与结构尺寸无关的常量，η 与 ρ 成正比，它们从吸收冲击能的角度反映了材料的缓冲性能。为了减少缓冲材料用量，必须选用缓冲效率高的缓冲材料，并使变形接近其极限值。

一、静态缓冲系数及其定义

前述缓冲效率反映了材料的缓冲性能，在缓冲包装设计中通常采用它的倒数，即缓冲系数 C：

$$C = \frac{1}{\eta} = \frac{Ft}{E_c} \tag{3-40}$$

缓冲包装设计时，应选择缓冲系数较小的材料，以减少材料用量。缓冲系数 C 与 F、t、E_c 等 3 个参数有关，对于不同材料有不同的缓冲系数，通常需通过试验测定。根据试验方法的不同，有静态缓冲系数和动态缓冲系数之分。静态缓冲系数是指在缓冲材料上施加准静态载荷，得到该种材料的静态缓冲特性曲线，从而计算得到缓冲系数。当质量件 m 从 h 高度处跌落时，忽略机械损耗等次要因素，可以认为全部的位能 mgh 均转化为缓冲材料的变形能，考虑到 $\varepsilon = x/t$，$\sigma = F/A$，有：

$$mgh = E_c = \int_0^x F \, dx = At \int_0^\varepsilon \sigma \, d\varepsilon = AtE_0 \tag{3-41}$$

其中 $E_0 = E_e/(At)$ 为缓冲材料体积的变形能。如果跌落时产生的使产品不发生损坏的脆值为 G_c，这时的加速度则为 $a = G_c g$，外力变成 $F = mG_c g$，并定义缓冲材料所受静应力 $\sigma_s = mg/A$，代入上式经整理可得缓冲材料的厚度：

$$t = \frac{\sigma_m h}{E_0/G_c} = \frac{Ch}{G_c} \tag{3-42}$$

其中只有比值 σ_m/E_0 与缓冲材料的缓冲性能和结构尺寸有关，定义为静态缓冲系数 $C = \sigma_m/E_0$。

图 3-17 给出了橡胶黏结动物纤维的静态缓冲系数-最大静应力曲线。曲线呈凹谷状，谷底为最小缓冲系数及其对应的静应力值，设计缓冲尺寸时，应尽量选在此点附近，以节约缓冲材料。

二、静态缓冲系数测定

静态压缩试验是在缓冲材料试样上施加准静态压缩载荷，求得该种材料的静态缓冲特

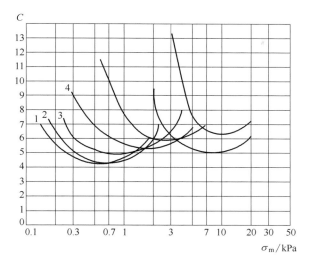

1号—软质，密度为 $0.018g/cm^2$；2号—中软质，密度为 $0.029g/cm^2$；

3号—中硬质，密度为 $0.041g/cm^2$；4号—硬质，密度为 $0.058g/cm^2$。

图 3-17 橡胶黏结动物纤维的静态缓冲系数-最大应力曲线

性曲线。静态压缩试验中，首先得到应力-应变曲线，由此计算不同应力水平情况下的单位体积变形能、缓冲系数，从而得到缓冲系数-最大应力曲线（C-σ_m 曲线）。静态试验设备一般采用电子万能材料试验机（或压缩试验仪），加载速度一般取（12 ± 3）mm/min，接近于静态载荷。

测定缓冲系数 C 及绘制 C-σ_m 曲线的基本步骤如下：

① 将应力-应变曲线下的面积分为若干个小区域，区域划分越小，则计算精度越高；如取应力 σ 的 10 个间隔点 $\sigma_i(i=1，2，\cdots，10)$，对应得到应变$\varepsilon_i(i=1，2，\cdots，10)$；

② 从应力-应变曲线上读取各分点的 σ_i、ε_i 值（$i=1，2，\cdots，10$）；

③ 求各应力区段变形能的增量，即计算各区域的面积 Δu_i：

$$\Delta u_i=\frac{1}{2}(\sigma_i+\sigma_{i-1})(\varepsilon_i-\varepsilon_{i-1}) \tag{3-43}$$

④ 计算各应力 σ_i 所对应的变形能 u_i：$u_i=\sum_{k=1}^{10}\Delta u_k$；

⑤ 计算各应力 σ_i 所对应的缓冲系数 C_i：$C_i=\dfrac{\sigma_i}{u_i}$。

⑥ 以 C 为纵坐标，σ 为横坐标，绘制缓冲系数-最大应力曲线（C-σ_m 曲线）。

下面举一个例子，用表格的形式说明缓冲系数计算的步骤。表 3-2 提供的是发泡聚乙烯（密度 $\rho=22kg/m^3$）

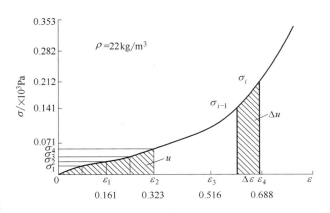

图 3-18 EPEσ-ε 曲线与应变能计算

缓冲系数数据的处理过程，其应力-应变曲线如图 3-18 所示，最终绘制的 $C\text{-}\sigma_m$ 曲线如图 3-19 所示。

表 3-2　　　　确定发泡聚乙烯（密度 $\rho = 22\text{kg/m}^3$）缓冲系数数据的处理步骤

序号	应力 σ_i/ $(\times 10^5 \text{Pa})$	应变 ε_i	应变能增量 $\Delta u_i = \dfrac{1}{2}(\sigma_i + \sigma_{i-1})$ $(\varepsilon_i - \varepsilon_{i-1})/\times 10^5\text{Pa}$	应变能 $u_i = \sum \Delta u_k/$ $\times 10^5\text{Pa}$	缓冲系数 $C_i = \dfrac{\sigma_i}{u_i}$
0	0	0	0	0	0
1	0.14	0.08	0.0056	0.0056	25
2	0.23	0.161	0.0149	0.0206	11.17
3	0.34	0.243	0.0233	0.0439	7.74
4	0.46	0.323	0.0320	0.0759	6.06
5	0.63	0.404	0.0441	0.1201	5.25
6	0.85	0.485	0.0599	0.1800	4.72
7	1.15	0.565	0.0800	0.2600	4.42
8	1.58	0.647	0.1119	0.3719	4.25
9	1.95	0.694	0.0829	0.4548	4.29
10	3.06	0.774	0.2004	0.6548	4.67

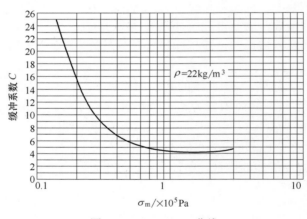

图 3-19　EPE $C\text{-}\sigma_m$ 曲线

同理，也可以绘制出材料的缓冲系数-应变（$C\text{-}\varepsilon$）曲线及缓冲系数-变形能（$C\text{-}u$）曲线。但缓冲系数-最大应力曲线（$C\text{-}\sigma_m$ 曲线）应用最为广泛。

三、影响静态缓冲系数的因素

1. 压缩速率

绝大多数缓冲包装材料并不是完全的线性弹性材料，在产生弹性力的同时，还伴随有阻力存在，如由于材料内部存在细小的气孔、塑性变形等因素，而产生阻碍弹性形变的力。一般情况下，这种源于材料内部的非弹性阻力的大小与材料的变形速率成正比，即压缩速率越大，非弹性阻力也越大。

测定材料的静态缓冲系数时，虽然压缩速率很低，但实际试验时不可能无限接近于零。而且不同试验很难保证选用相同的压缩速率。因此，压缩速率会对材料的静态缓冲系数产生影响。

2. 温度

缓冲包装材料的应力-应变曲线与温度有关，温度不同时，材料的应力-应变曲线也有变化，必然影响缓冲特性及其曲线。图 3-20 是密度为 $0.035g/cm^3$ 的聚乙烯泡沫塑料（EPE）在 68，25，－54℃时的缓冲系数-最大应力曲线，很明显，温度高时，最小缓冲系数值高，温度低时，最小缓冲系数值较低。对于泡沫塑料类缓冲包装材料，随着温度的升高，缓冲系数的最小值也增大。

3. 湿度

在室温条件下，聚苯乙烯类泡沫塑料等高分子缓冲材料是不吸水的，其缓冲性能不受湿度的影响。在高温高湿下，某些高分子缓冲材料，如聚酯型聚氨酯泡沫塑料会发生降解而变质，使刚度和缓冲能力降低。所以在高温时，湿度对某些泡沫塑料缓冲材料的静态缓冲系数有影响。在 0℃ 以下，水的冻结会使含水量较大的缓冲材料变硬而失去弹性，使其缓冲能力下降或出现损坏现象，这类材料有瓦楞纸板、蜂窝纸板等纸类缓冲材料。

4. 预应力

试样在试验之前的预压缩处理，对缓冲包装材料的尺寸以及应力-应变曲线、缓冲特性曲线都有影响。图 3-21 是聚苯乙烯泡沫塑料（EPS）在预压缩处理前后，其缓冲系数-最大应力曲线的变化情况。显然，对试样进行预压缩处理后，缓冲系数的最小值提高了。

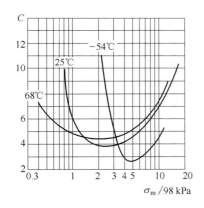
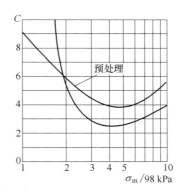

图 3-20 温度对缓冲系数-最大应力曲线的影响 图 3-21 预压缩处理对缓冲系数-最大应力曲线的影响

第三节 动态模型缓冲包装

一、动态缓冲系数及其测定

在设计物流过程中冲击产生的变形速度绝非静态方式。例如，包装件从 60cm 高度跌落时，缓冲的变形速度高达 3.4m/s，是静态试验速度的 17000 倍，这时缓冲材料阻尼的影响就不能忽略，阻尼将会吸收一部分冲击能。因此，静态缓冲系数与实际情况有一定差异，是偏保守的，因而需采用动态试验方法来测定更符合实际情况的动态缓冲系数。

缓冲材料的最大加速度-静应力（$G-\sigma_s$）曲线是基于材料的动态特性试验而绘制的。试验时，把重锤的跌落高度固定，将缓冲材料试样的厚度作为变化的参量，逐次试验，就能绘出 $G-\sigma_s$ 曲线。改变另一跌落高度，则可得到另一组不同厚度的 $G-\sigma_s$ 曲线。$G-\sigma_s$ 曲线表示了材料的动态缓冲特性，它是通过试验方法将缓冲材料的非线性及阻尼特性用测试结果表达在缓冲曲线上的，为缓冲包装设计开辟了新设计思路。有了各种材料的 $G-\sigma_s$ 曲线，就可进行缓冲包装设计。

二、影响动态缓冲系数的因素

1. 压缩速率

动态压缩试验的加载速率大，变形速率是静态压缩试验的万倍以上，故材料内部产生的非弹性阻力也急剧增大，吸收更多的冲击能量，因而得到的缓冲系数也会有一定的差异。图 3-22 描绘了聚乙烯泡沫塑料（EPE）的动态缓冲曲线和静态缓冲系数曲线。

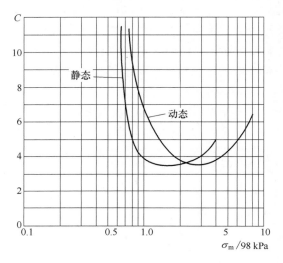

图 3-22　聚苯乙烯泡沫塑料（EPE）
的动态缓冲系数和静态缓冲系数

2. 跌落次数

缓冲材料的回复性不可能达到100%，第一次冲击时的缓冲系数与后续冲击的结果不同。图 3-23 给出某聚氨酯泡沫塑料在 75cm 高度处第一次跌落和第三次跌落的不同缓冲曲线族，显然，第三次跌落时的缓冲曲线明显增大，设计时应考虑到这些差异。

3. 跌落姿态

跌落姿态不同，缓冲效果也不同。标准的跌落试验都是按底面触地来进行的。当出现棱跌落或角跌落时，外包装变形量较大，缓冲垫的承载等效面积比底面大，因而缓冲效果比面跌落要好。对于冰箱等有外壳的产品，尽管缓冲性能稍好，但棱或角部位较薄弱，脆值低，棱跌落或角跌落时反而容易损坏。

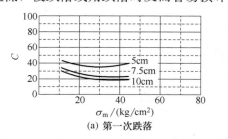

(a) 第一次跌落

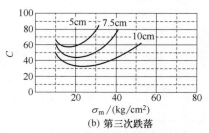

(b) 第三次跌落

图 3-23　跌落次数对缓冲材料动态缓冲系数曲线的影响

4. 温度、湿度、预处理

这些因素对材料动态缓冲性能的影响与前述对静态缓冲性能的影响基本类似。

三、包装件动态缓冲设计

1. 搬运环境特性

产品在运输搬运环节可能受到下列外力：①生产环节产生的外力；②使用过程中受到的外力；③运输过程中受到的外力。

货物从 A 地运往 B 地，可以分为两个阶段：

① 货物在出发地装载到运输工具上之前的搬运，以及到目的地之后的卸货；

② 货物在两地之间运输工具上的移动。为了确保货物不被损坏，必须了解货物可能承受的冲击和振动等级。

产品在运输过程中会受到冲击和振动。运输工具货舱的环境取决于几个因素：速度、发动机、运输工具结构以及运输工具运行的路面状况。振动包括确定性有规律的振动如发动机造成的振动，以及随机振动如路面状况、风力造成的振动。基本的物理装置是确定的。具备路面（海洋）状况、发动机和运输工具结构的知识，可以从理论上计算运输工具的振动。

由于运输环境和搬运环境性质的差别，针对两种环境设计的包装也不相同。就运输环境而言，所有的包装都受到同样的振动和冲击（大致相同），而在搬运环节，每个包装遭受的冲击程度都不相同（假设包装都是单独搬运的），包装只是受到某种程度冲击的概率相同。所以，针对运输环节的振动设计保护包装时，可以只考虑一个包装。而设计搬运保护包装时，必须基于统计基础进行操作。经验表明某种程度的冲击可能发生的概率。如果一次运输中大量的产品采用单独搬运的方式处理，这些统计数据可以用来预测有多少产品会受到什么程度的冲击。

搬运产品保护标准设定的原则是在确保不破损前提下找到增加的最低运输成本比例。下列信息对搬运中所遇载荷的设计具有重要价值：

① 包装大致的规格和质量；

② 包装路线以及要进行的搬运操作；

③ 搬运载荷统计数据；

④ 缓冲材料的成本估计，根据包装规格和重量的运输成本估计，货物运输成本。

此外，包装物品的物理特性必须掌握，以确保能够预测载荷的影响。

2. 动力学因素

如果产品和包装牢固地绑定在一起，外激励将通过盛装容器全部传递到产品上，所以必须采用合适的缓冲材料把产品和包装容器隔开。有两种基本方法确定缓冲材料的效果。第一种方法是由 Raymond D. Mindln 提出的，涉及缓冲材料载荷-变形特性的分析，在运动方程中采用这个函数可以计算载荷施加到容器时传递到内装产品上的位移或加速度。第二种方法是美国林产品实验室（Forest Products Laboratory）发布的报告中给出的，包括得到一组以缓冲材料、材料厚度、产品重量、承载面积和跌落高度（相当于速度阶跃）为函数的包装产品最大加速度曲线。为了评估某载荷对产品的破坏性，必须确定产品失效准则。常用的是脆值理论，即包装产品在某种失效形式下所能承受的最大加速度。某些情况下产品的某个部件尤其脆弱，会由于载荷过大而失效，这时就必须考虑关键部件相对于主体的位移。

如质量为 20lbs（1lb＝0.454kg）的产品采用合适的包装以确保搬运环节不受破坏，假设产品不能够承受超过 50g 的加速度，关键件质量大约 0.5lb，等效弹簧系数为 10^5lbs/ft（1lbs/ft＝1.488kg/m），其位移不能超过 0.005in（1in＝2.54 厘米）。出于简化目的，包装内部采用图 3-24 来表示。

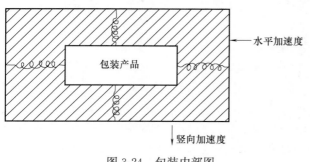

图 3-24　包装内部图

缓冲材料通常是均匀分布的非金属材料，以图中的 4 个弹簧来表示，每个弹簧都是线性无阻尼的。假设：

① 缓冲材料可以用 4 个相同的线性无阻尼弹簧来表示（弹性系数 k）；

② 包装按照图中箭头的方向跌落，箱子的底部水平接触地面；

③ 包装下落时产品和外部容器之间没有相对运动。地面是刚性的，容器对地面的冲击是完全塑性的，这就意味着容器碰到地面发生冲击时，速度变为零，其动能完全消失，包装产品在跌落冲击之前和容器具有同样的速度，其动能转化为弹簧的势能和产品的重力势能。

在第 1 个假设基础上，即弹簧是无阻尼的。这样就可以利用能量守恒定律计算产品在包装容器内的最大行程，即最大势能等于初始动能。然后就可以计算出产品所受的最大力。

考虑刚受到冲击的包装件——外包装容器静止，内装产品相对容器运动，其速度等于冲击速度。由于此时产品和容器之间还没有产生相对位移，相当于整个包装在地面上静止放着，内装产品加速朝地面运动。运动微分方程可表示为：

$$m\frac{\mathrm{d}^2 y}{\mathrm{d}t^2}+ky=mg \tag{3-44}$$

式中　m——包装产品质量；

　　　y——产品相对容器产生的位移（朝下为正）；

　　　t——时间（从受到冲击开始计算）；

　　　g——重力加速度。

该微分方程的初始条件是：

$$y(0)=0 \quad \mathrm{d}y\left.\frac{\mathrm{d}y}{\mathrm{d}t}\right|_{t=0}=v_0 \tag{3-45}$$

式中　v_0——冲击速度（$v_0=\sqrt{2gh}$，h 为跌落高度）。

方程的解为：

$$y(t)=v_0\sqrt{\frac{m}{k}}\sin\left(\sqrt{\frac{k}{m}}t\right)+\frac{mg}{k}\left[1-\cos\left(\sqrt{\frac{k}{m}}t\right)\right] \tag{3-46}$$

速度为：

$$\frac{\mathrm{d}y}{\mathrm{d}t}=v_0\cos\left(\sqrt{\frac{k}{m}}t\right)+g\sqrt{\frac{m}{k}}\sin\left(\sqrt{\frac{k}{m}}t\right) \tag{3-47}$$

假设：

$$v_0^2 \gg \frac{g^2 m}{k} \tag{3-48}$$

若跌落高度为 h，则：

$$v_0^2 = 2gh \tag{3-49}$$

上式相当于假设：

$$2gh \gg \frac{g^2 m}{k} \tag{3-50}$$

或：

$$h \gg \frac{mg}{2k} \tag{3-51}$$

由于 mg/k 是质量施压弹簧上的静态压缩量，所以假设 $v_0^2 \gg g^2 m/k$，相当于假设跌落高度是静态压缩量的几倍。若是这种情况，$y(t)$ 大约等于：

$$y(t) \approx v_0 \sqrt{\frac{m}{k}} \sin\left(\sqrt{\frac{k}{m}} t\right) \tag{3-52}$$

产品在容器内的最大位移大约等于：

$$y_\mathrm{m} \approx v_0 \sqrt{\frac{m}{k}} \tag{3-53}$$

最大加速度为：

$$a_\mathrm{m} \approx v_0 \sqrt{\frac{k}{m}} \tag{3-54}$$

由最大加速度和位移的表达式可以看出，最大加速度和 $\sqrt{k}$ 成正比，而位移和 $\sqrt{k}$ 成反比。弹簧系数是唯一的变量（v_0 和 m 是已知量），所以其值的选择必须在保证产品所受加速度最小以及产生位移最小之间找到平衡（即所要求包装的体积）。

此时要利用前面给出的参数：

$m = 20/g\,\mathrm{slug}$（注：$1\mathrm{slug} = 14.594\mathrm{kg}$），$h = 3\mathrm{ft}$（注：$1\mathrm{ft} = 0.3048\mathrm{m}$）。

产品脆值是 $50g$，假设还包括一个安全系数，最好选择 k，选择 $a_\mathrm{m} = 50g$，就会降低产生的位移 y_m。把这些值代入上式，得：

$$k = \frac{a_\mathrm{m}^2 m}{v_0^2} = \frac{a_\mathrm{m}^2 m}{2gh} = \frac{(50g)^2 \dfrac{20}{g}}{2g \times 3} = 8333\,\frac{\mathrm{lb}}{\mathrm{ft}} = 14.60\mathrm{N/m}$$

$$y_\mathrm{m} = v_0 \sqrt{\frac{m}{k}} = \sqrt{2gh}\sqrt{\frac{m}{k}} = \sqrt{2g \times 3 \times \frac{20}{8333g}} = 36.58\mathrm{cm} \tag{3-55}$$

这时重新确认之前的假设 $h \gg \dfrac{mg}{2k}$，由于 $k = 14.60\mathrm{N/m}$，

$$\frac{mg}{2k} = \frac{20}{2 \times 8333} = \frac{50}{8333} \ll h = 3 \tag{3-56}$$

所以估计值是成立的。

最大位移 $1.5\mathrm{in}$（$1\mathrm{in} = 2.54\mathrm{cm}$）表示的是包装产品向下的最大行程。由于假设缓冲材料是无阻尼的，所以产品也将向上运动 $1.5\mathrm{in}$。所以，包装容器的高度必须至少比产品高 $3\mathrm{in}$。

现在检验缓冲系统中关键部件的位移是否超过安全值。关键件假设以竖直的质量—无阻尼弹簧系统来表示，简化的动态系统如图 3-25 所示。

关键件的运动是受包装产品主体运动的激励（包装产品可以称之为主体）。假设主体

的运动不受关键件的影响，也就是说，关键件没有对产品主体施加任何载荷。所以，动态系统就可以简化为图 3-26。

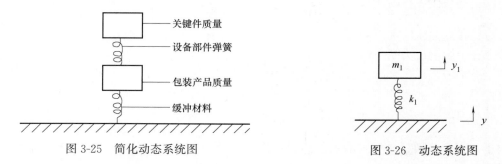

图 3-25　简化动态系统图　　　　　　　图 3-26　动态系统图

关键件质量的运动方程为：

$$m_1 \frac{d^2 y_1}{dt^2} + k_1(y_1 - y) = 0 \tag{3-57}$$

式中　m_1——关键件的质量；

　　　k_1——等价弹簧系数；

　　　y_1——关键件的绝对位移；

　　　y——主体产生的位移。

由于关键件形变非常重要，$y_1 = y + \delta$，δ 是关键件的相对形变，则方程变为：

$$m_1 \frac{d^2 \delta}{dt^2} + k_1 \delta = -m_1 \frac{d^2 y}{dt^2} \tag{3-58}$$

或：

$$\frac{d^2 \delta}{dt^2} + \frac{k_1}{m_1}\delta = 50g \sin\left(\sqrt{\frac{k}{m}}\, t\right) \tag{3-59}$$

主体的加速度值已经考虑在内。方程的稳态解为：

$$\delta = \frac{50g}{-\dfrac{k}{m} + \dfrac{k_1}{m_1}} \sin\sqrt{\frac{k}{m}}\, t \tag{3-60}$$

关键件的最大伸长为：

$$\delta = \frac{50g}{\left| \dfrac{k}{m} - \dfrac{k_1}{m_1} \right|} \tag{3-61}$$

已知参数为 $k = 8333\text{lb/ft}$（$1\text{lb/ft} = 1.4885\text{kg/m}$），$m = 20/g$ 斯勒格，计算得到的参数为 $k_1 = 10^5 \text{lb/ft}$，$m = 1/(2g)$ 斯勒格。代入这些值，则：

$$\delta = \frac{50g}{\left| \dfrac{8333}{20/g} - \dfrac{10^5}{1/2g} \right|} = \frac{50}{|416.65 - 2 \times 10^5|} = 2.5 \times 10^{-4}(\text{ft}) = 0.003\,(\text{in}) \tag{3-62}$$

因为最大允许的压缩量为 0.005in（1in = 2.54cm），所以缓冲材料提供了足够的保护。

3. 动态缓冲系统设计分析

Mindlin 方法是希望采用相对简单的分析表达式来表示已知缓冲材料的载荷-变形特

性，找到某一确定跌落高度（或速度阶跃）下产生的最大加速度和位移的近似表达式。确定缓冲材料的力学性能是否达到要求必须先对机械特性进行试验，即应力-形变特性。形变将随着厚度的增加而增加，且通常不是线性的，所以缓冲材料的初始厚度是影响其力学性能的一个参数。

另外一个影响压力-形变测量曲线的因素是测试中施加载荷的速率。因为材料的阻尼和速度相关，阻止产生形变的力包括弹性力（和形变相关）以及阻尼力。如果载荷值增加速度非常慢，阻尼的影响可以忽略，施加压力等于材料的弹性力。采用形变控制仪器可得到不同冲击速度下的应力-形变曲线。测试的应力 $P(y)=P_E(y)+P_D(\dot{y})$，P_E 是弹性力，P_D 是阻尼产生的附加力，对于确定的曲线阻尼力是常数（因为形变值是常数）。

现在以实际包装跌落为例。如果阻尼不是很大，施加在缓冲材料上的最大力发生在第一次向下冲程的终点。也就是说，最大形变和最大加速度几乎同时发生。所以，以 T_0 表示包装产品的初始动能，根据能量守恒定律，在之前的估计范围之内，

$$T_0 = A\int_0^{y_m} P_E(y)\mathrm{d}y + A\int_0^{y_m} P_D(\dot{y})\mathrm{d}y \tag{3-63}$$

A 是包装产品在缓冲材料上的支撑面积。根据下列关系式确定平均阻尼压力 $\overline{P}_D$，

$$\overline{P}_D = \frac{1}{y_m}\int_0^{y_m} P_D(\dot{y})\mathrm{d}y \tag{3-64}$$

上式还可以写为：

$$T_0 = A\int_0^{y_m} [P_E(y) + \overline{P}_D]\mathrm{d}y \tag{3-65}$$

假设 $P_D(\dot{y})$ 是速度 $\dot{y}$ 的单调增加函数，平均速度 $\overline{\dot{y}}$ 可以采用下式确定：

$$\overline{P}_D = P_D(\overline{\dot{y}}) \tag{3-66}$$

现在问题就转化为 $\overline{\dot{y}}$ 和冲击速度的关系。如果可以计算，先可以针对具体问题选择适当控制的形变值应力-应变曲线。最大形变可以通过下式计算：

$$T_0 = A\int_0^{y_m} [P_E(y) + \overline{P}_D]\mathrm{d}y = A\int_0^{y_m} P(y)\mathrm{d}y \tag{3-67}$$

$P(y)$ 是适当的形变值下测到的缓冲材料应力。如果 y_m 已知，最大加速度，即第一次冲程终点的最大加速度可以通过下式得到：

$$a_m \approx \frac{A}{M} P_E(y_m) \tag{3-68}$$

其中，m 是包装产品的质量；$P_E(y)$ 可以通过应力-形变曲线得到。

为了得到 $\dot{y}$ 和冲击速度的关系，必须知道 $P_D(\dot{y})$ 以及应力方程。这也正是消除估计误差的难点所在。通过线性系统可以确定比率 $\dot{y}/v_0$ 的阶数，v_0 是冲击速度。

在图 3-27 所示的质量块-弹簧系统中，A_k 是线性弹簧、A_c 是线性阻尼。则运动方程可以表示为：

$$m\ddot{y} + A_c\dot{y} + A_k y = 0 \tag{3-69}$$

初始条件为 $y(0)=0$，$\dot{y}(0)=v_0$。

上式微分方程可以改写为：$\ddot{y} + 2\zeta\omega_n\dot{y} + \omega_n^2 y = 0$。式中 $\omega_n = \sqrt{A_k/m}$ 无阻尼自然频率，$\zeta = c/2\sqrt{A_k m}$ 是临界阻尼部分，其解 $\zeta \ll 1$。

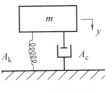

图 3-27　带弹簧和
阻尼的质量系统

$$\begin{cases} y(t) = \dfrac{v_0}{\omega_n} e^{-\zeta\omega_n t} \sin\omega_n t \\[3mm] \dot{y}(t) = v_0 e^{-\zeta\omega_n t} [-\zeta\sin\omega_n t + \cos\omega_n t] \end{cases} \tag{3-70}$$

当速度变为零时，产生的形变达到最大值。设：

$$-\zeta\sin\omega_n t + \cos\omega_n t = 0 \tag{3-71}$$

时间满足：$\tan\omega_n t_m = \dfrac{1}{\zeta}$，

由于 $\zeta \ll 1$，$t_m = \dfrac{\pi}{2\omega_n}$，所以，$y_m \approx \dfrac{v_0}{\omega_n} e^{-\frac{\pi\zeta}{2}}$。

现 $P(y) = P_E(y) + P_D(\dot{y}) = ky + C\dot{y}$，所以，

$$\overline{P}_D = \frac{1}{y_m}\int_0^{y_m} P_D(\dot{y})\mathrm{d}y = \frac{1}{y_m}\int_0^{t_m} P_D(\dot{y})\dot{y}\mathrm{d}t \tag{3-72}$$

代入 y_m、$\dot{y}$、$P_D(\dot{y})$、t_m，得：

$$\overline{P}_D = cv_0\omega_n e^{\frac{\pi\zeta}{2}} \int_0^{\frac{\pi}{2\omega_n}} e^{-2\zeta\omega_n t} [\zeta^2\sin^2\omega_n t - 2\zeta\sin\omega_n t\cos\omega_n t + \cos^2\omega_n t]\mathrm{d}t \tag{3-73}$$

采用近似值，$\zeta^2 \ll 1$，结果得到：

$$\overline{P}_D \approx \frac{\pi}{4}cv_0 \tag{3-74}$$

由于 $\begin{cases} P_D(\dot{y}) = c\dot{y} \\[2mm] \overline{\dot{y}} = \dfrac{\pi}{4}v_0 \end{cases}$ 所以，平均速度 $\overline{\dot{y}}$ 大约是冲击速度 v_0 的 3/4。所以采用非线性缓冲材料是非常需要的，这个值不会有太大误差。

为了进一步说明如何应用这些结果，假设采用已知缓冲材料保护某产品免受 v_0 大小的冲击速度。从应力-形变曲线来看，设计师选择相应的曲线测试 $3/4v_0$ 的形变值。应力-形变方程是缓冲材料厚度 d 的函数，并可以表示为 $P(y;d)$；y_m 可以从下列关系式中求出：

$$1/2mv_0^2 = A\int_0^{y_m} P(y;d) \tag{3-75}$$

对于已知的 d 值，准稳态加载曲线用于计算应力中的弹性力，弹性力仅在向下冲程中发挥作用。最后，可以由牛顿定律得到最大加速度。

$$a_m = \frac{1}{m}P_E(y;d) \tag{3-76}$$

缓冲材料的最佳厚度必须满足下列要求：

① $a_m \leqslant$ 脆值；

② $y_m < d$；

③ d 最小。

应该指出的是，由于这种方法没有给出运动的时间历程，所以不能用来预测关键件的响应。

为了确定这种方法的局限性，采用三次函数型缓冲材料（有三次函数型阻尼）进行测试计算。运动方程为：

$$m\ddot{y} + c(\dot{y} + \overline{a}\dot{y}^3) + k(y + \overline{b}y^3) = 0 \tag{3-77}$$

质量块的初始动能为 $1/2mv_0^2$，v_0 取值 15，$\overline{b}$ 为 0.2。方程可以重写为：

$$\ddot{y} + 2\zeta\omega_n(\dot{y} + \overline{a}\dot{y}^3) + \omega_n^2(y + \overline{b}y^3) = 0 \tag{3-78}$$

ζ、$\overline{a}$、ω_n 的值是变化的，如表 3-3 所示。

表 3-3　　　　　　　　　　　　　关键件振动系统的参数

序号	ω_n	ζ	$\overline{a}$
1	5	0.01	0
2	5	0.01	0.01
3	5	0.01	0.05
4	5	0.01	0.10
5	5	0.10	0
6	5	0.10	0.01
7	15	0.01	0
8	15	0.01	0.01
9	15	0.01	0.05
10	15	0.01	0.10
11	15	0.10	0
12	15	0.10	0.01

最大形变和加速度可以通过运动方程的积分得到。结果如表 3-4 所示，标星号的量为近似值。

表 3-4　　　　　　　　　　　　　最大形变和加速度

序号	y_m	y_m^*	a_m	a_m^*
1	2.37	2.37	126	126
2	2.33	2.24	122	121
3	2.20	2.23	108	108
4	2.07	2.10	95.8	96.1
5	2.18	2.18	106	105
6	1.92	1.92	83.7	93.5
7	0.943	0.942	250	250
8	0.922	0.928	243	242
9	0.852	0.867	220	220
10	0.787	0.796	199	197
11	0.837	0.836	218	214
12	0.714	0.704	179	177

实际值和近似值之间的最大百分比差异为 2%，误差可以忽略不计。

当 $\overline{a} = 0.1$ 时，初始阻尼力为 $v_0 + \overline{a}v_0^3 = 15 + 0.1(15)^3 = 15 + 377 = 352$。所以，尽管力的非线性部分比较大，但并不影响结果。此过程的局限在于：

$$\frac{v_0 + \overline{a}v_0^3}{v_0} \times \zeta = \zeta(1 + \overline{a}v_0^2) = \zeta^* < 0.5 \tag{3-79}$$

ζ^* 是等效阻尼因子。这是符合实际情况的，即使是线性系统，1/2 或更大的阻尼因子意味着冲击之后会产生最大的加速度，而不是本次分析假设的在第一次向下冲程的终点。

4. 其他方面的考虑

到目前为止讨论的主要内容是基于理想假设前提下。引入关于容器冲击动力学的假设，应力-位移定律的分析，以及根据初始条件从最大位移和最大加速度得出的公式，并表示为突然施加速度以及相关的跌落高度。

但是，从实际来看，缓冲材料并不是严格的数学表达式，实际材料有质量、体积、经济成本、在不同环境条件有不同的性能。因此，确定合适的缓冲材料需要综合地考虑材料属性、成本和使用环境，把包装产品的加速度限制到可接受范围之内。此外，估计的跌落高度与包装产品的随机跌落仍然有一定的偏差。

练习思考题

1. 常用的缓冲包装材料有哪些？它们可以分别用怎样的模型表达？
2. 静态缓冲包装和动态缓冲包装的区别是什么？为什么会有这些区别？
3. 请查阅一篇关于包装材料力学模型相关的论文，分析该材料在外在载荷下的变形规律，并附上论文。

第四章　包装件振动中的力学问题

内 容 提 要

产品包装件在陆运、海运、空运等各种运输模式下都会受到振动作用，特别是伴随着集装运输方式的发展，振动造成包装系统的破损已成为包装破损失效的最主要的因素。据此，本章主要内容包括：概述、单自由度线性系统振动、两自由度线性系统振动、多自由度线性系统振动四节内容。主要讲授：振动的基本概念、振动系统及其分类、振动问题的研究方法、包装件振动模型与运动方程、单自由度线性系统无阻尼振动、单自由度线性系统有阻尼振动、单自由度线性系统强迫振动、两自由度线性系统振动的模型及动力学方程、两自由度线性系统的自由振动、两自由度系统的强迫振动、多自由度系统振动的模型及动力学方程、弹性体产品包装的振动分析、刚体产品包装的振动分析。

基本要求、重点和难点

基本要求：熟悉包装件振动的基本概念，掌握单自由度和多自由度包装件（包括有阻尼和无阻尼）在振动过程中的运动规律和固有频率的计算方法，了解多自由度包装件在振动过程中的运动规律和固有频率的计算方法。

重点：掌握单自由度和多自由度包装件（包括有阻尼和无阻尼）在振动过程中的运动规律和固有频率的计算方法。

难点：多自由度包装件在振动过程中的运动规律和固有频率的计算方法。

第一节　概　　述

一、基 本 概 念

产品从生产到达消费者手中，经过一系列的流通环节，在此过程中产品会受到各种外界因素的影响，可能受到破损，而引起产品破损的主要原因是流通过程中的振动和冲击。振动是指物体经过它的平衡位置所作的往复运动或系统的物理量在其平均值（或平衡值）附近的来回变动。振动是自然界最普通的现象之一，大至宇宙，小至亚原子粒子，无不存在振动。各种形式的物理现象，诸如声、光、热等都包含振动。人们生活中也离不开振动，心脏的搏动、耳膜和声带等的生理活动都是振动现象。在生活中声音的产生、传播和接收都离不开振动。在工程技术领域中，有桥梁和建筑物在阵风或地震激励下的振动，飞机和船舶在航行中的振动，机床和刀具在加工时的振动，各种动力机械的振动，控制系统中的自激振动、包装产品在运输时承受的振动等。

不同领域中的振动现象虽然各具特色，但往往有着相似的数学力学描述。在这种共性的基础上，建立某种统一的理论来处理各种振动问题。对于包装产品的振动问题，借助于数学、力学、实验和计算方法，探讨各种振动现象的机理，阐明振动的基本规律，为合理解决包装动力学中遇到的各种振动问题提供理论依据。

二、振动系统及形式分类

1. 振动系统分类

任何力学系统，只要它具有弹性和惯性，都可能发生振动，这种力学系统称为振动系统。振动系统可分为两大类，即离散系统和连续系统。离散系统由集中参量组件组成，连续系统具有连续分布的参量，但可通过适当方式转化为离散系统。

离散系统在工程上有广泛的代表性。如，包装在纸箱内的电视机、显示器等电子产品，运输时四周用缓冲衬垫进行减振和隔振，考虑到衬垫的质量远比包装物的质量小得多，可以略去，而把衬垫看作弹簧；衬垫本身的内摩擦以及周围约束之间的摩擦起着阻尼的作用，可以把它们合在一起看作是一个阻尼器，通过适当简化，包装物本身可看作一个离散系统，对于离散系统的运动，数学上用常微分方程描述。

连续系统是由弹性体组件组成的。弹性体可以看作由无数质点组成，各质点间有弹性联系，只要满足连续性条件，任何微小的相对位移都是可能的。因此，一个弹性体有无限多个自由度。典型的弹性体组件有杆、梁、轴、板、壳等，弹性体的惯性、弹性与阻尼是连续分布的，故称连续系统。工程上许多振动系统取连续系统的模型，对于此种运动，数学上用偏微分方程描述。

按自由度划分，振动系统可分为有限自由度系统（单自由度系统、二自由度系统和三自由度系统）和无限自由度系统。前者与离散系统相对应，后者与连续系统相对应。

力学系统中的集中参量组件有 3 种：质量、弹簧和阻尼器。它们都是理想化的力学模型，质量（包括转动惯量）是仅具有惯性的力学模型，弹簧是不计本身质量、仅具有弹性的"模型"，弹性力和形变一次方成正比的弹簧，称为线性弹簧。阻尼器模型不具有惯性，也不具有弹性，它是耗能组件。在运动时产生阻力，阻力与速度成正比的阻尼器，称为线性阻尼器。

参量的变化规律可用时间的确定函数描述的振动系统，称为定则系统（又称确定性系统）。如果系统中的各个特性参量（质量、刚度、阻尼系数等）都不随时间而变，即它们不是时间的显函数，就称这个系统为常参量系统；反之，则称为变参量系统。常参量系统的运动用常系数微分方程描述。而描述变参量系统需要用变系数微分方程。

若系统参量变化无常，无法用时间的确定函数描述，而只能用有关统计特性描述，这种系统就称为随机系统。

质量不随运动参量（坐标、速度、加速度等）的变化而变化，且其弹性力和阻尼力都可以简化为线性模型的振动系统，称为线性系统。线性系统的运动用线性微分方程描述。凡是不能简化为线性系统的振动都称为非线性系统。

2. 振动形式分类

一个系统受到激励，会呈现一定的响应。激励作为系统的输入、响应作为系统的输出，两者与系统特性的联系如图 4-1 所示，系统的激励可分为两大类：定则激励和随机激励。

图 4-1 激励、响应和系统特性关系

用时间确定函数来描述的激励称为定则激励。脉冲激励、阶跃激励、谐波激励、周期激励都是典型的定则激励。一个定则系统受到激励时，响应也是定则，这类振动称为定则振动。

随机激励不能用时间的确定函数描述，但它们具有一定的统计规律性。对用随机函数描述，即使是定则系统，在受到随机激励时，系统的响应区也会是随机的，这类振动称为随机振动。

此外，振动还可以按激励的控制方式分为四类：①自由振动：通常指弹性系统在偏离平衡状态后，不再受到外界激励的情形下所产生的振动。②强迫振动：指弹性系统在受外界控制的激励作用下发生的振动。这种激励不会因振动被抑制而消失。③自激振动：指弹性系统力受系统振动本身控制的激励作用下发生的振动。在适当的反馈作用下，系统会自动地激起定幅振动。一旦振动被抑制，激励也随之消失。④参激振动：指激励方式是通过周期地或随机地改变系统的特性参量来实现的振动。

三、振动问题的研究方法

对于定则系统或随机系统的振动问题，一般都是已知激励、响应、系统特性中的两者而求第三者，在激励条件和系统特性已知的情况下，求系统的响应，称为振动分析。在系统特性和响应已知的情况下，反推系统的激励，称为振动环境预测。在激励和响应均为已知的情况下，确定系统的特性，称为振动特性测定或系统识别，还有另一种提法是振动设计，即在一定的激励条件下，如何确定系统的特性，使系统的响应满足指定的条件。

实际振动问题往往错综复杂，它可能同时包含识别、分析、综合等几方面的问题。通常将实际问题抽象为力学模型，实质上是系统识别问题。针对系统模型列式求解的过程，实质上是振动分析的过程。分析并非问题的终结，分析的结果还必须用于改进设计或排除故障（实际的或潜在的），这就是振动综合或设计的问题。

解决振动问题的方法不外乎通过理论分析和实验研究，两者是相辅相成的。在振动的理论分析中大量应用数学方法，特别是计算机的日益发展，为解决复杂振动问题提供了强有力的工具。

从 20 世纪 60 年代中期以来，振动测试和信号分析技术有了重大突破和进展，这又为振动问题的实验、分析和研究开拓了广阔的前景。

本章着重阐述振动的基本理论与分析方法，并结合产品包装振动现象说明其应用前景，完全掌握这些内容也就初步具备解决实际振动问题的能力，并为进一步开展研究工作打下了良好的基础。

四、包装件振动模型与运动方程

如图 4-2 所示的包装件由内装物、缓冲材料和外包装 3 部分组成，如果不考虑关键零件的局部效应，只考虑内装物的运动情况，当忽略干摩擦的影响后，用离散参数模型来表征它的动力学行为，可简化成图 4-3 所示的单自由度系统动力学模型。

内装物的位移用 $x(t)$ 表示，外包装的运动位移用 $y(t)$ 表示。当包装件受到一个外界激励时，内装物将绕静平衡位置往复振动，此时内装物所受的弹性力为 $-k(x-y)+k\delta$，阻尼力为 $-c(\dot{x}-\dot{y})$，本身重力为 $-mg$。由于 δ 是因内装物质量 mg 引起的衬垫静位移，大小相等，方向相反，即 $k\delta=mg$，根据牛顿第二定律，此时内装物的运动方程为：

图 4-2　包装件结构简图

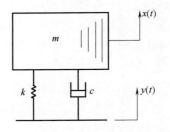

图 4-3　单自由度系统模型

$$m\ddot{x}+c(\dot{x}-\dot{y})+k(x-y)=0 \tag{4-1}$$

上式整理后可写为：

$$m\ddot{x}+c\dot{x}+kx=c\dot{y}+ky=f(t) \tag{4-2}$$

式中　m——内装物的质量，kg；

　　c——阻尼系数；

　　k——弹性系数；

　$f(t)$——系统的激励，N。

这是一个具有常系数的二阶线性常微分方程。

第二节　单自由度线性系统振动

一、单自由度线性系统无阻尼自由振动

对图 4-3 所示的单自由系统模型，如果不计阻尼及激励，则式（4-2）变为：

$$m\ddot{x}+kx=0 \tag{4-3}$$

此为单自由度线性系统无阻尼自由振动问题，现求解微分方程，将方程除以 m 得：

$$\ddot{x}+\frac{k}{m}x=0$$

因为质量 m 和弹性系数 k 都是正数，所以式中 k/m 恒为正，于是引入记号 ω_0^2，令 $\omega_0^2=\dfrac{k}{m}$，则有：

$$\ddot{x}+\omega_0^2 x=0 \tag{4-4}$$

这是一个二阶常系数齐次常微分方程，它的特征方程为：

$$\lambda^2+\omega_0^2=0 \tag{4-5}$$

特征方程的两个根为：

$$\lambda_1=i\omega_0,\ \lambda_2=-i\omega_0 \tag{4-6}$$

微分方程（4-4）的解为：

$$x=C_1 e^{i\omega t}+C_2 e^{-i\omega t} \tag{4-7}$$

由 Euler（欧拉）关系：

$$e^{\pm i\omega t}=\cos\omega_0 t\pm i\sin\omega_0 t \tag{4-8}$$

所以：

$$x=C_1(\cos\omega_0 t+i\sin\omega_0 t)+C_2(\cos\omega_0 t-i\sin\omega_0 t)$$

$$= (C_1 + C_2)\cos\omega_0 t + i(C_1 - C_2)\sin\omega_0 t \qquad (4\text{-}9)$$

令：

$$B = C_1 + C_2, D = i(C_1 - C_2) \qquad (4\text{-}10)$$

则：

$$x = B\cos\omega_0 t + D\sin\omega_0 t \qquad (4\text{-}11)$$

对时间 t 求导一次，得振动速度：

$$\dot{x} = -B\omega_0\sin\omega_0 t + D\omega_0\cos\omega_0 t \qquad (4\text{-}12)$$

代入初始条件 $x(0) = x_0$，$\dot{x}(0) = v_0$，得：

$$B = x_0, D = \frac{v_0}{\omega_0} \qquad (4\text{-}13)$$

所以：

$$x = x_0\cos\omega_0 t + \frac{v_0}{\omega_0}\sin\omega_0 t \qquad (4\text{-}14)$$

令：

$$x_0 = A\sin\alpha, \frac{v_0}{\omega_0} = A\cos\alpha \qquad (4\text{-}15)$$

则运动方程（4-3）的解为：

$$x = A\sin(\omega_0 t + a) \qquad (4\text{-}16)$$

式中　A——振幅，$A = \sqrt{x_0^2 + \left(\dfrac{v_0}{\omega_0}\right)^2}$，m；

$\qquad\omega_0$——固有频率，$\omega_0 = \sqrt{\dfrac{k}{m}}$，Hz；

$\qquad\alpha$——初位相，$\alpha = \arctan\dfrac{x_0\omega_0}{v_0}$，rad。

【例 4-1】　如图 4-4 所示的简化包装模型，设弹性系数为 k 的弹簧，在质量为 m 的包装物作用下压缩，产生的静变形为 2mm，若将此包装物在未变形位置处无初速释放，求系统的振动规律。

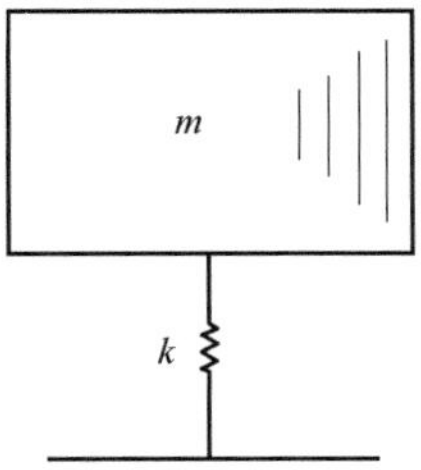

解：弹簧在包装物的重力作用下，产生静变形，则弹簧的弹性系数为：

$$k = \frac{mg}{\delta_{\text{st}}}$$

包装物产生振动时，所受的力有重力 mg 和弹性力 F，若取其平衡位置为坐标原点，x 轴方向铅直向下，可列出运动微分方程为：

图 4-4　简化包装模型

$$m\ddot{x} = mg - k(\delta_{\text{st}} + x) = -kx$$

设 $\omega_0^2 = \dfrac{k}{m}$，则上式改写为：

$$\ddot{x} + \omega_0^2 x = 0$$

上述振动微分方程的解为：

$$x = A\sin(\omega_0 t + a)$$

其中固有频率：

$$\omega_0 = \sqrt{\frac{k}{m}} = \sqrt{\frac{g}{\delta_{st}}} = \sqrt{\frac{9.8}{0.002}} = 70 \ (\text{rad/s})$$

在初始时刻，包装物位于未变形的弹簧上，其坐标 $x_0 = -\delta_{st} = -2\text{mm}$，包装物初始速度 $v_0 = 0$，则振幅为：

$$A = \sqrt{x_0^2 + \left(\frac{v_0}{\omega_0}\right)^2} = 2\text{mm}$$

初相位：

$$\alpha = \arctan\frac{x_0\omega_0}{v_0} = \arctan(-\infty) = -\frac{\pi}{2}$$

最后得系统的自由振动规律为：

$$x = -2\cos(70t)\text{mm}$$

二、单自由度线性系统有阻尼自由振动

对图 4-3 所示的单自由系统模型，如果不计激励，式（4-2）变为：

$$m\ddot{x} + c\dot{x} + kx = 0 \tag{4-17}$$

此为单自由度线性系统有阻尼自由振动问题，求解微分方程，将方程（4-17）写成

$$\ddot{x} + \frac{c}{m}\dot{x} + \frac{k}{m}x = 0 \tag{4-18}$$

令：

$$2n = \frac{c}{m}, \quad \omega_0^2 = \frac{k}{m} \tag{4-19}$$

式中 n——与阻尼有关的系数。

于是式（4-17）有以下形式：

$$\ddot{x} + 2n\dot{x} + \omega_0^2 x = 0 \tag{4-20}$$

它的特征方程为：

$$\lambda^2 + 2n\lambda + \omega_0^2 = 0 \tag{4-21}$$

特征方程的根为：

$$\lambda_{1,2} = -n \pm \sqrt{n^2 - \omega_0^2} \tag{4-22}$$

显然 λ_1 和 λ_2 都不可能为正，而且，根据根号内为正、为负或零，方程（4-17）的解的性质截然不同，因此下面分 3 种情况来讨论。

1. 临界阻尼

使式（4-22）根号内等于零的阻尼，即 $n = \omega_0$，称为临界阻尼，用符号 c_0 表示临界阻尼系数。这种情况下：

$$c_0 = 2m\omega_0 = 2m\sqrt{\frac{k}{m}} = 2\sqrt{mk} \tag{4-23}$$

式（4-17）只有临界阻尼时，特征方程有一对相等的实根。

$$\lambda_1 = \lambda_2 = -n \tag{4-24}$$

当特征方程有重根时，方程（4-17）的解为：

$$x = Be^{-nt} + Dte^{-nt} = e^{-nt}(B + Dt) \tag{4-25}$$

这表明，振体在临界阻尼作用下离开平衡位置的距离将在达到某一极值后随时间 t 按指数减小，最后趋于零。从式（4-25）可知，$x(t)$ 显然不是 t 的周期函数。将 $x(t)$ 对 t

求导：

$$\dot{x}=-n(B+Dt)\mathrm{e}^{-nt}+D\mathrm{e}^{-nt} \tag{4-26}$$

用初始条件 $x(0)=x_0$，$\dot{x}(0)=v_0$，确定积分常数 B、D，即 $B=x_0$，$D=v_0+nx_0$，因此式（4-25）可写为：

$$x=\mathrm{e}^{-nt}[x_0+(v_0+nx_0)t] \tag{4-27}$$

由于 m、c 恒为正，所以 n 恒为正，而 $t\geqslant0$，因此不论 x_0、v_0 取何值，当 $t\rightarrow\infty$ 时总有 $x\rightarrow0$。

2. 小阻尼

如果阻尼系数 c 小于临界阻尼系数 c_0，也就是说，如果 $c<2\sqrt{mk}$ 或 $n<\omega$，则由式（4-22）可知：

$$\lambda_{1,2}=-n\pm\sqrt{n^2-\omega_0^2}=-n\pm i\sqrt{\omega_0^2-n^2} \tag{4-28}$$

即特征方程的两个根是一对共轭复根。于是式（4-17）的解为：

$$x=\mathrm{e}^{-nt}(B\cos\sqrt{\omega_0^2-n^2}\,t+D\sin\sqrt{\omega_0^2-n^2}\,t) \tag{4-29}$$

对 t 求导，得：

$$\dot{x}=-n\mathrm{e}^{-nt}(B\cos\sqrt{\omega_0^2-n^2}\,t+D\sin\sqrt{\omega_0^2-n^2}\,t)+$$
$$\mathrm{e}^{-nt}(-B\sqrt{\omega_0^2-n^2}\sin\sqrt{\omega_0^2-n^2}\,t+D\sqrt{\omega_0^2-n^2}\cos\sqrt{\omega_0^2-n^2}\,t) \tag{4-30}$$

用初始条件 $x(0)=x_0$，$\dot{x}(0)=v_0$，确定积分常数 B、D，则：

$$B=x_0，D=\frac{v_0+nx_0}{\sqrt{\omega_0^2-n^2}} \tag{4-31}$$

则式（4-17）的解为：

$$x=A\mathrm{e}^{-nt}\sin(\sqrt{\omega_0^2-n^2}\,t+a) \tag{4-32}$$

式中，$A=\sqrt{x_0^2+\dfrac{(v_0+nx_0)^2}{\omega_0^2-n^2}}$，$a=\arctan\dfrac{x_0\sqrt{\omega_0^2-n^2}}{v_0+nx_0}$。

从方程的解中不难看出，式（4-32）表示振幅按指数规律衰减的减幅振动，变化形态如图 4-5 所示，衰减振动的振幅按几何级数减小。

设 A_i 和 A_{i+1} 分别代表相邻两次（第 i 次和第 $i+1$ 次）振动的振幅，则振幅比：

$$\beta=\frac{A_i}{A_{i+1}}=\frac{A\mathrm{e}^{-nt_i}}{A\mathrm{e}^{-n(t_i+T_i)}}=\mathrm{e}^{nT_1}=\mathrm{Const} \tag{4-33}$$

其中，$T_1=\dfrac{2\pi}{\sqrt{\omega_0^2-n^2}}$，则：

$$\beta=\mathrm{e}^{\frac{2n\pi}{\sqrt{\omega_0^2-n^2}}} \tag{4-34}$$

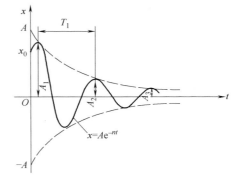

图 4-5　小阻尼衰减振动

通常取振幅比为自然对数 δ：

$$\delta=\ln\beta=\ln\left(\frac{A_i}{A_{i+1}}\right)=\frac{2n\pi}{\sqrt{\omega_0^2-n^2}}\approx2\pi\frac{n}{\omega_0} \tag{4-35}$$

3. 大阻尼

如果 $n>\omega_0$，即：

$$\frac{c}{2m}>\sqrt{\frac{k}{m}} \text{ 或 } c>2\sqrt{mk} \tag{4-36}$$

这时，特征方程的两个根 λ_1 和 λ_2 是不等实根：

$$\lambda_1=-n+\sqrt{n^2-\omega_0^2} \quad \lambda_2=-n-\sqrt{n^2-\omega_0^2} \tag{4-37}$$

因为 $n>\omega_0$，所以这两个实根都是负实根。于是式（4-17）的解为：

$$x=Ae^{\lambda_1 t}+Be^{\lambda_2 t} \tag{4-38}$$

等式右边两项都是负指数，随 t 增加时两项都按指数减小，振体很快回到平衡位置，

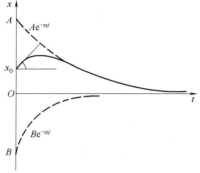

图 4-6　大阻尼情况

大阻尼时不会出现位移符号变化，它不具有振动特性，如图 4-6 所示。

将式（4-38）对 t 求导：

$$\dot{x}=A\lambda_1 e^{\lambda_1 t}+B\lambda_2 e^{\lambda_2 t} \tag{4-39}$$

利用初始条件确定积分常数 A、B 为：

$$A=-B=\frac{\dot{x}_0}{2\sqrt{n^2-\omega_0^2}} \tag{4-40}$$

考虑到双曲函数的表达式：

$$\text{sh}u=\frac{1}{2}(e^u-e^{-u}) \tag{4-41}$$

则式（4-38）变为：

$$x=\frac{x_0}{\sqrt{n^2-\omega_0^2}}e^{-nt}\text{sh}(\sqrt{n^2-\omega_0^2}\,t) \tag{4-42}$$

4. 阻尼比

因为 $n<\omega_0$ 是衰减振动，$n>\omega_0$ 无振动，而 $n=\omega_0$ 是衰减过程中振动与不振动的分界线，因此称之为临界阻尼，常作为衡量阻尼大小的基准。通常引用符号 ζ：

$$\zeta=\frac{c}{c_0} \tag{4-43}$$

ζ 表示任一阻尼系数 c 与临界阻尼 c_0 之比，称之为相对阻力系数或阻尼比。利用式：$2n=c/m$ 和 $c_0=2m\omega_0=\sqrt{mk}$，可把式（4-43）改写成：

$$\zeta=\frac{c}{c_0}=\frac{2mn}{2m\omega_0}=\frac{n}{\omega_0} \tag{4-44}$$

或：

$$\zeta=\frac{c}{2\sqrt{mk}} \tag{4-45}$$

这表示阻尼比 ζ 与振动系统的 3 个参数 m、k、c 都有关，改变其中任何一个都会改变 ζ 值。但由式（4-44）知：

$$\zeta \begin{cases} <1, & n<\omega_0 \\ =1, & n=\omega_0 \\ >1, & n>\omega_0 \end{cases} \tag{4-46}$$

不论 ζ 值如何改变，只要 ζ 的值保持 $\zeta<1$ 或者 $\zeta>1$，则系统运动的性质就不会有本质的改变，即振动的仍为振动，非振动的仍为非振动。但如果 ζ 值本来在 1 附近，则系统参数 m、k、c 三者中任一微小变化，都可能导致 ζ 值从大于 1 变为小于 1 或者相反，从而根本上改变运动的性质。

下面我们用阻尼比 ζ 来表示小阻尼振动的周期、频率、减幅系数和对数减幅系数。把式（4-44）中的 ζ 代入 T_1 中得：

$$T_1 = \frac{2\pi}{\omega_0} \frac{1}{\sqrt{1-\zeta^2}} = T \frac{1}{\sqrt{1-\zeta^2}} = T\left[1 + \frac{1}{2}\zeta^2 + \frac{3}{8}\zeta^4 + \cdots\right] \tag{4-47}$$

把 ζ 代入频率得：

$$f_1 = \frac{1}{T_1} = \frac{1}{2\pi}\sqrt{\frac{k}{m}(1-\zeta^2)} = f\sqrt{1-\zeta^2} \tag{4-48}$$

把 ζ 代入式（4-34）得：

$$\beta = e^{\frac{2\pi\zeta}{\sqrt{1-\zeta^2}}} \tag{4-49}$$

把 ζ 代入式（4-35）得：

$$\delta = \frac{2\pi\zeta}{\sqrt{1-\zeta^2}} \tag{4-50}$$

【例 4-2】 在振动系统中，若 $k=24500\text{N/m}$，$c=98\text{N·s/m}$，$m=9.8\text{kg}$，试求对数减幅系数 δ，并估计振幅减小到初值的 1% 所需的振动次数和时间。

解： 根据式（4-45）：

$$\zeta = \frac{c}{2\sqrt{mk}} = \frac{98}{2\sqrt{9.8\times24500}} = 0.1$$

由式（4-50）得：

$$\delta = \frac{2\pi\zeta}{\sqrt{1-\zeta^2}} = \frac{2\pi\times0.1}{\sqrt{1-(0.1)^2}} = 0.631$$

设振动 j 次后振幅减小到初值的 1%，则因：

$$\frac{A_1}{A_{j+1}} = \frac{A_1}{A_2}\cdot\frac{A_2}{A_3}\cdots\frac{A_j}{A_{j+1}}, \quad \delta = \ln\left(\frac{A_i}{A_{i+1}}\right), \quad \frac{A_i}{A_{i+1}} = e^\delta, \quad \frac{A_1}{A_{j+1}} = e^{j\delta}$$

所以：

$$j = \frac{1}{\delta}\ln\frac{A_1}{A_{j+1}} = \frac{1}{0.631}\times\ln100 = 7.30 < 8$$

即不足 8 次，振幅就减到初值的 1%。所经时间为：

$$t = jT_1 = j\frac{2\pi}{\omega_0}\frac{1}{\sqrt{1-\zeta^2}}$$

因为本题 $\zeta=0.1$，$\zeta^2 \ll 1$，所以：

$$t \approx \frac{2\pi j}{\omega_0}$$

所经历的时间为：

$$t \approx \frac{2\pi\times j}{\sqrt{\dfrac{k}{m}}} = \frac{2\pi\times8}{\sqrt{\dfrac{24500}{9.8}}} = 1.01\ (\text{s})$$

即大约 1s 就减幅 99%。

【例 4-3】 在振动系统中，若 $k=24500\text{N/m}$，$c=588\text{N·s/m}$，$m=9.8\text{kg}$，设将物体从平衡位置拉下 0.01m 后无初速地自由释放，求此后振体的运动。

解： 根据式（4-45）：

$$\zeta = \frac{c}{2\sqrt{mk}} = \frac{588}{2\sqrt{9.8\times24500}} = 0.6 < 1$$

故振体将在释放后发生衰减振动。由式（4-32）知运动方程为：

$$x = A e^{-nt} \sin(\sqrt{\omega_0^2 - n^2}\, t + a)$$

则：

$$n = \zeta \omega_0 = 0.6 \times \sqrt{\frac{24500}{9.8}} = 30 \ (1/s)$$

$$\sqrt{\omega_0^2 - n^2} = \omega_0 \sqrt{1 - \zeta^2} = \sqrt{\frac{24500}{9.8}} \times \sqrt{1 - 0.6^2} = 40 \ (1/s)$$

初始条件 $t = 0$ 时，$x_0 = 0.01$m，代入运动方程得到：

$$0.01 = A \sin a$$

利用初始条件 $t = 0$ 时，$\dot{x} = 0$，得到：

$$0 = A e^{-nt} \left[-\sin(\sqrt{\omega^2 - n^2}\, t + a) + \sqrt{\omega^2 - n^2} \cos(\sqrt{\omega^2 - n^2}\, t + a) \right] \big|_{t=0}$$
$$= A(-30 \sin a + 40 \cos a)$$

由此求得：

$$\sin a = \frac{4}{5}, \ \text{或}\ a = 53°10', \ A = 0.0125\text{m}$$

三、单自由度线性系统强迫振动

1. 有阻尼的强迫振动

包装件在运输过程中受到长时间或瞬时激励，这种激励所引起的振动称为强迫振动（或受迫振动）。假定这种激励为简谐扰力，单自由度阻尼系统在简谐激振力作用下的力学模型如图4-6所示。此系统上除了弹性恢复力 kx 和阻尼力 $c\dot{x}$ 外，还始终作用着一个简谐力 $F = F_0 \sin \omega t$，F_0、ω 分别为激励力的幅值及角频率，以静平衡位置为坐标原点，x 坐标向上为正，则图4-7所示系统的运动微分方程为：

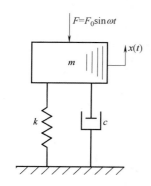

$$m\ddot{x} = -kx - c\dot{x} - F_0 \sin \omega t \tag{4-51}$$

将上式两端除以 m，并令：

$$\omega_0^2 = \frac{k}{m}, \ 2n = \frac{c}{m}, \ f = -\frac{F_0}{m} \tag{4-52}$$

整理得：

$$\ddot{x} + 2n\dot{x} + \omega_0^2 x = f \sin \omega t \tag{4-53}$$

图4-7　单自由度受迫振动

这是有阻尼受迫振动微分方程的标准形式，是二阶线性常系数非齐次微分方程，其解由两部分组成：

$$x = x_1 + x_2 \tag{4-54}$$

其中 x_1 是对应的齐次方程的通解。在欠阻尼（$n < \omega_0$）情况下，则：

$$x_1 = A e^{-nt} \sin(\sqrt{\omega^2 - n^2}\, t + a) \tag{4-55}$$

其中 x_2 为方程的特解，设它有下面的形式：

$$x_2 = B \sin(\omega t - \varphi) \tag{4-56}$$

式中　B——受迫振动的振幅，m；

　　　φ——相位差，rad。

将上式代入式（4-53）中：

$$-B\omega^2 \sin(\omega t - \varphi) + 2nB\omega \cos(\omega t - \varphi) + \omega_0^2 B \sin(\omega t - \varphi) = f \sin \omega t \tag{4-57}$$

等式右边改写为：

$$f\sin\omega t = f\sin[(\omega t - \varphi) + \varphi] = f\sin(\omega t - \varphi)\cos\varphi + f\cos(\omega t - \varphi)\sin\varphi \tag{4-58}$$

代回上式并整理得：

$$[B(\omega_0^2 - \omega^2) - f\cos\varphi]\sin(\omega t - \varphi) + (2nB\omega - f\sin\varphi)\cos(\omega t - \varphi) = 0 \tag{4-59}$$

对于任意瞬时 t，上式都必须是恒等于 0，则有：

$$B(\omega_0^2 - \omega^2) - f\cos\varphi = 0$$
$$2nB\omega - f\sin\varphi = 0 \tag{4-60}$$

解之得：

$$B = f / \sqrt{(\omega_0^2 - \omega^2)^2 + 4n^2\omega^2}$$
$$\varphi = \arctan\frac{2n\omega}{\omega_0^2 - \omega^2} \tag{4-61}$$

于是微分方程的通解为：

$$x = A\mathrm{e}^{-nt}\sin(\sqrt{\omega_0^2 - n^2}\, t + \alpha) + B\sin(\omega t - \varphi) \tag{4-62}$$

式中振幅 A 及相位角 α 由初始条件确定。由式（4-62）知：有阻尼受迫振动解由两部分合成，如图 4-8（c）所示，其中第一部分是自由振动，如图 4-8（a）所示，它将随着时间的推移很快衰减为零，我们称这个解为瞬态解；第二部分是强迫振动，如图 4-8（b）所示，特别是当齐次解表示的自由振动按指数规律衰减而完全消失以后，强迫振动仍将继续存在，因此，我们把强迫振动响应称为稳态解。

由于阻尼的存在，第一部分振动随时间的增加，很快地衰减了，衰减振动有显著影响的这段称为过渡过程（或称瞬态过程）。一般来说，过渡过程是很短暂的，以后系统基本上按第二部分受迫振动的规律进行振动，过渡过程以后的这段过程称为稳态过程。下面着重研究稳态过程的振动。

强迫振动中的振幅大小在包装动力学问题中有重要的意义。为了能控制振幅的大小，就应了解各有关参量对振幅的影响程度

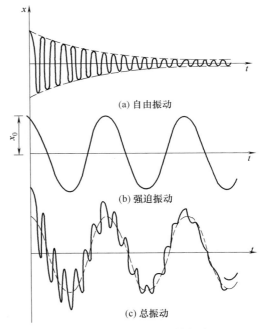

图 4-8　受迫振动的初始状态

和规律性。式（4-61）中，令 $B_0 = -F_0/k$ 称为静力偏移，即在静力作用下系统的偏移量。令 $\lambda = \omega/\omega_0$，称为频率比，则式（4-61）又可改写为：

$$B = B_0 / \sqrt{(1 - \lambda^2)^2 + (2\zeta\lambda)^2} \tag{4-63}$$

强迫振动的振幅 B 与静力偏移 B_0 之比值表示激励力对振动系统动力作用的效果，称为动力放大系数，用 β 表示，即：

$$\beta = \frac{B}{B_0} = \frac{1}{\sqrt{(1 - \lambda^2)^2 + (2\zeta\lambda)^2}} \tag{4-64}$$

可见动力放大系数 β 的变化只取决于 λ 和 ζ。为了便于分析，我们以 ζ 为参变量，由

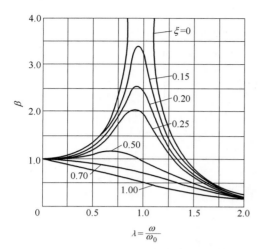

图 4-9　动力放大系数与频率比曲线

式（4-64）可得出不同 ζ 的一系列 β-λ 曲线——幅频特性曲线或共振曲线，如图 4-9 所示。分析这些曲线可知：

① 当 $\omega \ll \omega_0$ 时，各条曲线的动力放大系数都接近于 1，即受迫的振幅 B 接近于静力偏移 B_0，也就是说缓慢交变的激励力的动力作用接近于其静力作用。

② 当 $\omega \rightarrow \omega_0$（即 $\lambda \rightarrow 1$）时，振幅显著地增大，β 达到最大值（即强迫振动的振幅达到峰值）时，系统振动最强烈，即为共振。即由 $\dfrac{\mathrm{d}\beta}{\mathrm{d}\lambda} = 0$，可求得共振时 λ 和 β 分别为：

$$\lambda = \lambda_0 = \sqrt{1-2\zeta^2} \qquad (4\text{-}65)$$

$$\beta = \beta_{\max} = \frac{1}{2\zeta\sqrt{1-\zeta^2}} \qquad (4\text{-}66)$$

许多实际问题中，ζ 的值都较小，因此，一般都近似地认为 $\lambda_0 = 1$，即 $\omega = \omega_0$，也就是激励力频率接近于系统的固有频率时发生共振，这时：

$$\beta = \beta_{\max} \approx \frac{1}{2\zeta} \qquad (4\text{-}67)$$

由图中各条曲线可见，阻尼在共振区时对振幅的影响极为显著，加大阻尼，可以减小共振时的振幅。对于 $\zeta < 0.707$ 的各条曲线，当 λ 由小向大变化时，对于确定的 ζ 值，β 都有相应的最大值。如果 $\zeta > 0.707$ 时，振幅已不再有最大值，共振现象也就不存在了。

③ 当 $\omega \gg \omega_0$ 时，各条曲线的 β 都趋近于零。这表明激励力交变极其迅速时，内装物由于惯性几乎来不及振动。

虽然无阻尼系统在实际中并不存在，但是把它作为小阻尼的极限情况来看还是有实际意义的。由图 4-8 可见，在离开共振频率较远的区域，不论 ζ 值如何，各条曲线彼此很靠近。这说明在 ω 和 ω_0 不太接近时，阻尼对振幅的影响是很小的，这时小阻尼系统和无阻尼系统的响应几乎没有差别。因此一般认为在 $\lambda < 0.75$ 和 $\lambda > 1.25$ 时，可以按无阻尼系统来计算 β 值。

【例 4-4】　在上图所示的振动系统中，已知弹簧常数 $k = 4380\mathrm{N/m}$，物块质量 $m = 18.2\mathrm{kg}$，阻尼系数 $c = 149\mathrm{N \cdot s/m}$，激励力的力幅 $F_0 = 44.5\mathrm{N}$，激励力频率 $\omega = 15\mathrm{rad/s}$，试求振体的强迫振动。

解：由已知数据可求得系统的固有频率：

$$\omega_0 = \sqrt{\frac{k}{m}} = \sqrt{\frac{4380}{18.2}} = 15.5\,(\mathrm{rad/s})$$

静力偏移：$B_0 = \dfrac{F_0}{k} = \dfrac{44.5}{4380} = 0.01016$（m）

临界阻尼系数：$C_c = 2\sqrt{km} = 2\sqrt{4380 \times 18.2} = 564.68$（N · s/m）

阻尼比：$\zeta = \dfrac{c}{C_c} = \dfrac{149}{564.68} = 0.264$，频率比：$\lambda = \dfrac{\omega}{\omega_0} = \dfrac{15}{15.5} = 0.968$

动力放大系数由式（4-64）：

$$\beta = \frac{B}{B_0} = \frac{1}{\sqrt{(1-\lambda^2)^2 + (2\zeta\lambda)^2}} = \frac{1}{\sqrt{(1-0.968^2)^2 + (2\times0.264\times0.968)^2}} = \frac{1}{0.515} = 1.94$$

强迫振动的振幅：$B = \beta \cdot B_0 = 1.94 \times 0.01016 = 0.0197$（m）

相位差：$\varphi = \arctan^{-1}\frac{2\zeta\lambda}{1-\lambda^2} = \tan^{-1}8.11 = 1.45$（rad）

故振体的强迫振动的运动方程为：

$$x = B\sin(\omega t - \varphi) = 0.0197(\sin15t - 1.45)\text{m}$$

2. 隔振

隔振分为主动隔振和被动隔振两类。主动隔振是将振源与支持振源的基础隔离开来。被动隔振是将需要防振的物体与振源隔开。包装件在运输过程中隔振属于被动隔振，例如汽车驶过不平的路面而产生的振动等，图 4-10 为其简化模型，汽车行驶时颠簸振动将引起搁置在其上的物体产生振动，这种激励称为位移激振。

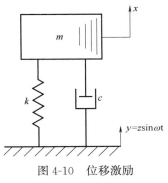

图 4-10 位移激励引起的受迫振动

设位移激励为：$y = z\sin\omega t$，z、ω 分别为位移激励的幅值及角频率，若取内装物的振动位移 x，则作用在内装物上的弹簧力为 $-k(x-y)$，阻尼力为 $-c(\dot{x}-\dot{y})$，系统振动的运动微分方程为：

$$m\ddot{x} = -k(x-y) - c(\dot{x}-\dot{y}) \tag{4-68}$$

整理得：

$$m\ddot{x} + c\dot{x} + kx = ky + c\dot{y} \tag{4-69}$$

将 $y = z\sin\omega t$，$\dot{y} = z\omega\cos\omega t$ 代入得：

$$m\ddot{x} + c\dot{x} + kx = H\sin(\omega t + \varphi) \tag{4-70}$$

其中，$H = z\sqrt{k^2 + (c\omega)^2}$，$\varphi = \arctan\frac{c\omega}{k}$。

设式（4-70）的稳态解为：

$$x = B\sin(\omega t - \varepsilon) \tag{4-71}$$

将上式代入式（4-70）中，可以求得：

$$B = z\sqrt{\frac{k^2 + c^2\omega^2}{(k-m\omega^2)^2 + c^2\omega^2}} = z\sqrt{\frac{1 + (2\zeta\lambda)^2}{(1-\lambda^2)^2 + (2\zeta\lambda)^2}} \tag{4-72}$$

我们将振体振幅与支座振动的振幅的比值（或者输出与输入振幅之比值）定义为传递率 T_r，那么：

$$T_r = \frac{B}{z} = \sqrt{\frac{1 + (2\zeta\lambda)^2}{(1-\lambda^2)^2 + (2\zeta\lambda)^2}} \tag{4-73}$$

如果把弹簧和阻尼器（对于包装件来说就是缓冲材料）当作隔振体，通过选择弹簧常数 k 和阻尼系数 c，从而确定 λ 和 ζ 的值，使得在给定情况下传递率为最低。为了清楚说明频率比 λ 和阻尼比 ζ 对加速度动力放大系数的影响，根据式（4-73），得到如图 4-11 所示的对于 λ 和 ζ 不同组合的曲线。从图中可以看出：

① 当 $\lambda = 0$ 或 $\sqrt{2}$ 时，不论衬垫阻尼大小，产品加速度幅值与产品包装底部激励的加速

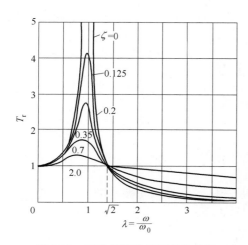

图 4-11　振动传递率与频率比曲线

度幅值相同。相当于没有防振包装。

② 当 $0<\lambda<\sqrt{2}$ 范围内，产品加速度幅值总大于产品包装底部激励加速度幅值。这比没有包装时情况还要差。因此，λ 值不宜取在这个范围内，即衬垫的刚度系数 k 不宜取大的数值。

③ 当 $\lambda>\sqrt{2}$ 时，产品加速度幅值小于产品包装底部激励加速度幅值。尤其当 $\zeta=0\sim0.1$，而 $\lambda>3.6$ 时，产品加速度幅值小于产品包装底部激励加速度的 $1/10$。因此衬垫的刚度系数 k 宜取小的数值，即越软越好。

④ 在 $\lambda<\sqrt{2}$ 范围内，ζ 越大，T_r 越小；在 $\lambda>\sqrt{2}$ 范围内，ζ 越大，T_r 越大。

⑤ 当阻尼较小，而 $\lambda\approx1$，即 $\omega\approx\omega_0$ 时，产品的加速度非常大，称为共振。共振是产品包装振动时最危险情况。设计防振包装时应力求避开共振情况。

根据以上讨论可以看到，一般衬垫的阻尼系数较小，可视作无阻尼系数。无阻尼时，衬垫越软，防振性能越好。但过分软的衬垫，会带来强度、稳定性、结构和工艺上的困难，会引起失稳情况，很容易压实而不起作用。一般取 $\lambda=2.5\sim5$，即使衬垫的刚度系数 k 为：

$$k=(1.58\sim6.31)m\left(\frac{\omega}{2\pi}\right)^2 \tag{4-74}$$

【例 4-5】　包装件内装产品在静平衡时压缩缓冲衬垫引起的静变形为 $0.0508\mathrm{m}$，如果此包装件放在运输车上，位移激励频率为 $\omega=15.7\mathrm{rad/s}$，位移激励加速度幅值为 $\ddot{y}_{max}$，求内装产品最大位移和最大加速度。

解：系统固有频率：$\omega_0=\sqrt{\dfrac{g}{\delta_s}}=\sqrt{\dfrac{9.81\times100}{5.08}}=13.9$（rad/s）

题中未计阻尼，即 $c=0$，所以由式（4-73）可知：

$$T_r=\frac{1}{|1-\lambda^2|}=\frac{1}{|1-(\omega/\omega_0)^2|}=\frac{1}{\left|1-\left(\dfrac{15.7}{13.9}\right)^2\right|}=3.63$$

由于响应的稳态解为：$x=B\sin(\omega t-\varepsilon)$

所以得：$x_{max}=B$，$\dot{x}_{max}=B\omega$，$\ddot{x}_{max}=B\omega^2$

同理，对于激励 $y=z\sin\omega t$，有：$y_{max}=z$，$\dot{y}_{max}=z\omega$，$\ddot{y}_{max}=z\omega^2$

所以：$T_r=\dfrac{B}{z}=\dfrac{x_{max}}{y_{max}}=\dfrac{\dot{x}_{max}}{\dot{y}_{max}}=\dfrac{\ddot{x}_{max}}{\ddot{y}_{max}}$

因此，最大输出加速度为：

$$\ddot{x}_{max}=T_r\cdot\ddot{y}_{max}=3.63\times0.1g=0.363g$$

$$x_{max}=B=\ddot{x}_{max}/\omega^2=0.363g/15.7^2=0.0144(\mathrm{m})$$

产品偏离平衡位置的最大距离为 $\pm 0.0144m$，且和车箱底板不同步。车箱底板振幅为：

$$z = \ddot{y}_{max}\frac{0.1 \times 9.8}{15.7^2}m_{max}$$

第三节　两自由度线性系统振动

上节讨论了单自由度包装的防振缓冲问题，但是实际应用中的产品包装常常无法简化为单自由度产品包装模型，而必须用更复杂的模型（如两自由度产品包装、多自由度产品包装等模型）来处理，否则就会引起较大误差，有时甚至理论分析结果根本不符合实际情况。本节对两自由度产品包装的防振缓冲进行讨论。

一、两自由度线性系统振动的模型及动力学方程

两自由度产品包装防振问题实际就是两自由度系统在基础激励下的防振。产品包装简化模型如图 4-12（a）所示。图中 m_1 和 m_2 分别表示包装物 1 和包装物 2 的质量，k_1 和 k_2 分别表示包装衬垫的刚度系数；x_1 和 x_2 分别表示包装物 1 和包装物 2 自静平衡位置起计算的位移。包装物 1 和包装物 2 可以是不同的产品，也可以用包装物 1 表示产品的主体，而包装物 2 是产品 1 的易损零部件。

图 4-12（b）所示的产品包装简化模型，例如计算机主机包装、家电类包装等，属于两自由度系统。x 表示产品重心自静平衡位移位置

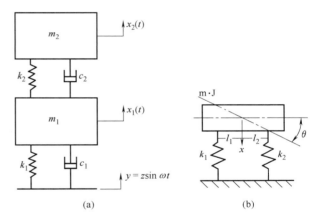

(a)　　　　　　(b)

图 4-12　两自由度产品包装简化模型

起计算的平动位移，θ 表示产品绕重心的转动角位移。图中的 m 表示产品的质量，J 表示产品的转动惯量。转动惯量是指产品内各点的质量与它们到某一轴距离的平方的乘积之总和。转动惯量表征了物体转动的惯性量，只决定于物体性质、大小、形状及质量在物体内分布情况。k_1 和 k_2 表示这个产品包装的衬垫的刚度系数，它们距产品的重心距离分别为 l_1 和 l_2，在运输过程中，基础激励通过衬垫传给包装物。此类具有平动和转动的产品包装动力学模型的求解，可参阅参考文献［2］，本教材限于篇幅，不作具体求解。

对于图 4-12（a）所示的模型，设位移激励为：$y = z\sin\omega t$，应用牛顿第二定律，系统的振动方程为：

$$m_2\ddot{x}_2 + c_2(\dot{x}_2 - \dot{x}_1) + k_2(x_2 - x_1) = 0 \tag{4-75}$$

$$m_1\ddot{x}_1 + c_1\dot{x}_1 + c_2(\dot{x}_1 - \dot{x}_2) + k_1x_1 + k_2(x_1 - x_2) = c_1\dot{y} + k_1y \tag{4-76}$$

写成矩阵形式为：

$$[M]\{\ddot{x}\} + [C]\{\dot{x}\} + [K]\{x\} = \{F(t)\} \tag{4-77}$$

其中，$[M] = \begin{bmatrix} m_1 & 0 \\ 0 & m_2 \end{bmatrix}$，$[C] = \begin{bmatrix} c_1+c_2 & -c_2 \\ -c_2 & c_2 \end{bmatrix}$，$[K] = \begin{bmatrix} k_1+k_2 & -k_2 \\ -k_2 & k_2 \end{bmatrix}$，

$\{x\} = \begin{Bmatrix} x_1 \\ x_2 \end{Bmatrix}$，$\{\dot{x}\} = \begin{Bmatrix} \dot{x}_1 \\ \dot{x}_2 \end{Bmatrix}$，$\{\ddot{x}\} = \begin{Bmatrix} \ddot{x}_1 \\ \ddot{x}_2 \end{Bmatrix}$，$\{F(t)\} = \begin{Bmatrix} c_1\dot{y}+k_1y \\ 0 \end{Bmatrix}$。

二、两自由度线性系统的自由振动

1. 无阻尼系统的自由振动

对于式（4-76）的振动方程，不计阻尼和位移激励的情况下，变为两自由度线性无阻尼自由振动系统，振动方程为：

$$m_1\ddot{x}_1 + (k_1+k_2)x_1 - k_2x_2 = 0$$
$$m_2\ddot{x}_2 - k_2x_1 + k_2x_2 = 0 \tag{4-78}$$

上式是一个二阶线性齐次微分方程组。

（1）求固有频率　根据微分方程理论，可设上式方程组的解为：

$$x_1 = a_1\sin(\omega_0 t + \alpha)$$
$$x_2 = a_2\sin(\omega_0 t + \alpha) \tag{4-79}$$

将式（4-79）代入式（4-78），并整理得：

$$(k_1+k_2-m_1\omega_0^2)a_1 - k_2a_2 = 0$$
$$-k_2a_1 + (k_2-m_2\omega_0^2)a_2 = 0 \tag{4-80}$$

上式是关于振幅 a_1、a_2 的二元一次齐次代数方程组，系统发生振动时，这个方程具有非零解，则方程的系数行列式必须等于零，即：

$$\begin{vmatrix} k_1+k_2-m_1\omega_0^2 & -k_2 \\ -k_2 & k_2-m_2\omega_0^2 \end{vmatrix} = 0 \tag{4-81}$$

我们称这个系数行列式叫特征行列式，展开得：

$$\omega_0^4 - \left(\frac{k_1+k_2}{m_1} + \frac{k_2}{m_2}\right)\omega_0^2 + \frac{k_1k_2}{m_1m_2} = 0 \tag{4-82}$$

上式为系统的特征方程，称为频率方程，它是关于 ω_0^2 的一元二次代数方程，可求出它的两个根为：

$$\left.\begin{matrix} \omega_{01}^2 \\ \omega_{02}^2 \end{matrix}\right\} = \frac{1}{2}\left(\frac{k_1+k_2}{m_1} + \frac{k_2}{m_2}\right) \mp \frac{1}{2}\sqrt{\left(\frac{k_1+k_2}{m_1} + \frac{k_2}{m_2}\right)^2 - 4\frac{k_1k_2}{m_1m_2}} \tag{4-83}$$

由上式可见，ω_{01}^2、ω_{02}^2 的两个根都是正数，相应地有 $\pm\omega_{01}$ 和 $\pm\omega_{02}$ 4 个根，我们只取正值，其中第一个根 ω_{01} 较小，称为第一固有频率；第二个根 ω_{02} 较大，称为第二固有频率。由此得出结论：两个自由度系统具有两个固有频率，这两个固有频率只与系统的质量和刚度等参数有关，而与振动的初始条件无关。

（2）振动振幅、振型　当把 ω_{01} 和 ω_{02} 代入方程（4-80），应该可以解出 a_1 和 a_2。但因式（4-80）的系数行列式为 0，故它的两个方程式为同解方程，因而不能唯一地确定 a_1 和 a_2，但是可以解出 a_1 和 a_2 的比值 γ。

$$\gamma_1 = \frac{a_1^{(1)}}{a_2^{(1)}} = \frac{k_2}{k_1+k_2-m_1\omega_{01}^2} = \frac{k_2-m_2\omega_{01}^2}{k_2} \tag{4-84}$$

$$\gamma_2 = \frac{a_1^{(2)}}{a_2^{(2)}} = \frac{k_2}{k_1+k_2-m_1\omega_{02}^2} = \frac{k_2-m_2\omega_{02}^2}{k_2} \tag{4-85}$$

当系统以 ω_{01} 进行振动时，其振动称为第一阶主振动，相应的 γ_1 反映了系统振动的形态，称为第一阶主振型；系统以 ω_{02} 进行振动时，其振动称为第二阶主振动，与其相应的 γ_2 称为第二阶主振型。

（3）方程的通解 在求得固有频率和振型之后，我们就可以得出自由振动的通解。

当系统按第一阶固有频率 ω_{01} 作主振动时，它的解为：

$$x_1^{(1)} = \gamma_1 a_2^{(1)} \cos(\omega_{01} t + \varphi_1) \quad x_2^{(1)} = a_2^{(1)} \cos(\omega_{01} t + \varphi_1) \tag{4-86}$$

当系统按第二阶固有频率 ω_{02} 作主振动时，它的解为：

$$x_1^{(2)} = \gamma_2 a_2^{(2)} \cos(\omega_{02} t + \varphi_2) \quad x_2^{(2)} = a_2^{(2)} \cos(\omega_{02} t + \varphi_2) \tag{4-87}$$

根据线性微分方程的理论，且令 $a_2^{(1)} = A_1$，$a_2^{(2)} = A_2$，则原振动微分方程组（4-78）的通解为：

$$x_1 = \gamma_1 A_1 \cos(\omega_{01} t + \varphi_1) + \gamma_2 A_2 \cos(\omega_{02} t + \varphi_2)$$
$$x_2 = A_1 \cos(\omega_{01} t + \varphi_1) + A_2 \cos(\omega_{02} t + \varphi_2) \tag{4-88}$$

式中包括 4 个待定常数 A_1、A_2、φ_1、φ_2，它们可由 $t = 0$ 时，两个质量的初位移和初速度这 4 个初始条件来确定。

式（4-88）所代表的振动是两个不同频率、不同相位的运动的合成。在一般的情况下，它所表示的是一个非周期性的较复杂的运动。只有当两个谐振动频率 ω_{01} 和 ω_{02} 之比是有理数时，系统作周期性的运动。在适当的初始条件下，系统可能一开始就以主振动之一进行运动，此时系统作纯谐振动。

2. 有阻尼系统的自由振动

对于式（4-77）的振动方程，没有位移激励的情况下，变为两自由度线性有阻尼自由振动系统，振动方程为：

$$m_1 \ddot{x}_1 + (c_1 + c_2) \dot{x}_1 - c_2 \dot{x}_2 + (k_1 + k_2) x_1 - k_2 x_2 = 0$$
$$m_2 \ddot{x}_2 - c_2 \dot{x}_1 + c_2 \dot{x}_2 - k_2 x_1 + k_2 x_2 = 0 \tag{4-89}$$

写成矩阵形式：

$$\begin{bmatrix} m_1 & \\ & m_2 \end{bmatrix} \begin{Bmatrix} \ddot{x}_1 \\ \ddot{x}_2 \end{Bmatrix} + \begin{bmatrix} c_1 + c_2 & -c_2 \\ -c_2 & c_2 \end{bmatrix} \begin{Bmatrix} \dot{x}_1 \\ \dot{x}_2 \end{Bmatrix} + \begin{bmatrix} k_1 + k_2 & -k_2 \\ -k_2 & k_2 \end{bmatrix} \begin{Bmatrix} x_1 \\ x_2 \end{Bmatrix} = 0 \tag{4-90}$$

设式（4-90）方程的解为：

$$\begin{Bmatrix} x_1 \\ x_2 \end{Bmatrix} = \begin{bmatrix} a_1 \\ a_2 \end{bmatrix} e^{\lambda t} \tag{4-91}$$

代入式（4-90）有：

$$\begin{bmatrix} m_1 \lambda^2 + (c_1 + c_2)\lambda + k_1 + k_2 & -c_2 \lambda - k_2 \\ -c_2 \lambda - k_2 & m_2 \lambda^2 + c_2 \lambda + k_2 \end{bmatrix} \begin{Bmatrix} a_1 \\ a_2 \end{Bmatrix} = 0 \tag{4-92}$$

欲使上式有非零解，则有行列式的值为 0，展开为：

$$A\lambda^4 + B\lambda^3 + E\lambda^2 + F\lambda + H = 0 \tag{4-93}$$

其中，$A = m_1 m_2$，$B = c_1 m_2 + c_2 m_2 + c_2 m_1$，$E = k_1 m_2 + k_2 m_2 + k_2 m_1 + c_1 c_2$，$F = c_2 k_1 + c_1 k_2$，$H = k_1 k_2$。

易知式（4-93）的系数都大于零，此式的根不可能是正实根或实部为正数的复根。根的形式为：

$$\begin{cases} \lambda_{11} = -n_1 + j\omega_1, \lambda_{21} = -n_2 + j\omega_2 \\ \lambda_{12} = -n_1 - j\omega_1, \lambda_{22} = -n_2 - j\omega_2 \end{cases} \tag{4-94}$$

将式（4-94）的根代入式（4-92）得 4 个振幅比：

$$r_{ik}=\frac{a_2}{a_1}=\frac{m_1\lambda_{ik}^2+(c_1+c_2)\lambda_{ik}+k_1+k_2}{c_2\lambda_{ik}+k_2},i=1,2;k=1,2 \tag{4-95}$$

显然 r_{ik} 为复数，r_{11}、r_{12} 和 r_{21}、r_{22} 分别为一对共轭复数，

设：
$$r_{11}=q_1+jq_2,r_{12}=q_1-jq_2,r_{13}=q_3+jq_4,r_{14}=q_3-jq_4 \tag{4-96}$$

运动方程的解写成：

$$x_1=A_{11}e^{\lambda_{11}t}+A_{12}e^{\lambda_{12}t}+A_{13}e^{\lambda_{13}t}+A_{14}e^{\lambda_{14}t} \tag{4-97}$$

$$x_2=r_{11}A_{11}e^{\lambda_{11}t}+r_{12}A_{12}e^{\lambda_{12}t}+r_{13}A_{13}e^{\lambda_{13}t}+r_{14}A_{14}e^{\lambda_{14}t} \tag{4-98}$$

A_{11}、A_{12} 和 A_{13}、A_{14} 为任意的复常数，并且为共轭的两对，

设：
$$A_{11}=p_1+jp_2,A_{12}=p_1-jp_2,A_{13}=p_3+jp_4,A_{14}=p_3-jp_4 \tag{4-99}$$

将式（4-98）代入式（4-96）的第一式得：

$$x_1=(p_1+jp_2)e^{(-n_1+j\omega_1)t}+(p_1-jp_2)e^{(-n_1-j\omega_1)t}+(p_3+jp_4)e^{(-n_2+j\omega_2)t}+(p_3-jp_4)e^{(-n_2-j\omega_2)t}$$

$$=e^{-n_1t}[p_1(e^{j\omega_1t}+e^{-j\omega_1t})+jp_2(e^{j\omega_1t}-e^{-j\omega_1t})]+e^{-n_2t}[p_3(e^{j\omega_2t}+e^{-j\omega_2t})+jp_4(e^{j\omega_2t}-e^{-j\omega_2t})]$$

$$=e^{-n_1t}\left[2p_1\frac{(e^{j\omega_1t}+e^{-j\omega_1t})}{2}+j2p_2\frac{(e^{j\omega_1t}-e^{-j\omega_1t})}{2}\right]+e^{-n_2t}\left[2p_3\frac{(e^{j\omega_2t}+e^{-j\omega_2t})}{2}+j2p_4\frac{(e^{j\omega_2t}-e^{-j\omega_2t})}{2}\right]$$

$$=e^{-n_1t}[2p_1\cos\omega_1t+2p_2\sin\omega_1t]+e^{-n_2t}[2p_3\cos\omega_2t+2p_4\sin\omega_2t] \tag{4-100}$$

将式（4-98）代入式（4-96）的第二式得：

$$x_2=(q_1+jq_2)(p_1+jp_2)e^{(-n_1+j\omega_1)t}+(p_1-jp_2)(q_1-jq_2)e^{(-n_1-j\omega_1)t}+(p_3+jp_4)(q_3+jq_4)e^{(-n_2+j\omega_2)t}+$$

$$(q_3-jq_4)(p_3-jp_4)e^{(-n_2-j\omega_2)t}$$

$$=e^{-n_1t}[2r_1p_1\cos\omega_1t+2r_2p_2\sin\omega_1t]+e^{-n_2t}[2r_3p_3\cos\omega_2t+2r_4p_4\sin\omega_2t] \tag{4-101}$$

这里 $r_1=\dfrac{p_1q_1-q_2p_2}{p_1}$，$r_2=\dfrac{p_2q_1+q_2p_1}{p_2}$，$r_3=\dfrac{p_3q_3-q_4p_4}{p_3}$，$r_4=\dfrac{p_3q_4+q_3p_4}{p_4}$。

以上参数由振动系统的初始条件确定。

【例 4-6】 有阻尼自由振动系统，$m_1=m_2=2$，$c_1=1$，$c_2=1.5$，$k_1=k_2=50$，求系统的响应，初始条件为 $x_1(0)=1$，$x_2(0)=\dot x_1(0)=\dot x_2(0)=0$。

解： 将已知各参数代入式（4-92）得：

$$\begin{bmatrix}2\lambda^2+2.5\lambda+100 & -1.5\lambda-50\\ -1.5\lambda-50 & 2\lambda^2+1.5\lambda+50\end{bmatrix}\begin{Bmatrix}a_1\\a_2\end{Bmatrix}=0$$

上式的行列式的值为 0，并展开：

$$4\lambda^4+8\lambda^3+301.5\lambda^2+125\lambda+2500=0$$

解得：$\lambda_{11}=-0.891+8.04j$，$\lambda_{12}=-0.891-8.04j$，$\lambda_{21}=-0.109+3.089j$，$\lambda_{22}=-0.109-3.089j$。

再算位移的比值：

$$r_{11}=-0.620-0.022j，r_{12}=-0.620+0.022j$$

$$r_{21}=1.617-0.022j，r_{22}=1.617+0.022j$$

系统的响应为：

$$x_1 = A_{11}e^{(-0.891+8.04j)t} + A_{12}e^{(-0.891-8.04j)t} + A_{21}e^{(-0.109+3.089j)t} + A_{22}e^{(-0.109-3.089j)t}$$

$$x_2 = A_{11}(-0.620-0.022j)e^{(-0.891+8.04j)t} + (0.620+0.022j)A_{12}e^{(-0.891-8.04j)t} +$$

$$A_{21}(1.617-0.022j)e^{(-0.109+3.089j)t} + A_{22}(1.617+0.022j)e^{(-0.109-3.089j)t}$$

把初始条件代入解得：

$$A_{11} = 0.361-0.044j, A_{12} = 0.361+0.044j$$

$$A_{21} = 0.139+0.006j, A_{22} = 0.139-0.006j$$

代入并由欧拉公式整理得：

$$x_1 = e^{-0.891t}[0.722\cos(8.04t)+0.088\sin(8.04t)] + e^{-0.109t}[0.278\cos(3.089t)-0.012\sin(3.089t)]$$

$$x_2 = e^{-0.891t}[-0.450\cos(8.04t)-0.034\sin(8.04t)] + e^{-0.109t}[0.450\cos(3.089t)-0.013\sin(3.089t)]$$

由上式得到系统的响应如图 4-13 所示，并由此可以看出，由于阻尼的存在，随着时间的推进，系统响应迅速消失。

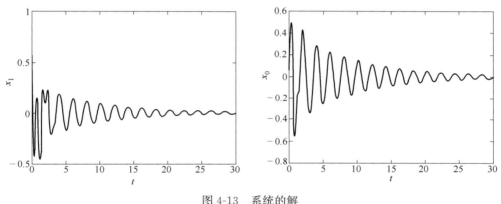

图 4-13　系统的解

三、两自由度系统的强迫振动

1. 无阻尼的强迫振动

对于式（4-76）的振动方程，不计阻尼的情况下，变为两自由度线性无阻尼强迫振动系统，振动方程为：

$$\begin{cases} m_1\ddot{x}_1 + (k_1+k_2)x_1 - k_2x_2 = k_1z\sin\omega t \\ m_2\ddot{x}_2 - k_2x_1 + k_2x_2 = 0 \end{cases} \tag{4-102}$$

上式是一个二阶线性非齐次微分方程组。此系统的解由自由振动和受迫振动的响应构成，即二阶线性微分方程的通解和特解构成。$\omega_{01}{}^2 = \dfrac{k_1}{m_1}$，$\omega_{02}{}^2 = \dfrac{k_2}{m_2}$。

计算特解，设：$x_1 = a_1\sin(\omega t)$，$x_2 = a_2\sin(\omega t)$，将其代入式（4-102）得：

$$a_1\omega_{02}^2 + a_2(\omega^2-\omega_{02}^2) = 0 \tag{4-103a}$$

$$a_1(\omega_{01}^2+\mu\omega_{02}^2-\omega^2) - a_2\mu\omega_{02}^2 = z\omega_{01}^2 \tag{4-103b}$$

由式（4-103）得到：

$$a_1 = \frac{\omega_{01}^2(\omega_{02}^2-\omega^2)z}{(\omega_{02}^2-\omega^2)(\mu\omega_{02}^2+\omega_{01}^2-\omega^2)-\mu\omega_{02}^4} \tag{4-104a}$$

$$a_2 = \frac{\omega_{01}^2\omega_{02}^2z}{(\omega_{02}^2-\omega^2)(\mu\omega_{02}^2+\omega_{01}^2-\omega^2)-\mu\omega_{02}^4} \tag{4-104b}$$

位移放大系数为：

$$T_{r1} = \frac{a_1}{z} = \frac{\omega_{01}^2(\omega_{02}^2 - \omega^2)}{(\omega_{02}^2 - \omega^2)(\mu\omega_{02}^2 + \omega_{01}^2 - \omega^2) - \mu\omega_{02}^4} \tag{4-105a}$$

$$T_{r2} = \frac{a_2}{z} = \frac{\omega_{01}^2\omega_{02}^2}{(\omega_{02}^2 - \omega^2)(\mu\omega_{02}^2 + \omega_{01}^2 - \omega^2) - \mu\omega_{02}^4} \tag{4-105b}$$

特殊情况 $k_1 \to \infty$ 时（$\omega_{01} \to \infty$），由式（4-105）得：

$$\lim T_{r1} = \lim \frac{\omega_{01}^2(\omega_{02}^2 - \omega^2)}{(\omega_{02}^2 - \omega^2)(\mu\omega_{02}^2 + \omega_{01}^2 - \omega^2) - \mu\omega_{02}^4}$$

$$= \lim \frac{(\omega_{02}^2 - \omega^2)}{(\omega_{02}^2 - \omega^2)\left(1 + \mu\dfrac{\omega_{02}^2}{\omega_{01}^2} - \dfrac{\omega^2}{\omega_{01}^2}\right) - \dfrac{\mu\omega_{02}^4}{\omega_{01}^2}}$$

$$= 1$$

$$\lim T_{r2} = \lim \frac{\omega_{01}^2\omega_{02}^2}{(\omega_{02}^2 - \omega^2)(\mu\omega_{02}^2 + \omega_{01}^2 - \omega^2) - \mu\omega_{02}^4}$$

$$= \lim \frac{\omega_{02}^2}{(\omega_{02}^2 - \omega^2)\left(1 + \mu\dfrac{\omega_{02}^2}{\omega_{01}^2} - \dfrac{\omega^2}{\omega_{01}^2}\right) - \dfrac{\mu\omega_{02}^4}{\omega_{01}^2}} \tag{4-106}$$

$$= \frac{\omega_{02}^2}{\omega_{02}^2 - \omega^2}$$

使式（4-105）的分母为零：

$$(\omega_{02}^2 - \omega^2)(\mu\omega_{02}^2 + \omega_{01}^2 - \omega^2) - \mu\omega_{02}^4 = 0 \tag{4-107}$$

展开得：

$$\omega^4 - (\omega_{01}^2 + \omega_{02}^2 + \mu\omega_{02}^2)\omega^2 + \omega_{02}^2\omega_{01}^2 = 0 \tag{4-108}$$

所以

$$\omega_1^2 = \frac{\omega_{01}^2 + \omega_{02}^2 + \mu\omega_{02}^2 + \sqrt{(\omega_{01}^2 + \omega_{02}^2 + \mu\omega_{02}^2)^2 - 4\omega_{01}^2\omega_{02}^2}}{2}$$

$$\omega_2^2 = \frac{\omega_{01}^2 + \omega_{02}^2 + \mu\omega_{02}^2 - \sqrt{(\omega_{01}^2 + \omega_{02}^2 + \mu\omega_{02}^2)^2 - 4\omega_{01}^2\omega_{02}^2}}{2} \tag{4-109}$$

2. 有阻尼的强迫振动

对于式（4-76）的两自由度系统有阻尼强迫振动方程，

$$
\begin{aligned}
&m_2\ddot{x}_2 + c_2(\dot{x}_2 - \dot{x}_1) + k_2(x_2 - x_1) = 0\\
&m_1\ddot{x}_1 + c_1\dot{x}_1 + c_2(\dot{x}_1 - \dot{x}_2) + k_1 x_1 + k_2(x_1 - x_2) = c_1\dot{y} + k_1 y
\end{aligned} \tag{4-110}
$$

把式（4-110）写成矩阵形式得：

$$\begin{bmatrix} m_1 & \\ & m_2 \end{bmatrix}\begin{Bmatrix} \ddot{x}_1 \\ \ddot{x}_2 \end{Bmatrix} + \begin{bmatrix} c_1 + c_2 & -c_2 \\ -c_2 & c_2 \end{bmatrix}\begin{Bmatrix} \dot{x}_1 \\ \dot{x}_2 \end{Bmatrix} + \begin{bmatrix} k_1 + k_2 & -k_2 \\ -k_2 & k_2 \end{bmatrix}\begin{Bmatrix} x_1 \\ x_2 \end{Bmatrix} = \begin{Bmatrix} A_0\sin(\omega t + \varphi) \\ 0 \end{Bmatrix} \tag{4-111}$$

式中：$A_0 = \sqrt{(c_1 z\omega)^2 + (k_1 z)^2}$；

$$\varphi = \arctan\frac{c_1\omega}{k_1}。$$

此系统的解也包括两部分：齐次方程的通解和非齐次部分的特解，在这里通解对应自由振动，前面已讨论过，特解对应强迫振动。这里规定 $\sin\omega t = e^{j\omega t}$（记作取复数的虚部）

设有阻尼强迫振动的解为：

$$\begin{Bmatrix} x_1 \\ x_2 \end{Bmatrix} = \begin{Bmatrix} A_1 \\ A_2 \end{Bmatrix} e^{j(\omega t + \varphi)}, \quad A_1、A_2 \text{ 为复数（解取复数的虚部）} \tag{4-112}$$

把式（4-112）代入式（4-111）得：

$$\begin{bmatrix} k_1+k_2-m_1\omega^2+j(c_1+c_2)\omega & -k_2-jc_2\omega \\ -k_2-jc_2\omega & k_2-m_2\omega^2+jc_2\omega \end{bmatrix}\begin{Bmatrix} A_1 \\ A_2 \end{Bmatrix}=\begin{Bmatrix} A_0 \\ 0 \end{Bmatrix} \tag{4-113}$$

由式（4-113）知：

$$A_2=\frac{k_2+jc_2\omega}{k_2-m_2\omega^2+jc_2\omega}A_1 \tag{4-114}$$

又由式（4-113）知：

$$[k_1+k_2-m_1\omega^2+j(c_1+c_2)\omega]A_1-[k_2+jc_2\omega]A_2=A_0 \tag{4-115}$$

将式（4-114）代入式（4-115）得：

$$A_1=\frac{p_1+jp_2}{p_3+jp_4}A_0,$$

式中 $p_1=k_2-m_2\omega^2$

$$p_2=c_2\omega$$

$$p_3=m_1m_2\omega^4-(m_1k_2+k_1m_2+k_2m_2+c_1c_2)\omega^3+k_1k_2$$

$$p_4=-(c_1m_2+c_2m_2+c_2m_1)\omega^3+(c_1k_2+c_2k_1)\omega \tag{4-116}$$

将式（4-116）代入式（4-114）得：

$$A_2=\frac{k_2+jc_2\omega}{p_3+jp_4}A_0 \tag{4-117}$$

把式（4-116）代入式（4-112）得：

$$\begin{aligned} x_1 &=A_1e^{j(\omega t+\varphi)} \\ &=\frac{p_1+jp_2}{p_3+jp_4}e^{j(\omega t+\varphi)} \\ &=\frac{p_1p_3-p_2p_4+j(p_2p_3+p_1p_4)}{p_3{}^2+p_4{}^2}e^{j(\omega t+\varphi)} \\ &=\frac{\sqrt{(p_1p_3-p_2p_4)^2+(p_2p_3+p_1p_4)^2}}{p_3{}^2+p_4{}^2}e^{j(\omega t+\varphi+\varphi_1)} \\ &=\frac{\sqrt{(p_1p_3-p_2p_4)^2+(p_2p_3+p_1p_4)^2}}{p_3{}^2+p_4{}^2}\sin(\omega t+\varphi+\varphi_1) \end{aligned} \tag{4-118}$$

把式（4-117）代入式（4-112）得：

$$\begin{aligned} x_2 &=A_2e^{j(\omega t+\varphi)} \\ &=\frac{k_2p_3+c_2p_4\omega+j(c_2p_3\omega-k_2p_4)}{p_3{}^2+p_4{}^2}e^{j(\omega t+\varphi)} \\ &=\frac{\sqrt{(k_2p_3+c_2p_4\omega)^2+(c_2p_3\omega-k_2p_4)^2}}{p_3{}^2+p_4{}^2}e^{j(\omega t+\varphi+\varphi_2)} \\ &=\frac{\sqrt{(k_2p_3+c_2p_4\omega)^2+(c_2p_3\omega-k_2p_4)^2}}{p_3{}^2+p_4{}^2}\sin(\omega t+\varphi+\varphi_2) \end{aligned} \tag{4-119}$$

式中：$\varphi=\arctan\dfrac{p_2p_3+p_1p_4}{p_1p_3-p_2p_4}$；

$$\varphi_2=\arctan\frac{c_2p_3\omega-k_2p_4}{k_2p_3+c_2p_4\omega}。$$

【例 4-7】 有阻尼受迫振动系统，$m_1=m_2=2$，$c_1=1$，$c_2=1.5$，$k_1=k_2=50$，$y=2\sin(2t)$，求系统的响应。

解：将已知参数代入式（4-111）得：

$$\begin{bmatrix} 2 & \\ & 2 \end{bmatrix}\begin{Bmatrix} \ddot{x}_1 \\ \ddot{x}_2 \end{Bmatrix} + \begin{bmatrix} 2.5 & -1.5 \\ -1.5 & 1.5 \end{bmatrix}\begin{Bmatrix} \dot{x}_1 \\ \dot{x}_2 \end{Bmatrix} + \begin{bmatrix} 100 & -50 \\ -50 & 50 \end{bmatrix}\begin{Bmatrix} x_1 \\ x_2 \end{Bmatrix} = \begin{Bmatrix} 100.08\sin(2t+0.04) \\ 0 \end{Bmatrix}$$

设解的形式为：

$$\begin{Bmatrix} x_1 \\ x_2 \end{Bmatrix} = \begin{Bmatrix} A_1 \\ A_2 \end{Bmatrix} e^{(2t+0.04)}$$

把解代入式（4-113）得：

$$\begin{bmatrix} 92+5j & -50-3j \\ -50-3j & 42+3j \end{bmatrix}\begin{Bmatrix} A_1 \\ A_2 \end{Bmatrix} = \begin{Bmatrix} 100.08 \\ 0 \end{Bmatrix}$$

所以 $A_1 = 3.068 - 0.199j$，$A_2 = 3.647 - 0.278j$。

这样系统的解：

$$x_1 = (3.068 - 0.199j)e^{j(2t+0.04)}$$
$$x_2 = (3.647 - 0.278j)e^{j(2t+0.04)}$$

经整理得，系统的稳态解其图形如图 4-14 所示；如果考虑系统的自由振动，很容易得出系统的全响应如图 4-15 所示。

$$x_1 = 3.075\sin(2t - 0.025)$$
$$x_2 = 3.657\sin(2t - 0.036)$$

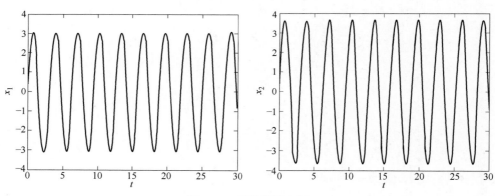

图 4-14　系统的稳态解

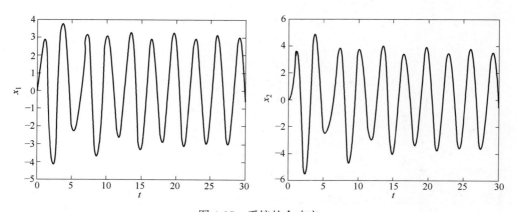

图 4-15　系统的全响应

从 4 个图的对比可以看出，自由振动会很快消失，有阻尼时，在某个时间段开始，不计自由振动，而只求稳态振动是有道理的。

第四节　多自由度线性系统振动

上两节已详细讨论了单自由度、两自由度的自由振动和受迫振动，这两种类型的振动是包装动力学的基础。对于有些包装系统，用一个或两个自由度来建立动力学模型是不符合实际要求的，例如多层瓦楞纸箱相互堆压的情况，这就要求建立两个以上自由度的振动模型。还有一些包装，如前所述，将质量集中在一质点上来处理包装模型，有时会引起很大的误差，例如平板玻璃集中箱、集装箱，这时需要把平板玻璃看做弹性体具有梁式结构的产品包装，这种梁式结构的产品很容易破坏，必须把它作为梁和质量块的耦合体来研究。本节分析多自由度系统的振动、刚体产品的振动、刚体-弹性体产品包装的振动。

一、多自由度系统振动的模型及动力学方程

建立由若干质点或物体组成的多自由度系统的振动方程，可以采用多种方法。可用动力学基本定律或定理，直接对系统中各质点或物体建立其各自的运动方程，如用牛顿定律、虚位移原理等；也可用结构力学中的影响系数方法来建立运动方程；还可用分析力学的方法，对一些自由度数目较多的系统，合理地选取系统的广义坐标，然后列写运动方程，如用拉格朗日方程。

利用拉格朗日方程来建立多自由度系统的运动方程。

现在来研究 n 个质量通过线性弹簧与线性阻尼联结而成的 N 个自由度系统的振动。各质量的位置 (x_i, y_i, z_i) $(i=1, 2, \cdots, n)$，可用 N 个广义坐标 q_j $(j=1, 2, \cdots, N)$ 表示，其系统动能、势能和散逸函数分别为：

$$T = \frac{1}{2} \sum_{j=1}^{N} \sum_{l=1}^{N} M_{jl} \dot{q}_j \dot{q}_l$$

$$V = \frac{1}{2} \sum_{j=1}^{N} \sum_{l=1}^{N} K_{jl} q_j q_l \qquad (4\text{-}120)$$

$$F = \frac{1}{2} \sum_{j=1}^{N} \sum_{l=1}^{N} C_{jl} \dot{q}_j \dot{q}_l$$

其中 M_{jl}、K_{jl}、C_{jl} 分别为广义质量、广义弹簧、广义阻尼系数，可表示如下：

$$M_{jl} = \sum_{i=1}^{n} m_i \left[\left(\frac{\partial x_i}{\partial q_j} \right) \left(\frac{\partial x_i}{\partial q_l} \right) + \left(\frac{\partial y_i}{\partial q_j} \right) \left(\frac{\partial y_i}{\partial q_l} \right) + \left(\frac{\partial z_i}{\partial q_j} \right) \left(\frac{\partial z_i}{\partial q_l} \right) \right] \qquad (4\text{-}121)$$

$$K_{jl} = \frac{\partial^2 v}{\partial q_j \partial q_l} \qquad (4\text{-}122)$$

$$C_{jl} = \sum_{i=1}^{n} C_i \left[\left(\frac{\partial x_i}{\partial q_j} \right) \left(\frac{\partial x_i}{\partial q_x} \right) + \left(\frac{\partial y_i}{\partial q_j} \right) \left(\frac{\partial y_i}{\partial q_l} \right) + \left(\frac{\partial z_i}{\partial q_j} \right) \left(\frac{\partial z_i}{\partial q_l} \right) \right] \qquad (4\text{-}123)$$

设作用于各质点上的外力沿 x、y、z 方向的分量分别为 x_i，y_i，z_i，由于广义力为：

$$Q_i = \sum_{i=1}^{n} \left[X_i \left(\frac{\partial x_i}{\partial q_j} \right) + Y_i \left(\frac{\partial y_i}{\partial q_j} \right) + Z_i \left(\frac{\partial z_i}{\partial q_j} \right) \right] \qquad (4\text{-}124)$$

代入拉格朗日运动方程：

$$\frac{d}{dt}\left(\frac{\partial L}{\partial \dot{q}_j}\right) - \frac{\partial L}{\partial q_j} + \frac{\partial F}{\partial \dot{q}_j} = Q_j \quad (j=1,2,\cdots,N) \tag{4-125}$$

其中：$L = T - V$ 称为拉格朗日函数。

如用矩阵表示，则运动方程成为：

$$[M]\{\ddot{q}\} + [C]\{\dot{q}\} + [K]\{q\} = \{Q\} \tag{4-126}$$

其中 $[M]$、$[C]$、$[K]$ 分别为质量、阻尼、刚度矩阵。$\{Q\}$ 为广义力列阵。

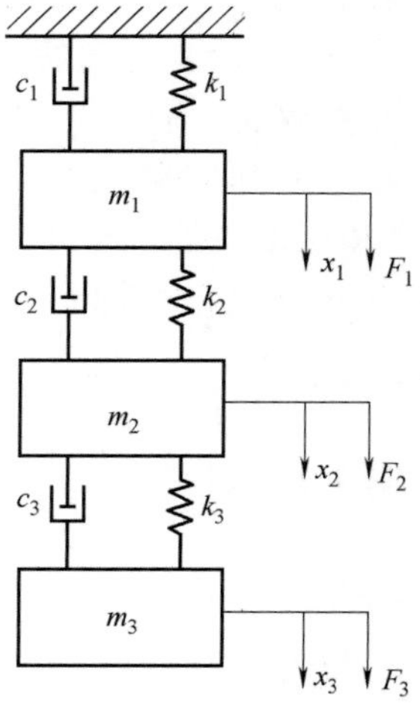

【例 4-8】 求出如图 4-16 所示的振动系统的振动方程、质量矩阵、刚度矩阵、阻尼矩阵。

解： 假设只沿垂直方向振动，则自由度为 3，如取质量 m_1、m_2、m_3 对平衡点的位移 x_1、x_2、x_3 为广义坐标，则系统的动能、势能和散逸函数为：

$$T = \frac{1}{2}(m_1\dot{x}_1^2 + m_2\dot{x}_2^2 + m_3\dot{x}_3^2)$$

$$V = \frac{1}{2}[k_1 x_1^2 + k_2(x_2 - x_1)^2 + k_3(x_3 - x_2)^2]$$

$$F = \frac{1}{2}[c_1\dot{x}_1^2 + c_2(\dot{x}_2 - \dot{x}_1)^2 + c_3(\dot{x}_3 - \dot{x}_2)^2]$$

代入拉格朗日方程：

$$\frac{d}{dt}\left(\frac{\partial L}{\partial \dot{x}}\right) - \frac{\partial L}{\partial x} + \frac{\partial F}{\partial \dot{x}} = 0$$

将 $L = T - V$ 代入上式得振动方程：

$$\begin{cases} m_1\ddot{x}_1 + (k_1+k_2)x_1 - k_2 x_2 + c_1\dot{x}_1 - c_2(\dot{x}_2 - \dot{x}_1) = 0 \\ m_2\ddot{x}_2 - k_2 x_1 + (k_2+k_3)x_2 - k_3 x_3 + c_2(\dot{x}_2 - \dot{x}_1) - c_3(\dot{x}_3 - \dot{x}_2) = 0 \\ m_3\ddot{x}_3 - k_3 x_2 + k_3 x_3 + c_3\dot{x}_3 - c_3\dot{x}_2 = 0 \end{cases}$$

图 4-16 三自由度振动系统模型

振动方程矩阵形式为：

$$[M]\{\ddot{x}\} + [C]\{\dot{x}\} + [K]\{x\} = 0$$

则质量矩阵：

$$[M] = \begin{bmatrix} m_1 & 0 & 0 \\ 0 & m_2 & 0 \\ 0 & 0 & m_3 \end{bmatrix}$$

刚度矩阵：

$$[K] = \begin{bmatrix} k_1+k_2 & -k_2 & 0 \\ -k_2 & k_2+k_3 & -k_3 \\ 0 & -k_3 & k_3 \end{bmatrix}$$

阻尼矩阵：

$$[C] = \begin{bmatrix} c_1+c_2 & -c_2 & 0 \\ -c_2 & c_2+c_3 & -c_3 \\ 0 & -c_3 & c_3 \end{bmatrix}$$

二、弹性体产品包装的振动分析

1. 具有简支梁式弹性零部件的产品的振动方程

产品包装时常会碰到具有梁式结构的产品，这部分产品尤其以工艺品为主，这些产品常常较贵，梁式结构易损坏，应把它作为梁和质量块的耦合体来研究才符合实际要求。

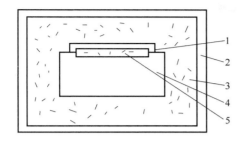

1—弹性物品；2—外包装；3—包装衬垫；

4—主体物品；5—包装衬垫。

图 4-17　物品包装结构

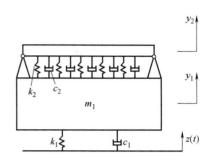

图 4-18　动力学模型

产品主体的振动方程如下：

$$m_1\ddot{y}_1 + c_1\dot{y}_1 + k_1 y_1 - \int_0^l c_2(\dot{y}_2 - \dot{y}_1)\mathrm{d}x - \int_0^l k_2(y_2 - y_1)\mathrm{d}x +$$

$$EJ\ \frac{\partial^3 y_2}{\partial x^3}\Big|\ x=0 - EJ\ \frac{\partial^3 y_2}{\partial x^3}\Big|\ x=l = c_1\dot{z}(t) + k_1 z(t) \tag{4-127}$$

式中　　y_1、y_2——主体物品及弹性物品的位移，m；

$\qquad z(t)$——外部位移激励，m。

在梁上 x 处取长为 $\mathrm{d}x$ 的微元段，在任意瞬时 t，此微元段的横向位移用 $y_2(x,t)$ 表示；单元长度梁上分布的外力用 $p(x,t)$ 表示；E 为弹性模量，J 为截面惯性矩，ρ 为杆的密度，A 为截面面积。

根据图 4-19 所示的微段 $\mathrm{d}x$ 的受力图，由牛顿定律得：

$$\rho A\mathrm{d}x\ \frac{\partial^2 y_2}{\partial t^2} = Q - \Big(Q + \frac{\partial Q}{\partial x}\mathrm{d}x\Big) + p(x,t)\mathrm{d}x$$

其中：$p(x,t) = -k_2(y_2 - y_1) - c_2(\dot{y}_2 - \dot{y}_1)$。

化简为：

$$\rho A\ \frac{\partial^2 y_2}{\partial t^2} = -\frac{\partial Q}{\partial x} + p(x,t) \tag{4-128}$$

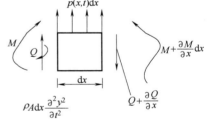

图 4-19　微段 $\mathrm{d}x$ 的受力图

再由各力对垂直于梁所在的平面的轴的力矩平衡方程，得：

$$\Big(M + \frac{\partial M}{\partial x}\mathrm{d}x\Big) + \frac{p(x,t)}{2}(\mathrm{d}x)^2 - M - \Big(Q + \frac{\partial Q}{\partial x}\mathrm{d}x\Big)\mathrm{d}x = 0 \tag{4-129}$$

省去 $\mathrm{d}x$ 的二次项后，并化简得：

$$Q = \frac{\partial M}{\partial x} \tag{4-130}$$

把式（4-130）代入式（4-128），得：

$$\frac{\partial^2 M}{\partial x^2} = p(x,t) - \rho A\ \frac{\partial^2 y_2}{\partial t^2} \tag{4-131}$$

由材料力学，$M = EJ\ \dfrac{\partial^2 y_2}{\partial x^2}$，代入上式，得到式（4-128）为如下形式：

$$EJ \frac{\partial^4 y_2}{\partial x^4} + \rho A \frac{\partial^2 y_2}{\partial t^2} = p(x,t) \tag{4-132}$$

把 $p(x, t)$ 代入式（4-131），得：

$$EJ \frac{\partial^4 y_2}{\partial x^4} + \rho A \ddot{y}_2 + c_2(\dot{y}_2 - \dot{y}_1) + k_2(y_2 - y_1) = 0 \tag{4-133}$$

边界条件：

$$x = 0, \ l \ 时，\ y_2 = y_1; \ EJ \frac{\partial^2 y_2}{\partial x^2} = 0 \tag{4-134}$$

对梁作振动分析时，各质点同时经过静平衡位置和达到最大平衡位置，即系统具有与时间无关的振动，故设式（4-128）主体产品 m_1 与梁的相对位移 $y_2(x, t) - y_1(t)$ 解的形式如下：

$$y_2(x,t) - y_1(t) = Y(x)q(t) \tag{4-135}$$

为了求梁的固有频率，需把式（4-135）代入式（4-128），得：

$$-\frac{\alpha^2}{Y(x)} \frac{\mathrm{d}^4 Y(x)}{\mathrm{d}x^4} = \frac{\dfrac{\mathrm{d}^2 q(t)}{\mathrm{d}t^2} + c_2 \dfrac{\mathrm{d}q(t)}{\mathrm{d}t} + k_2 q(t)}{q(t)} \tag{4-136}$$

式中 $\alpha^2 = \dfrac{EJ}{\rho A}$。

分析式（4-136）知：

等式左边是 x 的函数，右边是 t 的函数，所以它们应等于一个常数 $-\omega_n^2$（只有是负数，才有可能满足实际情况），下面分别求 $Y(x)$ 及 $q(t)$ 的表达式。等式左边等于一个常数，经变形得：

$$\frac{\mathrm{d}^4 Y(x)}{\mathrm{d}x^4} - \lambda^4 Y(x) = 0 \tag{4-137}$$

式中 $\lambda^4 = \dfrac{\omega_n^2}{\alpha^2}$。

由式（4-137）得：

$$Y(x) = d_1 \sin\lambda x + d_2 \cos\lambda x + d_3 \mathrm{e}^{-\lambda x} + d_4 \mathrm{e}^{\lambda x} \tag{4-138}$$

把边界条件式（4-134）代入式（4-138），得：

$$d_2 = d_4 = d_3 = 0, \sin\lambda l = 0 \tag{4-139}$$

由式（4-139），得：

$$\lambda_n l = n\pi, \ n = 1,2,3,\cdots \tag{4-140}$$

由 $\lambda^4 = \dfrac{\omega_n^2}{\alpha^2}$，$\alpha^2 = \dfrac{EJ}{\rho A}$，得梁的固有频率为：

$$\omega_n = \frac{n^2 \pi^2}{l^2} \sqrt{\frac{EJ}{\rho A}}, \ n = 1,2,3,\cdots \tag{4-141}$$

由式（4-138）、式（4-140）、式（4-141）可得弹性梁的主振型 $Y(x)$ 为：

$$Y(x) = \sum_n Y_n(x)$$

其中，$Y_n(x)$ 称为梁的 n 阶固有振型，$Y_n(x) = \sin\dfrac{n\pi x}{l}$。 $\tag{4-142}$

由式（4-135）整理得：

$$y_2(x,t) = y_1(t) + \sum_{n=1}^{\infty} \sin\frac{n\pi x}{l} \cdot q_n(t) \tag{4-143}$$

式（4-143）代入式（4-127），得到产品主体 m_1 的位移 y_1 表达式：

$$m_1\ddot{y}_1 + c_1\dot{y}_1 + k_1 y_1 - 2\sum_{n=1,3,\cdots}\frac{c_2 l}{n\pi}\dot{q}_n(t) - 2\sum_{n=1,3,\cdots}\frac{l}{n\pi}\left[k_2 + EJ\left(\frac{n\pi}{l}\right)^4\right]q_n(t) = c_1\dot{z}(t) + k_1 z(t) \tag{4-144}$$

该产品受到位移外激励 $z(t)$ 为：

$$z(t) = z_m\sin\omega t \tag{4-145}$$

式中　z_m——位移外激励的幅值，m；

　　　ω——位移外激励的频率。

将式（4-144）代入式（4-133），得：

$$EJ\sum_{n=1}^{\infty}\left(\frac{n\pi}{l}\right)^4\sin\frac{n\pi x}{l}q_n(t) + \rho A\ddot{y}_1 + \rho A\sin\frac{n\pi x}{l}\ddot{q}_n(t) +$$
$$c_2\sin\frac{n\pi x}{l}\dot{q}_n(t) + k_2\sin\frac{n\pi x}{l}q_n(t) = 0 \tag{4-146}$$

把式（4-145）等式两边同乘以 $\sin\dfrac{m\pi x}{l}$，再对 x 作 $0\sim l$ 的积分，得：

$$\rho A\ddot{q}_n(t) + c_2\dot{q}_n(t) + \left[k_2 + EJ\left(\frac{n\pi}{l}\right)^4\right]q_n(t) = \begin{cases} -\rho A\dfrac{4}{n\pi}\ddot{y}_1(t), & n=1,3,\cdots \\ 0, & n=2,4,\cdots \end{cases} \tag{4-147}$$

现已将产品主体振动方程式（4-127），梁的振动方程（4-128）化为式（4-144）、式（4-147）的形式。下面求取产品主体及梁的稳态解。

式（4-144）、式（4-147）所组成的稳态解可设为：

$$y_1(t) = P\sin\omega t + Q\cos\omega t$$
$$q_n(t) = M_n\sin\omega t + N_n\cos\omega t \tag{4-148}$$

引入无量纲：

$$\mu = \frac{\rho Al}{m_1}, k = \frac{k_2 l}{k_1}, c = \frac{c_2 l}{c_1}, \zeta_1 = \frac{c_1}{2\sqrt{k_1 m_1}}, r = \frac{\omega}{\omega_0}, r_1 = \frac{\omega_1}{\omega_0} \tag{4-149}$$

式中　$\omega_0 = \sqrt{\dfrac{k_1}{m_1}}$；

$\omega_1 = \left(\dfrac{\pi}{l}\right)^2\sqrt{\dfrac{EJ}{\rho A}}$。

把式（4-148）代入式（4-144），并由式（4-149）得：

$$\begin{cases} -Pr^2 - 2\zeta_1 rQ + P + 4c\zeta_1 r\sum_{n=1,3,\cdots}\dfrac{1}{n\pi}N_n - 2\sum_{n=1,3,\cdots}\dfrac{1}{n\pi}(k + \mu r_1^2 n^4)M_n = Z_m \\ -Qr^2 + 2\zeta_1 rP + Q - 4c\zeta_1 r\sum_{n=1,3,\cdots}\dfrac{1}{n\pi}M_n - 2\sum_{n=1,3,\cdots}\dfrac{1}{n\pi}(k + \mu r_1^2 n^4)N_n = 2\zeta_1 rZ_m \end{cases} \tag{4-150}$$

把式（4-148）代入式（4-146），得：

$$\begin{cases} M_n\left(\dfrac{k}{\mu} + r_1^2 n^4 - r^2\right) - \dfrac{2c\zeta_1 r}{\mu}N_n = \dfrac{4r^2}{n\pi}P \\ \dfrac{2c\zeta_1 r}{\mu}M_n + \left(\dfrac{k}{\mu} + r_1^2 n^4 - r^2\right)N_n = \dfrac{4r^2}{n\pi}Q \end{cases} \tag{4-151}$$

由式（4-151）得：

$$\begin{cases} M_n = \dfrac{4r^2}{n\pi} \dfrac{P(k/\mu + r_1^2 n^4 - r^2) + Q(2c/\mu\zeta_1 r)}{\left(\dfrac{k}{\mu} + r_1^2 n^4 - r^2\right)^2 + \left(2\dfrac{c}{\mu}\zeta_1 r\right)^2} \\[6mm] N_n = \dfrac{4r^2}{n\pi} \dfrac{Q(k/\mu + r_1^2 n^4 - r^2) - P(2c/\mu\zeta_1 r)}{\left(\dfrac{k}{\mu} + r_1^2 n^4 - r^2\right)^2 + \left(2\dfrac{c}{\mu}\zeta_1 r\right)^2} \end{cases} \tag{4-152}$$

把式（4-152）代入式（4-150）得：

$$\begin{cases} P = Z_m \dfrac{\Delta_1 - 2\zeta_1 r\Delta_2}{\Delta_1^2 + \Delta_2^2} \\[4mm] Q = Z_m \dfrac{2\zeta_1 r\Delta_1 + \Delta_2}{\Delta_1^2 + \Delta_2^2} \end{cases} \tag{4-153}$$

式中：$\Delta_1 = 1 - (1+\mu)r^2 - \dfrac{8}{\pi^2}\mu r^4 \displaystyle\sum_{n=1,3,\cdots} \dfrac{1}{n^2} \dfrac{k/\mu + r_1^2 n^4 - r^2}{\left(\dfrac{k}{\mu} + r_1^2 n^4 - r^2\right)^2 + \left(2\dfrac{c}{\mu}\zeta_1 r\right)^2}$；

$\Delta_2 = 2\zeta_1 r + \dfrac{8}{\pi^2}\mu r^4 \displaystyle\sum_{n=1,3,\cdots} \dfrac{1}{n^2} \dfrac{2\dfrac{c}{\mu}\zeta_1 r}{\left(\dfrac{k}{\mu} + r_1^2 n^4 - r^2\right)^2 + \left(2\dfrac{c}{\mu}\zeta_1 r\right)^2}$。

由式（4-148）、式（4-153）得到产品主体稳态振动的幅值 $\ddot{y}_{1m}$ 为：

$$\frac{\ddot{y}_{1m}}{\omega^2 Z_m} = \sqrt{\frac{1+(2\zeta_1 r)^2}{\Delta_1^2 + \Delta_2^2}} \tag{4-154}$$

由材料力学弯矩与位移关系及式（4-143），得梁的动态弯矩：

$$M = EJ\frac{\partial^2 y_2(x,t)}{\partial t^2} = -\sum_{n=1,3,\cdots}^{\infty} \left(\frac{n\pi}{l}\right)^2 \sin\frac{n\pi x}{l}(M_n \sin\omega t + N_n \cos\omega t) \tag{4-155}$$

式（4-155）的最大值为：

$$M_m = EJ\frac{\partial^2 y_2(x,t)}{\partial t^2} = \sum_{n=1,3,\cdots}^{\infty} \left(\frac{n\pi}{l}\right)^2 \sin\frac{n\pi x}{l}\sqrt{M_n^2 + N_n^2} \tag{4-156}$$

由弯矩算出最大应力为：

$$\sigma_m = \frac{M_m D}{2J} \tag{4-157}$$

式中　D——梁的截面直径，m。

简支梁受均布载荷 $\rho A\omega^2 Z_m$ 时，梁的最大弯矩为：

$$M_0 = \frac{\rho A\omega^2 Z_m l^2}{8} \tag{4-158}$$

在式（4-158）弯矩作用下的最大应力：

$$\sigma_0 = \frac{M_0 D}{2J} \tag{4-159}$$

由式（4-152）、式（4-156）、式（4-157）、式（4-158）、式（4-159），得出梁的最大无量纲应力为：

$$\frac{\sigma_m(x)}{\sigma_0} = \frac{32r_1^2}{\pi^3}\sqrt{\frac{1+(2\zeta_1 r)^2}{\Delta_1^2 + \Delta_2^2}}\sqrt{\alpha_1^2 + \alpha_2^2} \tag{4-160}$$

式中　$\alpha_1 = \displaystyle\sum_{n=1,3,\cdots} n\dfrac{k/\mu + r_1^2 n^4 - r^2}{\left(\dfrac{k}{\mu} + r_1^2 n^4 - r^2\right)^2 + \left(2\dfrac{c}{\mu}\zeta_1 r\right)^2}\sin\dfrac{n\pi x}{l}$；

$$\alpha_2 = \sum_{n=1,\ 3,\ \cdots} n \frac{2\frac{c}{\mu}\zeta_1 r}{\left(\frac{k}{\mu}+r_1^2 n^4 - r^2\right)^2 + \left(2\frac{c}{\mu}\zeta_1 r\right)^2}\sin\frac{n\pi x}{l}.$$

对于式（4-154）、式（4-160）中，出现了较为复杂的无穷级数项，不能直接求其级数的和，只能采取用有限项来代替无限项的和。

2. 参数的影响

由式（4-160）知，在 $x=\dfrac{l}{2}$ 处，也就是在梁的中间，$\dfrac{\sigma_m(x)}{\sigma_0}$ 有最大值，如果参数选取不当，则有可能出现共振破坏，下面讨论参数的影响。

（1）频率比 r 与黏性阻尼比 ζ_1 的影响　针对 $x=\dfrac{l}{2}$ 处，取参数 $\mu=0.1$，$k=0.5$，$r_1=2$，$c=0.5$ 时得到最大加速度 $\ddot{y}_{1m}$ 和最大应力 σ_m 随频率比的变化曲线，如图 4-20 及图 4-21 所示。

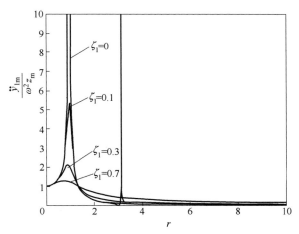

图 4-20　频率比 r 与黏性阻尼比 ζ_1 对主体产品的放大倍数的影响

由图 4-20、图 4-21 知，在 $\zeta_1=0$ 时，分别在 $r=0.96$、$r=3.13$ 处，系统发生共振，因此，包装设计时，可先估算共振频率，一定要让激励频率避开共振频率。

（2）频率比 r 与阻尼系数比 c 的影响 取参数 $\mu=0.1$，$k=0.5$，$r_1=2$，$\zeta_1=0.05$ 时，得到最大加速度 $\ddot{y}_{1m}$ 和最大应力 σ_m 随频率比的变化曲线，如图 4-22 及图 4-23 所示。

由图 4-22、图 4-23 知，增加阻尼系数比，对应力和加速度有明显的减震效果，c 值越大，效果越明显。

【例 4-9】 某地产有带桥梁的工艺品，桥梁可看作简支梁，工艺品可作为产品的主体。已知有关参数为：主体质量 $m_1=0.5\mathrm{kg}$，梁

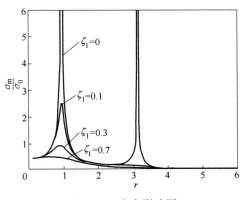

图 4-21　应力影响图

的密度 $\rho=0.5\mathrm{g/mm^3}$，梁的横截面为圆，面积 $A=5\ \mathrm{mm^2}$，惯性矩 $J=\dfrac{A^2}{4\pi}=\dfrac{25}{4\pi}\mathrm{mm^4}$，梁的长度 $l=20\mathrm{mm}$，弹性模量 $E=10^8\ \mathrm{N/m^2}$。所受简谐位移激励 $z=10\sin(200t)\ \mathrm{mm}$，$k_1=12345\mathrm{N/m}$，$k_2=308625\ \mathrm{N/m^2}$，$c_1=47\mathrm{N\cdot S/m}$，$c_2=1175\mathrm{N\cdot S/m^2}$，求系统最大加速度比 $\dfrac{y_{1m}}{\omega^2 z_m}$ 及最大应力比 $\dfrac{\sigma_m}{\sigma_0}$。

解： 主体产品固有频率：

$$\omega_0=\sqrt{\frac{k_1}{m_1}}=\sqrt{\frac{12345}{0.5}}=157$$

黏滞阻尼因子：

$$\zeta_1=\frac{c_1}{2\sqrt{m_1 k_1}}=\frac{47}{2\sqrt{0.5\times12345}}=0.3$$

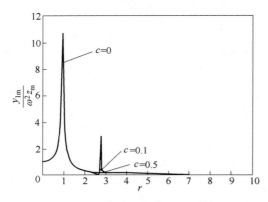

图 4-22　频率比 r 与阻尼系数
比 c 对主体产品的放大倍数的影响

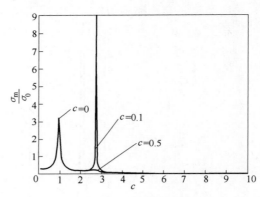

图 4-23　应力影响图

阻尼比

$$c=\frac{c_2 l}{c_1}=\frac{1175\times0.02}{47}=0.5$$

刚度比

$$k=\frac{k_2 l}{k_1}=\frac{308625\times0.02}{12345}=0.5$$

质量比

$$\mu=\frac{\rho A l}{m_1}=\frac{0.5\times10^6\times5\times10^{-6}\times0.02}{0.5}=0.1$$

梁的一阶固有频率

$$\omega_1=\frac{\pi^2}{l^2}\sqrt{\frac{EJ}{\rho A}}=\frac{\pi^2}{0.02^2}\sqrt{\frac{10^8\times\dfrac{25}{4\pi}\times10^{-12}}{0.5\times10^6\times5\times10^{-6}}}=220$$

系统参数 r、r_1

$$r=\frac{\omega}{\omega_0}=\frac{200}{157}=1.27,\ r_1=\frac{\omega_1}{\omega_0}=\frac{220}{157}=1.4$$

把以上参数代入式（4-154）、式（4-160），得：

$$\frac{\ddot{y}_{1m}}{z_m \omega^2} = 1.1244, \frac{\sigma_m}{\sigma_0} = 0.3179$$

三、刚体产品包装的振动分析

刚体指在运动中不变形的物体，表征刚体运动的主要参数有质量和转动惯量。前面所叙述的单自由度、两自由度以及多自由度，都是把物体视为集中质量，不考虑物体的大小。但是有些包装必须考虑物体的大小，同时考虑平动和转动。

1. 刚体平面运动方程

刚体平面运动的简化力学模型如图 4-24 所示，水平方向的运动受到约束，仅考虑 x 方向的振动与绕质心 c 的摇摆运动，所以，此模型是 2 个自由度，用广义坐标 x 和转动坐标 θ 就能完整地表达系统的运动情况。计算机主机包装、家电类包装等，都属于这种情况，基础沿 x 轴的位移是 u，记左边缓冲端点为 1 点，右边端点为 2 点，坐标两端点 1、2 的位移 x_1、x_2 分别为：

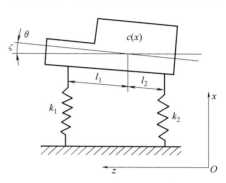

图 4-24　刚体平面运动

$$x_1 = x - u + \theta l_1, \ x_2 = x - u - \theta l_2 \tag{4-161}$$

系统的动能为：

$$T = \frac{1}{2} m \dot{x}^2 + \frac{1}{2} J \dot{\theta}^2 \tag{4-162}$$

系统的势能为：

$$V = \frac{1}{2} k_1 (x - u + \theta l_1)^2 + \frac{1}{2} k_2 (x - u - \theta l_2)^2 \tag{4-163}$$

计算拉格朗日方程各项导数如下：

$$\frac{\mathrm{d}}{\mathrm{d}t} \left(\frac{\partial T}{\partial \dot{x}} \right) = m \ddot{x}, \ \frac{\partial T}{\partial x} = 0, \ \frac{\partial V}{\partial x} = (k_1 + k_2)(x - u) + (k_1 l_1 - k_2 l_2) \theta \tag{4-164}$$

$$\frac{\mathrm{d}}{\mathrm{d}t} \left(\frac{\partial T}{\partial \dot{\theta}} \right) = J \ddot{\theta}, \ \frac{\partial T}{\partial \theta} = 0, \ \frac{\partial V}{\partial \theta} = (k_1 l_1 - k_2 l_2)(x - u) + (k_1 l_1^2 + k_2 l_2^2) \theta \tag{4-165}$$

拉格朗日方程为：

$$\frac{\mathrm{d}}{\mathrm{d}t} \frac{\partial T}{\partial \dot{q}_n} - \frac{\partial T}{\partial q_n} + \frac{\partial v}{\partial q_n} = \boldsymbol{Q}_n \tag{4-166}$$

把以上公式代入拉格朗日方程，容易得刚体平面运动方程：

$$\begin{cases} m \ddot{x} + (k_1 + k_2) x + (k_1 l_1 - k_2 l_2) \theta = (k_1 + k_2) u \\ J \ddot{\theta} + (k_1 l_1^2 + k_2 l_2^2) \theta + (k_1 l_1 - k_2 l_2) x = (k_1 l_1 - k_2 l_2) u \end{cases} \tag{4-167}$$

式中　m——系统的质量；

k_1、k_2——左右侧的刚度系数；

J——系统绕质心的转动惯量；

l_1、l_2——质心离左、右衬垫端的距离。

（1）刚体平面的自由振动　设：$a = \dfrac{k_1 + k_2}{m}$，$b = \dfrac{k_1 l_1 - k_2 l_2}{m}$，$c = \dfrac{k_1 l_1^2 + k_2 l_2^2}{m}$，$J = mR^2$（$R$ 为等效转动半径，单位是 m）。

没有位移外激励 $u(t)$ 时，式（4-167）的齐次方程变形为：

$$\begin{cases} \ddot{x} + ax + b\theta = 0 \\ \ddot{\theta} + \dfrac{c}{R^2}\theta + \dfrac{b}{R^2}x = 0 \end{cases} \tag{4-168}$$

设其解为 $x = A\sin(\omega t + \varphi)$，$\theta = B\sin(\omega t + \varphi)$，并代入式（4-168）得：

$$\begin{cases} (a - \omega^2)A + bB = 0 \\ \dfrac{b}{R^2}A + \left(\dfrac{c}{R^2} - \omega^2\right)B = 0 \end{cases} \tag{4-169}$$

把式（4-169）写成矩阵式

$$\begin{bmatrix} a - \omega^2 & b \\ \dfrac{b}{R^2} & \dfrac{c}{R^2} - \omega^2 \end{bmatrix} \cdot \begin{bmatrix} A \\ B \end{bmatrix} = 0 \tag{4-170}$$

欲使式（4-169）非零解，需使上式左侧行列式的值为 0，得：

$$(a - \omega^2)\left(\dfrac{c}{R^2} - \omega^2\right) - \dfrac{b^2}{R^2} = 0 \tag{4-171}$$

设式（4-171）的两根为 ω_1^2、ω_2^2，且 $\omega_1^2 < \omega_2^2$，

将 ω_1^2、ω_2^2 分别代入式（4-169）的第一式，得：

$$r_1 = \frac{B^{(1)}}{A^{(1)}} = \frac{\omega_1^2 - a}{b}$$

$$r_2 = \frac{B^{(2)}}{A^{(2)}} = \frac{\omega_2^2 - a}{b} \tag{4-172}$$

系统的固有振型为：

$$\{u^1\} = \begin{Bmatrix} 1 \\ r_1 \end{Bmatrix}, \ \{u^2\} = \begin{Bmatrix} 1 \\ r_2 \end{Bmatrix} \tag{4-173}$$

系统同步解为：

$$x^1 = c_1\sin(\omega_1 t + \varphi_1)$$
$$\theta^1 = r_1 c_1\sin(\omega_1 t + \varphi_1)$$
$$x^2 = c_2\sin(\omega_2 t + \varphi_2)$$
$$\theta^2 = r_2 c_2\sin(\omega_2 t + \varphi_2) \tag{4-174}$$

所以式（4-167）的方程的解为两同步解的叠加，即 x、θ 为：

$$\begin{cases} x = c_1\sin(\omega_1 t + \varphi_1) + c_2\sin(\omega_2 t + \varphi_2) \\ \theta = r_1 c_1\sin(\omega_1 t + \varphi_1) + r_2 c_2\sin(\omega_2 t + \varphi_2) \end{cases} \tag{4-175}$$

【例 4-10】 图 4-23 所示，系统参数：质量 $m = 1$，$k_1 = 10000$，$k_2 = 9000$，$l_1 = 0.1$，$l_2 = 0.15$，转动惯量 $J = 0.0064$，初始条件为 $x(0) = 0.09$，$\dot{x}(0) = 0.3$，$\theta(0) = \dot{\theta}(0) = 0$，求系统的响应。

解：有关参数解得如下：

$$a = \frac{k_1 + k_2}{m} = 19000, \ b = \frac{k_1 l_1 - k_2 l_2}{m} = -350$$

$$c = \frac{k_1 l_1^2 + k_2 l_2^2}{m} = 302.5, \ R^2 = 0.0064$$

把以上参数代入式（4-168），得：

$$\begin{cases} \ddot{x}+19000x-350\theta=0 \\ \ddot{\theta}+47266\theta-54688x=0 \end{cases}$$

设其解为 $x=A\sin(\omega t+\varphi)$，$\theta=B\sin(\omega t+\varphi)$，并代入上式得：

$$(19000-\omega^2)(47266-\omega^2)-19140625=0$$

由上式解得：

$$\omega_1=135.4，\omega_2=218.9$$

把上式分别代入式（4-169），得：

$$r_1=1.8914，r_2=-82.68$$

系统的解为：

$$x=c_1\sin(135.4t+\varphi_1)+c_2\sin(218.9t+\varphi_2)$$
$$\theta=1.8914c_1\sin(135.4t+\varphi_1)-82.68c_2\sin(218.9t+\varphi_2)$$

把已知初始条件代入上式，得：

$$c_1\sin\varphi_1=0.088，c_1\cos\varphi_1=0.0022，$$
$$c_2\sin\varphi_2=0.002，c_2\cos\varphi_2=0$$

所以系统的解为：

$$x=0.088\cos(135.4t)+0.0022\sin(135.4t)+0.002\cos(218.9t)$$
$$\theta=0.1664\cos(135.4t)+0.0042\sin(135.4t)-0.1654\cos(218.9t)$$

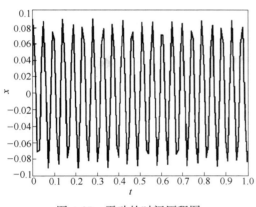

图 4-25　平动的时间历程图

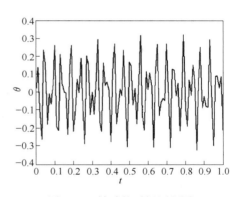

图 4-26　转动的时间历程图

由图 4-25、图 4-26 可知：平动的激励会激发转动方向的摆动，由于 $k_1l_1-k_2l_2\neq0$，x，θ 方向的运动是互相耦合的。刚体平面的运动方程与前所述的集中质量运动方程类似，但它们所揭示的物理意义有着本质的区别，在这里有必要介绍。而对于有阻尼的刚体平面运动可参考有阻尼集中质量的振动，在这里不作讨论。接下来研究简单形式的刚体空间运动。

（2）刚体平面的强迫振动　设基础激励为 $u=u_m\sin\omega t$ 时，系统的解可设为：

$$x=x_m\sin\omega t，\theta=\theta_m\sin\omega t \tag{4-176}$$

把式（4-176）代入式（4-167），得：

$$\begin{bmatrix} a-\omega^2 & b \\ b & c-R^2\omega^2 \end{bmatrix}\cdot\begin{bmatrix} x_m \\ \theta_m \end{bmatrix}=\begin{bmatrix} au_m \\ bu_m \end{bmatrix} \tag{4-177}$$

参数同上，由式（4-177）经消元，解得系统的解为：

$$x_m = \frac{a(c-R^2\omega^2)-b^2}{R^2\omega^4-(c+aR^2)\omega^2+ac-b^2}u_m$$

$$\theta_m = \frac{-b^2\omega^2}{R^2\omega^4-(c+aR^2)\omega^2+ac-b^2}u_m \tag{4-178}$$

由式（4-178）得出系统的放大倍数：

$$\frac{x_m}{u_m} = \frac{a(c-R^2\omega^2)-b^2}{R^2\omega^4-(c+aR^2)\omega^2+ac-b^2}$$

$$\frac{\theta_m}{u_m} = \frac{-b^2\omega^2}{R^2\omega^4-(c+aR^2)\omega^2+ac-b^2} \tag{4-179}$$

【例 4-11】 图 4-24 所示系统参数：质量 $m_1=1$，$k_1=10000$，$k_2=9000$，$l_1=0.1$，$l_2=0.15$，转动惯量 $J=0.0064$，受基础简谐位移激励，求系统的共振频率，以及系统的放大倍数与激励频率 ω 的关系。

解： 有关参数解得如下：

$$a = \frac{k_1+k_2}{m} = 19000,\quad b = \frac{k_1l_1-k_2l_2}{m} = -350$$

$$c = \frac{k_1l_1^2+k_2l_2^2}{m} = 302.5,\quad R^2 = 0.0064$$

令式（4-178）的分母等于 0，得：

$$R^2\omega^4-(c+aR^2)\omega^2+ac-b^2 = 0$$

解上式得系统的共振频率：

$$\omega = 135.4191 \text{ 或 } 218.9231$$

把以上参数代入式（4-114），得到系统解的图形如图 4-27、图 4-28 所示。在解为 135、419 和 218、923 时，系统会发生共振。

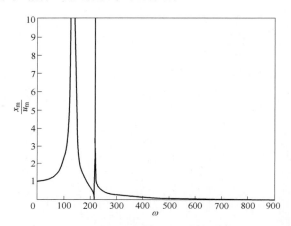

图 4-27　x 轴方向的放大倍数与激励频率的关系

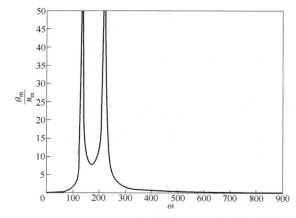

图 4-28　转动方向放大倍数与激励频率的关系

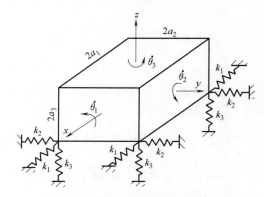

图 4-29　刚体的空间振动示意图

2. 具有两对称面刚体空间运动

（1）刚体商品包装动力学建模及固有频率的求解　包装物与外包装箱内部采用棱角衬垫，以达到缓冲的目的，这类形式的包装示意图可简化如图 4-29 所示的对称面

xoz、yoz。

取刚体质心 c 点偏离平衡位置的 x_c、y_c、z_c 和绕 3 个对称轴的转角 θ_1、θ_2、θ_3 为广义坐标，基础沿 x、y、z 轴方向的位移分别为 u、v、w，图中有 4 个点，记前左点为 1 点，前右点为 2 点，后右点为 3 点，后左点为 4 点，则端点的坐标为：

$$x_1 = x_c - u - a_3\theta_2 + a_2\theta_3, \quad y_1 = y_c - v + a_3\theta_1 + a_1\theta_3, \quad z_1 = z_c - w - a_2\theta_1 - a_1\theta_2 \tag{4-180}$$

$$x_2 = x_c - u - a_3\theta_2 - a_2\theta_3, \quad y_2 = y_c - v + a_3\theta_1 + a_1\theta_3, \quad z_2 = z_c - w + a_2\theta_1 - a_1\theta_2 \tag{4-181}$$

$$x_3 = x_c - u - a_3\theta_2 - a_2\theta_3, \quad y_3 = y_c - v + a_3\theta_1 - a_1\theta_3, \quad z_3 = z_c - w + a_2\theta_1 + a_1\theta_2 \tag{4-182}$$

$$x_4 = x_c - u - a_3\theta_2 + a_2\theta_3, \quad y_4 = y_c - v + a_3\theta_1 - a_1\theta_3, \quad z_4 = z_c - w - a_2\theta_1 + a_1\theta_2 \tag{4-183}$$

系统的动能

$$T = \frac{1}{2}m(\dot{x}_c^2 + \dot{y}_c^2 + \dot{z}_c^2) + \frac{1}{2}J(\dot{\theta}_1^2 + \dot{\theta}_2^2 + \dot{\theta}_3^2) \tag{4-184}$$

系统的势能

$$V = k_1\{(x_c - u - a_3\theta_2 + a_2\theta_3)^2 + (x_c - u - a_3\theta_2 - a_2\theta_3)^2\} + k_2\{(y_c - v + a_3\theta_1 + a_1\theta_3)^2 +$$

$$(y_c - v + a_3\theta_1 + a_1\theta_3)^2\} + \frac{1}{2}k_3\{(z_c - w - a_2\theta_1 - a_1\theta_2)^2 + (z_c - w + a_2\theta_1 - a_1\theta_2)^2 +$$

$$(z_c - w + a_2\theta_1 + a_1\theta_2)^2 + (z_c - w - a_2\theta_1 + a_1\theta_2)^2\}$$

$$\tag{4-185}$$

计算拉格朗日方程各项导数如下：

$$\frac{\mathrm{d}}{\mathrm{d}t}\left(\frac{\partial T}{\partial \dot{x}_c}\right) = m\ddot{x}_c, \quad \frac{\partial T}{\partial x_c} = 0, \quad \frac{\partial V}{\partial x_c} = 4k_1(x_c - u) - 4k_1 a_3\theta_2 \tag{4-186}$$

$$\frac{\mathrm{d}}{\mathrm{d}t}\left(\frac{\partial T}{\partial \dot{y}_c}\right) = m\ddot{y}_c, \quad \frac{\partial T}{\partial y_c} = 0, \quad \frac{\partial V}{\partial y_c} = 4k_2(y_c - v) + 4k_2 a_3\theta_1 \tag{4-187}$$

$$\frac{\mathrm{d}}{\mathrm{d}t}\left(\frac{\partial T}{\partial \dot{z}_c}\right) = m\ddot{z}_c, \quad \frac{\partial T}{\partial z_c} = 0, \quad \frac{\partial V}{\partial z_c} = 4k_3(z_c - w) \tag{4-188}$$

$$\frac{\mathrm{d}}{\mathrm{d}t}\left(\frac{\partial T}{\partial \dot{\theta}_1}\right) = J\ddot{\theta}_1, \quad \frac{\partial T}{\partial \theta_1} = 0, \quad \frac{\partial V}{\partial \theta_1} = 4k_2 a_3(y_c - v) + 4(k_2 a_3^2 + k_3 a_2^2)\theta_1 \tag{4-189}$$

$$\frac{\mathrm{d}}{\mathrm{d}t}\left(\frac{\partial T}{\partial \dot{\theta}_2}\right) = J\ddot{\theta}_2, \quad \frac{\partial T}{\partial \theta_2} = 0, \quad \frac{\partial V}{\partial \theta_2} = -4k_1 a_3(x_c - u) + 4(k_1 a_3^2 + k_3 a_1^2)\theta_2 \tag{4-190}$$

$$\frac{\mathrm{d}}{\mathrm{d}t}\left(\frac{\partial T}{\partial \dot{\theta}_3}\right) = J\ddot{\theta}_3, \quad \frac{\partial T}{\partial \theta_3} = 0, \quad \frac{\partial V}{\partial \theta_3} = 4(k_1 a_2^2 + k_2 a_1^2)\theta_3 \tag{4-191}$$

拉格朗日方程为：

$$\frac{\mathrm{d}}{\mathrm{d}t}\frac{\partial T}{\partial \dot{q}_n} - \frac{\partial T}{\partial q_n} + \frac{\partial v}{\partial q_n} = Q_n \tag{4-192}$$

以上公式代入拉格朗日方程，得系统运动微分方程：

$$m\ddot{x}_c + 4k_1(x_c - a_3\theta_2) = 4k_1 u \tag{4-193}$$

$$m\ddot{y}_c + 4k_2(y_c + a_3\theta_1) = 4k_2 v \tag{4-194}$$

$$m\ddot{z}_c + 4k_3 z_c = 4k_3 w \tag{4-195}$$

$$J_x\ddot{\theta}_1 + 4(k_2 a_3^2 + k_3 a_2^2)\theta_1 + 4k_2 a_3 y_c = 4k_2 a_3 v \tag{4-196}$$

$$J_y\ddot{\theta}_2 + 4(k_1 a_3^2 + k_3 a_1^2)\theta_2 - 4k_1 a_3 x_c = -4k_1 a_3 u \tag{4-197}$$

$$J_z\ddot{\theta}_3 + 4(k_1 a_2^2 + k_2 a_1^2)\theta_3 = 0 \tag{4-198}$$

由式（4-193）、式（4-197）知，x 方向的平动与绕 y 轴的转动是耦合在一起的；由式（4-194）、式（4-195）知，y 方向的平动与绕 x 轴的转动是耦合在一起的；由式（4-

195）、式（4-198）知，z 方向的平动及绕 z 轴的转动相对于其他振型是独立的。

固有频率的研究对于抑制系统的共振或避开共振区具有实际意义，下面给出自由度方向的固有频率。

① z 方向的平动固有频率 ω_z 及绕 z 轴转动的固有频率 ω_3 由式（4-195）、式（4-198）的齐次方程解得两方向的固有频率

$$\omega_z = \sqrt{\frac{4k_3}{m}}$$

$$\omega_3 = \sqrt{\frac{4(k_1a_2^2 + k_2a_1^2)}{m\rho_z^2}} \tag{4-199}$$

式中 ρ_z——刚体绕 z 轴的等效回转半径。

② x 方向的平动及绕 y 轴转动的固有频率 ω_{x2} 由微分方程理论，设式（4-193）、式（4-197）齐次方程的解为：

$$x_c = A_1 \sin(\omega_{x2}t + \varphi), \quad \theta_2 = A_2 \sin(\omega_{x2}t + \varphi) \tag{4-200}$$

把式（4-200）代入式（4-193）、式（4-197），得：

$$\begin{vmatrix} 4k_1 - m\omega_{x2}^2 & -4k_1a_3 \\ -4k_1a_3 & 4(k_1a_3^2 + k_3a_1^2) - J_y\omega_x^2 \end{vmatrix} = 0 \tag{4-201}$$

展开得：

$$m^2\rho_y^2\omega_{x2}^4 - 4m[k_1a_3^2 + k_3a_1^2 + k_1\rho_y^2]\omega_{x2}^2 + 16k_1k_3a_1^2 = 0 \tag{4-202}$$

解上式，得：

$$\omega_{x2}^2 = \frac{2}{m\rho_y^2}\{k_1a_3^2 + k_3a_1^2 + k_1\rho_y^2 \pm \sqrt{(k_1a_3^2 + k_3a_1^2 + k_1\rho_y^2)^2 - 4\rho_y^2k_1k_3a_1^2}\} \tag{4-203}$$

式中 ρ_y——刚体绕 y 轴的等效回转半径，m。

③ y 方向的平动及绕 x 轴转动的固有频率 ω_{y1} 用同样的方法，得固有频率 ω_{y1}：

$$\omega_{y1}^2 = \frac{2}{m\rho_x^2}\{k_2a_3^2 + k_3a_2^2 + k_2\rho_y^2 \pm \sqrt{(k_2a_3^2 + k_3a_2^2 + k_2\rho_x^2)^2 - 4\rho_x^2k_2k_3a_2^2}\} \tag{4-204}$$

式中 ρ_x——刚体绕 x 轴的等效回转半径，m。

（2）基础简谐激励时的强迫振动 模型如图 4-26 所示，基础受到的激励为沿 x 轴方向的位移（对于沿 y 轴的位移激励，也可作类似讨论）：

$$u = u_m\sin\omega t \tag{4-205}$$

式中 u_m——位移的幅值，m；

ω——激励频率。

由前面的讨论知，x 轴方向的位移将激发 x 方向的平动 x_c 及绕 y 轴的转动 θ_2，设系统的解为：

$$\begin{cases} x_c = x_{cm}\sin\omega t \\ \theta_2 = \theta_{2m}\sin\omega t \end{cases} \tag{4-206}$$

把式（4-205）、式（4-206）代入式（4-193）、式（4-194），得到位移和转角的放大系数：

$$\frac{x_{cm}}{u_m} = \frac{4k_1(4k_3a_1^2 - m\rho_y^2\omega^2)}{m^2\rho_y^2\omega^4 - 4m(k_1a_3^2 + k_3a_1^2 + k_1\rho_y^2)\omega^2 + 16k_1k_3a_1^2} \tag{4-207}$$

$$\frac{\theta_{2m}}{u_m} = \frac{4k_1ma_3\omega^2}{m^2\rho_y^2\omega^4 - 4m(k_1a_3^2 + k_3a_1^2 + k_1\rho_y^2)\omega^2 + 16k_1k_3a_1^2} \tag{4-208}$$

【例 4-12】　如图 4-28 所示，质量 $m=2\text{kg}$，$a_1=0.14$，$a_3=0.16$，$k_1=9000$，$k_3=18000$，回转半径 $\rho_y=0.12$。求系统的放大系数与激励频率的关系。

解：把上述参数代入式（4-203）、式（4-204），令分母等于 0，得：

$$\omega=99.4930 \text{ 或 } \omega=298.4981$$

当激励频率为上述两值的范围时，系统会发生共振，结果如图 4-30、图 4-31 所示。

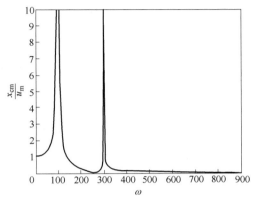

图 4-30　平动位移的放大系数与固有频率的关系

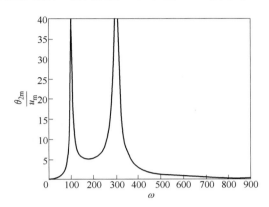

图 4-31　绕 y 轴转动的角位移的放大系数与固有频率的关系

练习思考题

1. 举例说明振动现象、振动的危害及如何有效利用振动。

2. 如何对振动进行分类？

3. 阐明下列概念：振动，周期振动和周期，简谐振动，振幅、频率和相位角。

4. 何为振动系统的自由度？举例说明。

5. 简单描述研究振动问题的 3 类方法。

6. 如何简化最简单包装件的动力学模型？写出其运动微分方程。

7. 分析单自由度线性系统无阻尼自由振动的受力情况，写出其运动微分方程及自由振动规律。

8. 写出单自由度线性系统在小阻尼情况下的振动规律。

9. 什么是临界阻尼？欠阻尼和过阻尼状态的自由振动有什么不同？

10. 证明在过阻尼振动状态下，物体以任意的起始位置和起始速度运动，越过平衡位置不能超过 1 次。

11. 简谐振动的 3 个基本特征量是什么？振动系统中的阻尼会给振动带来什么样的影响？

12. 两个自由度系统的自由振动需要几个运动初始条件？

13. 写出单自由度线性系统在简谐激励力作用下的运动微分方程。

14. 两个自由度振动系统在什么条件下可按第一主振型或第二主振型振动？

15. 缓冲衬垫是如何起到减振作用的？产生减振效果的条件是什么？

16. 怎样用自由振动实验方法求单自由度系统的阻尼比和阻尼系数？

17. 图 4-32 是一根钢制矩形截面的悬臂梁，横截面宽度 $b=10\mathrm{mm}$，厚度 $h=5\mathrm{mm}$，

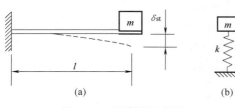

梁 的 长 度 $l=60\mathrm{mm}$，钢 的 弹 性 模 量 $E=200\mathrm{GPa}$，梁的自由端固定有一物块，其质量 $m=0.5\mathrm{kg}$，试求物块在垂直方向作自由振动的固有频率与固有周期。

图 4-32　悬臂梁示意图

18. 仪器中的某零件是一根具有集中质量的外伸梁，如图 4-32 所示。集中质量 $m=0.4\mathrm{kg}$，阻尼 $c=44\mathrm{N \cdot s/m}$，根据材料力学公式计算得到其固有频率 $\omega_0=88\mathrm{Hz}$，仪器的底座受到简谐激励，其频率 $\omega=100\mathrm{Hz}$，振幅 $z=0.2\mathrm{mm}$，试求该零件的振幅。

19. 产品质量 $m=10\mathrm{kg}$，所用缓冲衬垫的弹性模量 $E=800\mathrm{kPa}$，衬垫面积 $A=40000\mathrm{mm}^2$，衬垫厚度 h 分别取 11.0，21.6，52.8mm，试求这 3 种情况下衬垫的弹性系数及产品衬垫包装系统的固有频率。

20. 已知单自由度小阻尼系统在第三个峰值时间 $t_3=3.2\mathrm{s}$ 对应的振幅比第二个峰值时间 $t_2=3.1\mathrm{s}$ 对应的振幅小 20%，试求此系统的阻尼比和固有频率。

21. 精密仪器使用时，要避免地面振动的干扰，为了隔振，在精密仪器下用 8 根弹簧并联支撑在底座上，仪器质量 $m=800\mathrm{kg}$，地面振动规律 $y=\sin 10\pi t\ \mathrm{mm}$，允许振动的幅值为 0.1mm，求每根弹簧的刚度系数。

22. 已知某有阻尼系统的 m 和 k 及 c，已求得 $\zeta=0.1$，试问任意两相邻振幅之比为多少，振动频率为 1Hz，需进过多少时间就能使振幅衰减到开始时的 1%。

23. 已知如图 4-33 所示的无阻尼两自由度自由振动系统的 $m_1=m_2=m$，$k_1=2k$，$k_2=3k$，初始条件 $x_{10}=1$，$\dot{x}_{10}=0$，$x_{20}=\dot{x}_{20}=0$，试求此系统的振型及系统的响应。

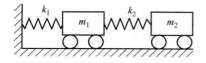

图 4-33　习题 23 示意图

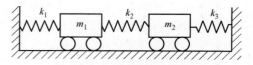

图 4-34　习题 24 示意图

24. 求图 4-34 所示振动系统的固有频率和振型。已知 $m_1=m_2=m$，$k_1=k_2=k_3=k$。

25. 求出如图 4-35 所示的振动系统的振动方程、质量矩阵、刚度矩阵及阻尼矩阵。

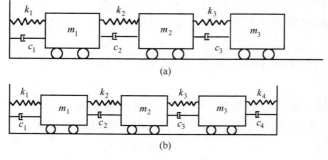

图 4-35　习题 25 示意图

第五章　包装件冲击中的力学问题

内 容 提 要

本章包括冲击和碰撞的概述、单自由度包装件跌落冲击、考虑易损零部件时产品包装跌落冲击、多自由度包装件跌落冲击四节内容。主要讲授冲击和碰撞的基本概念，单自由度、考虑易损零部件和多自由度包装件在跌落冲击过程中的运动规律、产品（或易损部件）的最大加速度及所受最大作用力。

基本要求、重点和难点

基本要求：熟悉包装件冲击和碰撞的一些基本概念，掌握单自由度包装件（包括有阻尼和无阻尼、缓冲材料呈线性和非线性特性）、考虑易损零部件时的包装件在跌落冲击过程中的运动规律、产品（或易损部件）的最大加速度及所受最大作用力的计算方法，了解多自由度包装件在跌落冲击过程中的运动规律、产品的最大加速度及所受最大作用力的计算方法。

重点：掌握单自由度包装件（包括有阻尼和无阻尼、缓冲材料呈线性和非线性特性）、考虑易损零部件的包装件在跌落冲击过程中的运动规律、产品（或易损部件）的最大加速度及所受最大作用力的计算方法。

难点：跌落冲击过程中单自由度包装件中产品最大加速度，以及多自由度包装件在跌落冲击过程中的运动规律、产品的最大加速度及所受最大作用力的计算方法。

第一节　概　　述

产品在运输装卸过程中，除了受到振动外，还会受到冲击和碰撞。什么叫冲击和碰撞？冲击是一种瞬态的非重复的能量激励，使系统的运动状态发生突然变化。冲击的能量激励可以以力、位移、速度或者加速度形式给出。冲击作用时间很短，一般为 $0.1\sim1.0ms$，比系统的固有周期 T 短得多。固有频率 f_0 的倒数就是固有周期 T，即 $T=1/f_0$。

碰撞与冲击一样，也是能量激励，与冲击不同的是，能量激励较弱且有多次重复性。碰撞的能量激励作用时间较长一些，一般为 $6\sim16ms$，有些为数十到数百毫秒，碰撞所引起系统运动变化的加速度比冲击所引起的加速度小。

产品在运输装卸过程中，受到的冲击和碰撞有：人工搬运装卸时产品的意外跌落与堆码时的抛丢引起的冲击与碰撞；吊车起吊产品从空中意外跌落或横向与其他物品的冲击与碰撞；叉车的粗野作业引起产品的冲击；不平稳的传送带在终点和中继点引起产品碰撞；产品多次翻滚时与地面或其他物体的碰撞等。这些都会使产品受到较大的冲击加速度，有时甚至高达数百个 g。

冲击是产品在运输过程中造成产品损坏的重要原因。产品在流通过程中所受到的物理损坏，多数是冲击所致，主要表现为：

① 由于受到很大的冲击作用力，当作用力超过强度极限时，产品的某一部分会发生塑性变形或脆性破坏；

② 产品结构的某一部分在冲击力作用下，会发生应力集中而破坏；

③ 包装容器或产品本身外壳受到冲击力作用而破坏；

④ 黏结的部件由于冲击造成脱落而损坏；

⑤ 产品上的可滑动部件，当冲击力很大时，导致起固定作用的临时设施失效而发生滑动，引起碰撞而损坏。

第二节　单自由度包装件跌落冲击

一、无阻尼包装件的跌落冲击

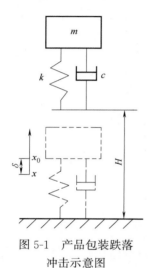

图 5-1　产品包装跌落
冲击示意图

如图 5-1 所示的包装件，从高度 H 跌落，若不考虑衬垫阻尼，其动力学方程为：

$$m\ddot{x}_0 = -kx_0 - mg \tag{5-1}$$

式中　x_0——产品包装跌落后，以衬垫尚未受压缩时为坐标零点的位移，m；

k——衬垫的刚度系数。

令　　　　　　　　$x = x_0 + \delta \tag{5-2}$

式中　δ——产品质量 mg 引起的衬垫静位移，即 $k\delta = mg$，m；

x——包装件落地后，以衬垫平衡位置为坐标零点的位移，m。

将式（5-2）代入式（5-1），得：

$$\ddot{x} + \omega_0^2 x = 0 \tag{5-3}$$

式中　ω_0——包装件的固有角频率，$\omega_0 = \sqrt{\dfrac{k}{m}}$。

1. 位移-时间关系

参照本书第四章第二节的内容，可知式（5-3）的通解为：

$$x = C\cos\omega_0 t + D\sin\omega_0 t \tag{5-4}$$

上式两边对时间 t 求导可得：$\dot{x} = -C\omega_0\sin\omega_0 t + D\omega_0\cos\omega_0 t$。

通常情况下，$\delta \ll H$，代入初始条件 $x(0) = 0$，$\dot{x}(0) = v_0 \approx -\sqrt{2gH}$，得：

$$C = 0, D = -\frac{\sqrt{2gH}}{\omega_0} = -\frac{\sqrt{2gH}}{\sqrt{k/m}} = -\sqrt{\frac{2gH}{g/\delta}} = -\sqrt{2\delta H} \tag{5-5}$$

将式（5-5）代入式（5-4），得产品跌落后受冲击时的运动规律为：

$$x = -\sqrt{2\delta H}\sin\omega_0 t = -x_m\sin\omega_0 t \tag{5-6}$$

式中　x_m——产品的位移幅值，即最大位移值，$x_m = \sqrt{2\delta H}$，单位为毫米（mm）。

2. 加速度-时间关系

由式（5-6）得产品跌落后受冲击时的速度、加速度规律分别为：

$$\dot{x}=-x_m\omega_0\cos\omega_0 t$$

$$\ddot{x}=x_m\omega_0^2\sin\omega_0^2 t=\ddot{x}_m\sin\omega_0 t \tag{5-7}$$

式中　$\ddot{x}_m$——产品的加速度幅值，即最大加速度，m/s^2。

$$\ddot{x}_m=x_m\omega_0^2=g\sqrt{\frac{2H}{\delta}}=g\sqrt{\frac{2Hk}{mg}}, \tag{5-8}$$

引入产品最大加速度的因数 G_{max}（为重力加速度的倍数，量纲为 1）：

$$G_{max}=\frac{\ddot{x}_m}{g}=\sqrt{\frac{2Hk}{mg}}=\sqrt{\frac{2H}{\delta}} \tag{5-9}$$

上式表明：跌落高度越高、衬垫刚度系数越大，则产品的冲击加速度越大，产品越容易损坏。

产品最大加速度的因数 G_{max} 与跌落高度 H 关系曲线（当静位移 $\delta=0.1mm$ 时）如图 5-2 所示：

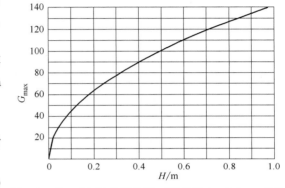

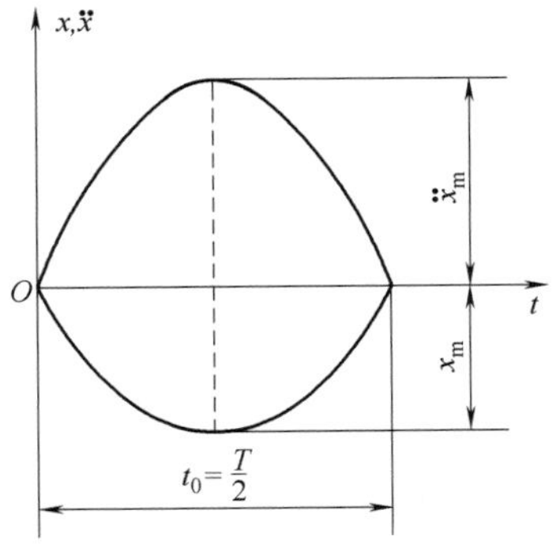

图 5-2　G_{max} 与 H 关系曲线（静位移 $\delta=0.1mm$ 时）

3. 冲击作用时间

当冲击过程结束时，$x=0$，令此时的时间 $t=t_0$，

即
$$\omega_0 t_0=\pi \tag{5-10}$$

所以，产品的持续冲击作用时间为 t_0：

$$t_0=\frac{\pi}{\omega_0}=\frac{T}{2} \tag{5-11}$$

式中　T——包装件的固有周期，s。

由式（5-6）、式（5-7），得到产品的位移-时间、加速度-时间曲线如图 5-3 所示：

图 5-3　产品的 $x-t$ 与 $\ddot{x}$-t 曲线

4. 作用力-时间关系

由式（5-2）、式（5-6）很容易得到衬垫的弹性力 F 为：

$$\begin{aligned}F&=-kx_0=-k(x-\delta)=k\sqrt{2\delta H}\sin\omega_0 t+mg\\&=\frac{mg}{\delta}\sqrt{2\delta H}\sin\omega_0 t+mg\\&=mg\left(\sqrt{\frac{2H}{\delta}}\sin\omega_0 t+1\right)=F_m\sin\omega_0 t\end{aligned} \tag{5-12}$$

式中　F_m——弹性力的幅值，即最大值，N。

因为通常情况下，$\delta\ll H$，从而$\sqrt{\frac{2H}{\delta}}\gg 1$，故 $F_m\approx mg\sqrt{\frac{2H}{\delta}}$。

最大弹性力因数（重力的倍数，量纲为 1）F_{max} 为：

$$F_{max}=\frac{F_m}{mg}=\sqrt{\frac{2H}{\delta}}=\sqrt{\frac{2Hk}{mg}} \tag{5-13}$$

上式表明：跌落高度越高，衬垫刚度系数越大，衬垫所具有的弹性力也越大。

【例 5-1】 某一包装件可近似为如图 5-1 所示的模型，其产品的质量为 12kg，缓冲衬垫为理想弹性体，刚度系数 $k=1.5\times10^5$ N/m。当包装件从 0.6m 的高度跌落时，若不考虑衬垫阻尼，试分别求出产品的最大位移和最大加速度。

解： 由式（5-6）得：

$$x_{\mathrm{m}}=\sqrt{2\delta H}=\sqrt{\frac{2mgH}{k}}=\sqrt{\frac{2\times12\times9.8\times0.6}{1.5\times10^5}}=0.0307(\mathrm{m})=30.7(\mathrm{mm})$$

由式（5-9）得：

$$G_{\mathrm{max}}=\sqrt{\frac{2Hk}{mg}}=\sqrt{\frac{2\times0.6\times1.5\times10^5}{12\times9.8}}=39.1$$

综合可得，此产品的最大位移和最大加速度分别为 30.7mm 和 39.1g。

【例 5-2】 某一包装件可近似为如图 5-1 所示的模型，其产品的质量为 20kg，缓冲衬垫为理想弹性体，刚度系数 $k=5.0\times10^5$ N/m。当包装件从 1.0m 的高度跌落时，若不考虑衬垫阻尼，试求出衬垫的最大弹性力。

解： 由式（5-13）得：

$$F_{\mathrm{m}}=F_{\mathrm{max}}\times mg=\sqrt{2Hkmg}=\sqrt{2\times1.0\times5.0\times10^5\times20\times9.8}=14000\,(\mathrm{N})=14\,(\mathrm{kN})$$

所以衬垫的最大弹性力：$F_{\mathrm{m}}=14$kN。

二、有阻尼包装件的跌落冲击

如图 5-1 所示产品的包装，从高度 H 跌落，若考虑衬垫的阻尼系数 c 的影响，则产品包装的动力学方程为：

$$m\ddot{x}_0=-kx_0-c\dot{x}-mg \tag{5-14}$$

将式（5-2）代入式（5-14），整理得：

$$m\ddot{x}=-kx-c\dot{x} \tag{5-15}$$

将式（5-15）移项后除以 m 得：

$$\ddot{x}+\frac{c}{m}\dot{x}+\frac{k}{m}x=0 \tag{5-16}$$

令

$$n=\frac{c}{2m},\ \omega_0=\sqrt{\frac{k}{m}} \tag{5-17}$$

式中　n——衬垫的与阻尼有关的系数；

ω_0——产品包装的固有角频率。

于是式（5-16）可变为如下形式：

$$\ddot{x}+2n\dot{x}+\omega_0^2x=0 \tag{5-18}$$

1. 位移-时间关系

当阻尼系数 c 小于临界阻尼系数 c_0，即 $c<2\sqrt{mk}$ 或 $n<\omega_0$ 时，此时为小阻尼情况，式（5-16）的通解为：

$$x=\mathrm{e}^{-nt}(B\cos\sqrt{\omega_0^2-n^2}\,t+D\sin\sqrt{\omega_0^2-n^2}\,t) \tag{5-19}$$

上式两边对时间 t 求导可得：

$$\dot{x}=-n\mathrm{e}^{-nt}(B\cos\sqrt{\omega_0^2-n^2}\,t+D\sin\sqrt{\omega_0^2-n^2}\,t)+$$
$$\mathrm{e}^{-nt}(-B\sqrt{\omega_0^2-n^2}\sin\sqrt{\omega_0^2-n^2}\,t+D\sqrt{\omega_0^2-n^2}\cos\sqrt{\omega_0^2-n^2}\,t) \tag{5-20}$$

代入初始条件 $x(0)=0$，$\dot{x}(0)=v_0 \approx -\sqrt{2gH}$，得：

$$B=0,\ D=\frac{v_0}{\sqrt{\omega_0^2-n^2}}=-\sqrt{\frac{2gH}{\omega_0^2-n^2}} \tag{5-21}$$

则方程的解为：

$$x=-\mathrm{e}^{-nt}\sqrt{\frac{2gH}{\omega_0^2-n^2}}\sin\sqrt{\omega_0^2-n^2}\,t \tag{5-22}$$

引入阻尼比 ζ：

$$\zeta=\frac{n}{\omega_0}=\frac{c}{2\sqrt{mk}} \tag{5-23}$$

则式（5-22）化为：

$$x=-\frac{1}{\omega_0}\sqrt{\frac{2gH}{1-\zeta^2}}\,\mathrm{e}^{-\omega_0\zeta t}\sin\sqrt{1-\zeta^2}\,\omega_0 t=-\frac{1}{\sqrt{k/m}}\sqrt{\frac{2gH}{1-\zeta^2}}\,\mathrm{e}^{-\omega_0\zeta t}\sin\sqrt{1-\zeta^2}\,\omega_0 t$$

$$=-\sqrt{\frac{2mgH}{k(1-\zeta^2)}}\,\mathrm{e}^{-\omega_0\zeta t}\sin\sqrt{1-\zeta^2}\,\omega_0 t \tag{5-24}$$

由式（5-24）得产品跌落后受冲击时的速度规律为：

$$\dot{x}=-\sqrt{\frac{2gH}{1-\zeta^2}}\,\mathrm{e}^{-\omega_0\zeta t}\left(\sqrt{1-\zeta^2}\cos\sqrt{1-\zeta^2}\,\omega_0 t-\zeta\sin\sqrt{1-\zeta^2}\,\omega_0 t\right) \tag{5-25}$$

当速度 $\dot{x}=0$ 时，位移 x 达到极大值 x_m，用 t_m 表示此瞬时，则有：

$$\tan\sqrt{1-\zeta^2}\,\omega_0 t_\mathrm{m}=\frac{\sin\sqrt{1-\zeta^2}\,\omega_0 t_\mathrm{m}}{\cos\sqrt{1-\zeta^2}\,\omega_0 t_\mathrm{m}}=\frac{\sqrt{1-\zeta^2}}{\zeta} \tag{5-26}$$

由：

$$\begin{cases}(\sin\sqrt{1-\zeta^2}\,\omega_0 t_\mathrm{m})^2+(\cos\sqrt{1-\zeta^2}\,\omega_0 t_\mathrm{m})^2=1\\[4pt](\sqrt{1-\zeta^2})^2+\zeta^2=1\end{cases} \tag{5-27}$$

不难得出：

$$\sin\sqrt{1-\zeta^2}\,\omega_0 t_\mathrm{m}=\sqrt{1-\zeta^2} \tag{5-28}$$

由式（5-26）得：

$$t_\mathrm{m}=\frac{\arctan\dfrac{\sqrt{1-\zeta^2}}{\zeta}}{\omega_0\sqrt{1-\zeta^2}} \tag{5-29}$$

结合式（5-24）、式（5-28）和式（5-29），可得位移最大值 $-x_\mathrm{m}$（x_m 表示产品的位移幅值）为：

$$-x_\mathrm{m}=-\sqrt{\frac{2gH}{\omega_0}}\,\mathrm{e}^{-\frac{\zeta}{\sqrt{1-\zeta^2}}\arctan\frac{\sqrt{1-\zeta^2}}{\zeta}}=-\sqrt{\frac{2mgH}{k}}\,\mathrm{e}^{-\frac{\zeta}{\sqrt{1-\zeta^2}}\arctan\frac{\sqrt{1-\zeta^2}}{\zeta}}=-\sqrt{2\delta H}\,\mathrm{e}^{-\frac{\zeta}{\sqrt{1-\zeta^2}}\arctan\frac{\sqrt{1-\zeta^2}}{\zeta}}$$

$$\tag{5-30}$$

从而：

$$x_\mathrm{m}=\sqrt{\frac{2mgH}{k}}\,\mathrm{e}^{-\frac{\zeta}{\sqrt{1-\zeta^2}}\arctan\frac{\sqrt{1-\zeta^2}}{\zeta}}=\sqrt{2\delta H}\,\mathrm{e}^{-\frac{\zeta}{\sqrt{1-\zeta^2}}\arctan\frac{\sqrt{1-\zeta^2}}{\zeta}} \tag{5-31}$$

2. 加速度-时间关系

由式（5-25）得产品跌落后受冲击时的加速度规律为：

$$\ddot{x} = \omega_0 \sqrt{\frac{2gH}{1-\zeta^2}} \, e^{-\omega_0 \zeta t} \left[2\zeta \sqrt{1-\zeta^2} \cos \sqrt{1-\zeta^2} \omega_0 t + (1-2\zeta^2) \sin \sqrt{1-\zeta^2} \omega_0 t \right] \quad (5\text{-}32)$$

$$= g \sqrt{\frac{2H}{\delta}} \frac{e^{-\omega_0 \zeta t}}{\sqrt{1-\zeta^2}} \left[\sin(\sqrt{1-\zeta^2} \omega_0 t + \alpha_1) \right]$$

式中 $\alpha_1 = \arctan \dfrac{2\zeta \sqrt{1-\zeta^2}}{1-2\zeta^2}$。 $\qquad\qquad (5\text{-}33)$

当 $\ddot{x}$ 达到极大值 $\ddot{x}_m$ 时，即 $\dddot{x}=0$，由式（5-32）得：

$$\dddot{x} = \omega_0^2 \sqrt{\frac{2gH}{1-\zeta^2}} \, e^{-\omega_0 \zeta t} \left[\zeta \sin(\sqrt{1-\zeta^2} \omega_0 t + \alpha_1) - \sqrt{1-\zeta^2} \cos(\sqrt{1-\zeta^2} \omega_0 t + \alpha_1) \right] \quad (5\text{-}34)$$

$$= \omega_0^2 \sqrt{\frac{2gH}{1-\zeta^2}} \, e^{-\omega_0 \zeta t} \sin(\sqrt{1-\zeta^2} \omega_0 t + \alpha_1 - \alpha_2)$$

式中 $\alpha_2 = \arctan \sqrt{\dfrac{1-\zeta^2}{\zeta}}$。 $\qquad\qquad (5\text{-}35)$

当 $\dddot{x}=0$ 时，$\ddot{x}$ 达到极大值 $\ddot{x}_m$，此瞬时有：

$$\sqrt{1-\zeta^2} \omega_0 t_m + \alpha_1 - \alpha_2 = 0$$

$$t_m = \frac{\alpha_2 - \alpha_1}{\omega_0 \sqrt{1-\zeta^2}} \qquad\qquad (5\text{-}36)$$

式中 t_m——加速度 $\ddot{x}$ 达到最大值 $\ddot{x}_m$ 所需的时间，s。

综合式（5-32）、式（5-33）、式（5-35）和式（5-36），可得：

$$\ddot{x}_m = g \sqrt{\frac{2H}{\delta}} \frac{e^{-\omega_0 \zeta t_m}}{\sqrt{1-\zeta^2}} \left[\sin(\sqrt{1-\zeta^2} \omega_0 t_m + \alpha_1) \right] = g \sqrt{\frac{2H}{\delta}} \frac{e^{-\frac{\zeta}{\sqrt{1-\zeta^2}}(\alpha_2-\alpha_1)}}{\sqrt{1-\zeta^2}} \sin \alpha_2 \quad (5\text{-}37)$$

$$= g \sqrt{\frac{2H}{\delta}} \, e^{-\frac{\zeta}{\sqrt{1-\zeta^2}}(\alpha_2-\alpha_1)} = g \sqrt{\frac{2H}{\delta}} \, e^{-\frac{\zeta}{\sqrt{1-\zeta^2}} \arctan \frac{(4\zeta^2-1)\sqrt{1-\zeta^2}}{\zeta(4\zeta^2-3)}}$$

产品最大加速度值因数 G_{max} 为：

$$G_{max} = \frac{\ddot{x}_m}{g} = \sqrt{\frac{2H}{\delta}} \, e^{-\frac{-\zeta}{\sqrt{1-\zeta^2}} \arctan \frac{(4\zeta^2-1)\sqrt{1-\zeta^2}}{\zeta(4\zeta^2-3)}} = \sqrt{\frac{2kH}{mg}} \, e^{-\frac{-\zeta}{\sqrt{1-\zeta^2}} \arctan \frac{(4\zeta^2-1)\sqrt{1-\zeta^2}}{\zeta(4\zeta^2-3)}} \quad (5\text{-}38)$$

上式表明：跌落高度越低，衬垫弹性越好，产品的最大加速度越小，但也与阻尼比的大小有关。

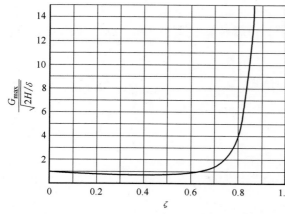

图 5-4　阻尼比 ζ 对产品最大加速度因数 G_{max} 的影响曲线

由式（5-38）可以得到阻尼比 ζ 对产品最大加速度因数 G_{max} 的影响（图5-4）。

左图表明，衬垫的阻尼对产品的加速度影响较大：当阻尼比 ζ 介于 0.2～0.4 时，产品最大加速度较小，介于 $0.76 \sim 0.81 \left(\sqrt{\dfrac{2H}{\delta}} g \right)$。所以在进行包装缓冲设计时，选择阻尼比 ζ 介于 0.2～0.4 的缓冲材料作为衬垫比较合理。

3. 冲击作用时间

当冲击过程结束时，位移 $x=0$，

令此时的时间 $t=t_0$，即：

$$\sqrt{1-\zeta^2}\,\omega_0 t_0 = \pi \tag{5-39}$$

所以，产品的持续冲击作用时间为：

$$t_0 = \frac{\pi}{\omega_0\sqrt{1-\zeta^2}} = \frac{T}{2\sqrt{1-\zeta^2}} \tag{5-40}$$

式中　T——产品包装衬垫的固有周期，s。

由图 5-5 可以看出，由于阻尼的存在，产品受到作用力最大的时刻并不是衬垫压缩到极限位置的时刻。

4. 作用力-时间关系

由式（5-2）、式（5-24），容易得到衬垫的弹性力 F 为：

$$
\begin{aligned}
F &= -kx_0 = -k(x-\delta) = -kx + k\delta \\
&= k\sqrt{\frac{2mgH}{k(1-\zeta^2)}}\,e^{-\omega_0\zeta t}\sin\sqrt{1-\zeta^2}\,\omega_0 t + mg \\
&= mg\left(\sqrt{\frac{2H}{\delta}}\,\frac{1}{\sqrt{1-\zeta^2}}\,e^{-\omega_0\zeta t}\sin\sqrt{1-\zeta^2}\,\omega_0 t + 1\right)
\end{aligned}
\tag{5-41}
$$

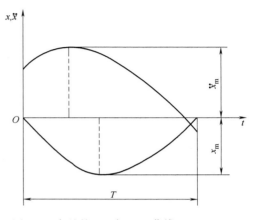

图 5-5　产品的 x-t 与 $\ddot{x}$-t 曲线（$\zeta=0.25$）

由式（5-31）容易得到衬垫弹性力的最大值 F_{m} 为：

$$F_{\mathrm{m}} = kx_{\mathrm{m}} + mg = k\sqrt{\frac{2mgH}{k}}\,e^{-\frac{\zeta}{\sqrt{1-\zeta^2}}\arctan\frac{\sqrt{1-\zeta^2}}{\zeta}} + mg = mg\left(\sqrt{\frac{2H}{\delta}}\,e^{-\frac{\zeta}{\sqrt{1-\zeta^2}}\arctan\frac{\sqrt{1-\zeta^2}}{\zeta}} + 1\right) \tag{5-42}$$

因为通常情况下，$\delta \ll H$，从而 $\sqrt{\dfrac{2H}{\delta}} \gg 1$，故弹性力的最大值 F_{m} 近似为：

$$F_{\mathrm{m}} \approx mg\sqrt{\frac{2H}{\delta}}\,e^{-\frac{\zeta}{\sqrt{1-\zeta^2}}\arctan\frac{\sqrt{1-\zeta^2}}{\zeta}} \tag{5-43}$$

衬垫最大弹性力的因数 $F_{\max}$ 为：

$$F_{\max} = \frac{F_{\mathrm{m}}}{mg} = \sqrt{\frac{2H}{\delta}}\,e^{-\frac{\zeta}{\sqrt{1-\zeta^2}}\arctan\frac{\sqrt{1-\zeta^2}}{\zeta}} = \sqrt{\frac{2kH}{mg}}\,e^{-\frac{\zeta}{\sqrt{1-\zeta^2}}\arctan\frac{\sqrt{1-\zeta^2}}{\zeta}} \tag{5-44}$$

【例 5-3】 某一包装件可近似为如图 5-1 所示的模型，其产品的质量为 20kg，缓冲衬垫的刚度系数 $k=2.5\times10^5\mathrm{N/m}$，阻尼系数 $c=1.2\times10^3\mathrm{N\cdot s/m}$。试分别求出产品的最大位移和最大加速度。

解：

$$\zeta = \frac{c}{2\sqrt{mk}} = \frac{1.2\times10^3}{2\sqrt{20\times2.5\times10^5}} = 0.27$$

由式（5-31）得：

$$x_{\mathrm{m}} = \sqrt{\frac{2mgH}{k}}\,e^{-\frac{\zeta}{\sqrt{1-\zeta^2}}\arctan\frac{\sqrt{1-\zeta^2}}{\zeta}} = 0.0246\,(\mathrm{m}) = 2.46\,(\mathrm{cm}) = 24.6(\mathrm{mm})$$

由式（5-38）得：

$$G_{\max} = \sqrt{\frac{2kH}{mg}}\,e^{-\frac{\zeta}{\sqrt{1-\zeta^2}}\arctan\frac{(4\zeta^3-1)\sqrt{1-\zeta^2}}{\zeta(4\zeta^2-3)}} = 35.3$$

综合可得，此产品的最大位移和最大加速度分别为 24.6mm 和 35.3g。

【例 5-4】　若上题中的产品质量减小为 5kg，试分别求出此时产品的最大位移和最大加速度。

解：
$$\zeta = \frac{c}{2\sqrt{mk}} = \frac{1.2 \times 10^3}{2\sqrt{5 \times 2.5 \times 10^5}} = 0.54$$

由式（5-31）得：

$$x_m = \sqrt{\frac{2mgH}{k}}\, e^{-\frac{\zeta}{\sqrt{1-\zeta^2}}\arctan\sqrt{\frac{1-\zeta^2}{\zeta}}} = 0.0093\,(m) = 0.93\,(cm) = 9.3(mm)$$

由式（5-38）得：

$$G_{max} = \sqrt{\frac{2kH}{mg}}\, e^{-\frac{\zeta}{\sqrt{1-\zeta^2}}\arctan\frac{(4\zeta^3-1)\sqrt{1-\zeta^2}}{\zeta(4\zeta^2-3)}} = 74.3$$

综合可得，此产品的最大位移和最大加速度分别为 9.3mm 和 74.3g。

分析：比较上题结果可以看出，由于阻尼的存在，当产品质量不同时，同一衬垫产生的效果完全不同；产品质量减小不一定使包装更加安全，有时反而会产品更容易破坏。所以，在设计有阻尼的缓冲衬垫时，阻尼比一定要控制在合适的范围内。

三、非线性特性包装件的跌落冲击

实验表明，包装用缓冲材料的弹性力与变形的关系均呈非线性特征。前面讨论的跌落冲击，假定了缓冲材料的弹性力与变形呈线性关系，即在跌落冲击的全过程中缓冲材料的弹性力与变形的关系均呈线性特征，刚度系数 k 为常数，这在跌落高度不大，冲击较小的情况下是符合实际情况的。

考虑缓冲材料的弹性力与变形呈非线性特性时，一般用能量法，该方法既简单又准确，在研究具有非线性特性的跌落冲击时极具实用价值。

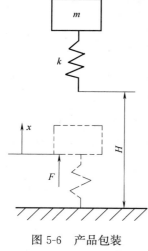

图 5-6　产品包装跌落冲击示意图

1. 运动方程及其解

如图 5-6 所示，设缓冲材料的弹性力与变形关系用一般的函数关系表示，即：

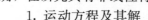
$$F = F(x) \tag{5-45}$$

以衬垫尚未受压缩时为位移坐标的零点，此时为时间坐标的原点，则初始时有：

$$x(0) = x_0 = 0, \quad \dot{x}(0) = \dot{x}_0 = \sqrt{2gH} \tag{5-46}$$

若不考虑阻尼因素，则图 5-6 所示的运动方程为：

$$m\ddot{x} = F - mg \tag{5-47}$$

根据机械能守恒定律，包装件动能的变化量等于外力所做的功，由此得：

$$\frac{1}{2}m\dot{x}_0^2 - \frac{1}{2}m\dot{x}^2 = mg(x_0 - x) - \int_0^x F(x)\mathrm{d}x \tag{5-48}$$

代入初始条件式（5-46）后得：

$$mgH - \frac{1}{2}m\dot{x}^2 = -mgx - \int_0^x F(x)\mathrm{d}x \tag{5-49}$$

整理后得：

$$\int_0^x F(x)\mathrm{d}x + mg(H+x) = \frac{1}{2}m\ddot{x}^2 \tag{5-50}$$

一般情况下，跌落高度 H 值要比缓冲材料变形 x 大得多，故式（5-50）近似表达为：

$$\int_0^x F(x)\mathrm{d}x + mgH = \frac{1}{2}m\ddot{x}^2 \tag{5-51}$$

显然，当衬垫压缩到极限，即 x 达到位移极值—x_m（x_m 表示位移最大值的绝对值）时，$\dot{x}=0$，故由式（5-51）得：

$$\int_0^{-x_\mathrm{m}} F(x)\mathrm{d}x = -mgH \tag{5-52}$$

用 F_m 表示此时衬垫的最大弹性力，由于 $F_\mathrm{m} \gg mg$，所以有：

$$m\ddot{x}_\mathrm{m} = F_\mathrm{m} \tag{5-53}$$

式中　$\ddot{x}_\mathrm{m}$——产品的加速度幅值，即最大加速度，$\mathrm{m/s}^2$。

由此得产品最大加速度的因数 G_max 和衬垫最大弹性力的因数 F_max：

$$G_\mathrm{max} = \frac{\ddot{x}_\mathrm{m}}{g} = \frac{F_\mathrm{m}}{mg} = F_\mathrm{max} \tag{5-54}$$

2. 非线性特性模型

包装缓冲衬垫的压力-变形曲线是一条通过实验获得的曲线，常见的有三次函数特性和正切特性。

（1）三次函数特性　对于三次函数特性的缓冲材料，弹性力 F 与变形 x 关系可表示为：

$$F(x) = -(k_0 x + r x^3) \tag{5-55}$$

其中 k_0 为缓冲材料的初始刚度系数；r 为弹性系数的增加率，其关系曲线如图 5-7 所示。

把式（5-55）代入式（5-52）得：

$$\int_0^{-x_\mathrm{m}} -(k_0 x + r x^3)\mathrm{d}x = -\left(\frac{k_0 x_\mathrm{m}^2}{2} + \frac{r x_\mathrm{m}^4}{4}\right)$$

$$= -\left(\frac{2k_0 x_\mathrm{m}^2 + r x_\mathrm{m}^4}{4}\right) = -mgH$$

即

$$\frac{2k_0 x_\mathrm{m}^2 + r x_\mathrm{m}^4}{4} = mgH \tag{5-56}$$

由式（5-56）得：

$$x_\mathrm{m} = \sqrt{\frac{-k_0 + \sqrt{k_0^2 + 4rmgH}}{r}} \tag{5-57}$$

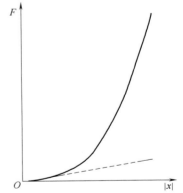

图 5-7　产品包装缓冲材料的三次函数特性曲线

把式（5-57）代入式（5-55），整理后得衬垫的最大弹性力 F_m：

$$F_\mathrm{m} = k_0 x_\mathrm{m} + r x_\mathrm{m}^3 = \sqrt{\frac{k_0^2 + 4rmgH}{r} \cdot \left(-k_0 + \sqrt{k_0^2 + 4rmgH}\right)} \tag{5-58}$$

由此得衬垫最大弹性力的因数 F_max 和产品最大加速度的因数 G_max：

$$F_\mathrm{max} = \frac{F_\mathrm{m}}{mg} = \frac{\sqrt{\dfrac{k_0^2 + 4rmgH}{r} \cdot \left(-k_0 + \sqrt{k_0^2 + 4rmgH}\right)}}{mg} = G_\mathrm{max} \tag{5-59}$$

【例 5-5】 某一产品质量为 12kg，从 0.6m 的高度跌落。采用的缓冲材料受力特性为 $F(x)=-(k_0 x+rx^3)$，其中 $k_0=1.5\times10^5\mathrm{N/m}$、$r=5.0\times10^5\mathrm{N/m^3}$。试求产品的最大位移和最大加速度。

解： 由式（5-52）得：

$$\int_0^{-x_m}-(1.5\times10^5 x+5.0\times10^5 x^3)\mathrm{d}x=-12\times9.8\times0.6$$

进一步整理得：

$$1.25\times10^5 x_m^4+7.5\times10^4 x_m^2-70.56=0$$
$$x_m=0.0306\mathrm{m}=3.06\mathrm{cm}$$

或由式（5-57）直接得：

$$x_m=\sqrt{\frac{-k_0+\sqrt{k_0^2+4rmgH}}{r}}=0.0306\mathrm{m}=3.06\mathrm{cm}$$

所以 $F_m=k_0 x_m+rx_m^3=1.5\times10^5\times3.06\times10^{-2}+5.0\times10^5\times(3.06\times10^{-2})^3=4604$（N）

由式（5-59）得：

$$G_{\max}=\frac{F_m}{mg}=\frac{4604}{12\times9.8}=39.1$$

综合可得，此产品的最大位移和最大加速度分别为 30.6mm 和 39.1g。

【例 5-6】 某一产品质量为 20kg，从 1.0m 的高度跌落。采用的缓冲材料受力特性为 $F(x)=-(k_0 x+rx^3)$，其中 $k_0=5.0\times10^5\mathrm{N/m}$、$r=6.0\times10^6\mathrm{N/m^3}$。试求产品的最大位移和最大加速度。

解： 由式（5-52）得：

$$\int_0^{-x_m}-(5.0\times10^5 x+6.0\times10^6 x^3)\mathrm{d}x=-20\times9.8\times1.0$$

进一步整理得：

$$1.5\times10^6 x_m^4+2.5\times10^5 x_m^2-196=0$$
$$x_m=0.0279\mathrm{m}=2.79\mathrm{cm}$$

或由式（5-57）直接得：

$$x_m=\sqrt{\frac{-k_0+\sqrt{k_0^2+4rmgH}}{r}}=0.0279\mathrm{m}=2.79\mathrm{cm}$$

所以 $F_m=k_0 x_m+rx_m^3=5.0\times10^5\times2.79\times10^{-2}+6.0\times10^6\times(2.79\times10^{-2})^3=14080$（N）

由式（5-59）得：

$$G_{\max}=\frac{F_m}{mg}=\frac{14080}{20\times9.8}=71.8$$

综合可得，此产品的最大位移和最大加速度分别为 27.9mm 和 71.8g。

（2）正切特性

对于正切特性的缓冲材料，弹性力 F 与变形 x 关系可表示为：

$$F=-\frac{2k_0 x_b}{\pi}\tan\frac{\pi x}{2x_b} \tag{5-60}$$

式中 k_0——缓冲材料的初始刚度系数；

x_b——压缩极限位移，m。

F-x 关系曲线如图 5-8 所示。

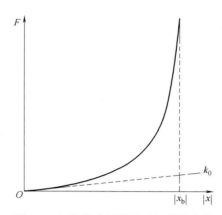

图 5-8　包装缓冲材料的正切特性曲线

把式（5-60）代入式（5-52）得：

$$\int_0^{-x_m} -\frac{2k_0 x_b}{\pi}\tan\frac{\pi x}{2x_b}\mathrm{d}x = \int_0^{-x_m} -\frac{4k_0 x_b^2}{\pi^2}\tan\frac{\pi x}{2x_b}\mathrm{d}\left(\frac{\pi x}{2x_b}\right)$$

$$= \frac{4k_0 x_b^2}{\pi^2}\int_0^{-x_m}\frac{1}{\cos\dfrac{\pi x}{2x_b}}\mathrm{d}\left(\cos\frac{\pi x}{2x_b}\right) = \frac{4k_0 x_b^2}{\pi^2}\left[\ln\left(\cos\frac{\pi x}{2x_b}\right)\right]\Big|_0^{-x_m} \tag{5-61}$$

$$= \frac{4k_0 x_b^2}{\pi^2}\ln\left[\cos\frac{\pi(-x_m)}{2x_b}\right] = -mgH$$

由式（5-61）得：

$$\cos\frac{\pi(-x_m)}{2x_b} = \mathrm{e}^{-\frac{mgH\pi^2}{4k_0 x_b^2}} \tag{5-62}$$

由式（5-62）得：

$$x_m = -\frac{2x_b}{\pi}\arctan\sqrt{\mathrm{e}^{\frac{\pi^2 Hmg}{2k_0 x_b^2}}-1} = \frac{2\,|x_b|}{\pi}\arctan\sqrt{\mathrm{e}^{\frac{\pi^2 Hmg}{2k_0 x_b^2}}-1} \tag{5-63}$$

把式（5-63）代入式（5-60），整理后得衬垫的最大弹性力 F_m：

$$F_m = -\frac{2k_0 x_b}{\pi}\tan\frac{\pi(-x_m)}{2x_b} = \frac{2k_0\,|x_b|}{\pi}\sqrt{\mathrm{e}^{\frac{\pi^2 Hmg}{2k_0 x_b^2}}-1} \tag{5-64}$$

由此得衬垫最大弹性力的无量纲值 F_{max} 和产品最大加速度的无量纲值 G_{max}：

$$F_{max} = \frac{F_m}{mg} = \frac{2k_0\,|x_b|}{\pi mg}\sqrt{\mathrm{e}^{\frac{\pi^2 Hmg}{2k_0 x_b^2}}-1} = G_{max} \tag{5-65}$$

【例 5-7】　产品的质量为 12kg，从 0.6m 的高度跌落。采用初始刚度系数 $k_0 = 1.5\times 10^5$ N/m、压缩极限位移 $x_b = -0.08$m 的正切非线性缓冲材料。试分别求出产品的最大位移和最大加速度。

解：由式（5-63）得：

$$x_m = \frac{2\,|x_b|}{\pi}\arctan\sqrt{\mathrm{e}^{\frac{\pi^2 Hmg}{2k_0 x_b^2}}-1} = \frac{2\times 0.08}{3.14}\arctan\sqrt{\mathrm{e}^{\frac{3.14^2\times 0.6\times 12\times 9.8}{2\times 1.5\times 10^5\times 0.08^2}}-1} = 0.0298(\mathrm{m}) = 29.8(\mathrm{mm})$$

由式（5-64）得：

$$F_m=\frac{2k_0\,|\,x_b|}{\pi}\sqrt{e^{\frac{\pi^2 Hmg}{2k_0 x_b^2}}-1}=\frac{2\times1.5\times10^5\times0.08}{3.14}\sqrt{e^{\frac{3.14^2\times0.6\times12\times9.8}{2\times1.5\times10^5\times0.08^2}}-1}=5051\text{（N）}$$

由式（5-65）得：

$$G_{max}=\frac{F_m}{mg}=\frac{5051}{12\times9.8}=43.0$$

综合可得，此产品的最大位移和最大加速度分别为 29.8mm 和 43.0g。

【例 5-8】 产品的质量为 20kg，从 1.0m 的高度跌落。采用初始刚度系数 $k_0=5.0\times10^5$N/m、压缩极限位移 $x_b=-0.06$m 的正切非线性缓冲材料。试分别求出产品的最大位移和最大加速度。

解：由式（5-63）得：

$$x_m=\frac{2\,|\,x_b|}{\pi}\arctan\sqrt{e^{\frac{\pi^2 Hmg}{2k_0 x_b^2}}-1}=\frac{2\times0.06}{3.14}\arctan\sqrt{e^{\frac{3.14^2\times1.0\times20\times9.8}{2\times5.0\times10^5\times0.06^2}}-1}$$

$$=0.0268\text{（m）}$$

$$=2.68\text{（cm）}$$

由式（5-64）得：

$$F_m=\frac{2k_0\,|\,x_b|}{\pi}\sqrt{e^{\frac{\pi^2 Hmg}{2k_0 x_b^2}}-1}=\frac{2\times5.0\times10^5\times0.06}{3.14}\sqrt{e^{\frac{3.14^2\times1.0\times20\times9.8}{2\times5.0\times10^5\times0.06^2}}-1}=16109\text{（N）}$$

由式（5-65）得：

$$G_{max}=\frac{F_m}{mg}=\frac{16109}{20\times9.8}=82.2$$

综合可得，此产品的最大位移和最大加速度分别为 26.8mm 和 82.2g。

比较【例 5-1】、【例 5-5】、【例 5-7】和【例 5-2】、【例 5-6】、【例 5-8】的结果可以发现，在产品质量不是很大、跌落高度不是很高的情况下，一般的缓冲材料都可以采用近似线性的简便计算方法来求解，误差不会很大。

四、冲击回弹特性

包装件跌落到地面，缓冲衬垫首先发生压缩变形，然后向原厚度反弹作恢复运动。由

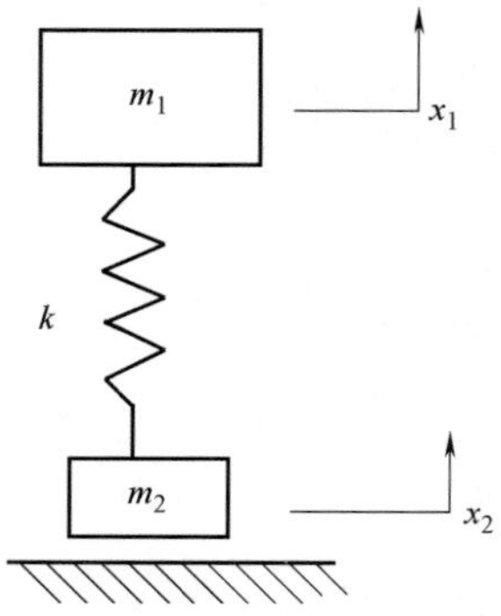

图 5-9　含外包装的
产品包装模型

于外包装与地面并非连接，所以有可能带动包装件向上运动，这就是回弹现象。

考虑到外包装箱有一定的质量 m_2，包装系统模型如图 5-9 所示。这样的系统，需用两阶段的方程来描述，即回弹前的运动和回弹后的运动。

1. 回弹前的运动

假定外包装箱完全刚性，包装系统的运动方程如下：

$$m_1\ddot{x}_1=-kx_1-m_1g \tag{5-66}$$

$$F_R+kx_1-m_2g=0 \tag{5-67}$$

式中　F_R——地面对质量块 m_2 的反作用力，N。

式（5-66）与式（5-1）类似，可以由式（5-7）得：

$$\ddot{x}_1 = g\sqrt{\frac{2H}{\delta}}\sin\omega_{01}t = \ddot{x}_{\mathrm{m}}\sin\omega_{01}t \tag{5-68}$$

式中　$\delta = \dfrac{m_1g}{k} = \dfrac{g}{\omega_{01}^2}$；

$$\ddot{x}_{\mathrm{m}} = x_{\mathrm{m}}\omega_{01}^2 = g\sqrt{\frac{2H}{\delta}}。$$

由式（5-9）得最大加速度因数 $G_{\max}$ 为：

$$G_{\max} = \frac{\ddot{x}_{\mathrm{m}}}{g} = \sqrt{\frac{2H}{\delta}} \tag{5-69}$$

式（5-68）表明，加速度按正弦规律变化，在时间 $t = \pi/2\omega_{01}$ 达到最大值，此时位移也达到最大值。时间 $t = \pi/\omega_{01}$，加速度和位移为 0。当时间 $t > \pi/\omega_{01}$，质量 m_2 回弹，式（5-66）不再适合。

把式（5-66）、式（5-68）代入式（5-67），得到地面对质量 m_2 的反力：

$$F_{\mathrm{R}} = m_1g + m_2g + m_1\ddot{x}_1 = m_1g + m_2g + m_1\ddot{x}_{\mathrm{m}}\sin\omega_{01}t \tag{5-70}$$

当 $F_{\mathrm{R}} \geqslant 0$ 时，m_2 仍和地面相连。

当 $F_{\mathrm{R}} = 0$，包装件开始离开地面或有离开地面的趋势。包装件回弹主要是由于缓冲垫被压缩积蓄的弹性势能的释放，当缓冲垫被压缩到最大时，产品向下的动能为零，即速度为零，所以，包装件若能产生回弹，则向上的速度要大于等于零，即包装件向上的加速度大于等于零，即推动 m_1 向上的最大的力 m_1x_{ml} 必须大于装件重 $(m_1 + m_2)g$。所以，回弹应满足的条件为：

$$m_1x_{\mathrm{ml}} \geqslant (m_1 + m_2)g \tag{5-71}$$

将式（5-69）代入式（5-71），得：

$$m_1gG_{\max} \geqslant m_1g + m_2g \tag{5-72}$$

移项整理后即可得到回弹发生的必要条件为：

$$G_{\max} \geqslant \frac{m_1 + m_2}{m_1} \tag{5-73}$$

实际上，因为阻尼及永久变形的存在要消耗能量，因而 m_1 的实际最大加速度因数 $G_{\max}$ 小于无阻尼完全弹性时算出的理论值，也就是说，$G_{\max}$ 要比 $\dfrac{m_1 + m_2}{m_1}$ 大得多时才会真正发生回弹现象。

2. 回弹后的运动

当回弹发生后，系统的运动微分方程变为：

$$\begin{cases} m_1\ddot{x}_1 = -k(x_1 - x_2) - m_1g \\ m_2\ddot{x}_2 = -k(x_1 - x_2) - m_2g \end{cases} \tag{5-74}$$

上式的第一式乘以 m_2，减去第二式乘以 m_1，移项后整理得：

$$m_1m_2(\ddot{x}_1 - \ddot{x}_2) + (m_1 + m_2)k(x_1 - x_2) = 0 \tag{5-75}$$

设 $y = x_1 - x_2$，$m = \dfrac{m_1m_2}{m_1 + m_2}$，式（5-75）变为：

$$m\ddot{y} + ky = 0 \tag{5-76}$$

显然，y 是产品与外包装箱的相对位移，m 为等效质量。设回弹开始瞬时（即外包装箱刚离开地面）的时间为 t_r，则有：

$$y(t_r)=x_1(t_r)=\frac{m_2 g}{k} \tag{5-77}$$

系统的重力势能 P 为：

$$P=m_1 g\left(H-\frac{m_2 g}{k}\right)+m_2 gh \tag{5-78}$$

缓冲衬垫的弹性势能 Q 为：

$$Q=\frac{1}{2}k\left(\frac{m_2 g}{k}\right)^2 \tag{5-79}$$

此时，系统的动能 T 为：

$$T=\frac{1}{2}m_1(\dot{x}_1)^2 \tag{5-80}$$

由能量守恒原理

$$P=Q+T \tag{5-81}$$

由式（5-81）解得：

$$\dot{x}_1(t_r)=-\sqrt{2gH\frac{W_1+W_2}{W_1}-\frac{gW_2(2W_1+W_2)}{W_1 k_1}} \tag{5-82}$$

式中　$W_1=m_1 g$；
　　　$W_2=m_2 g$。

$$\dot{y}(t_r)=\dot{x}_1(t_r)=-\sqrt{2gH\frac{W_1+W_2}{W}-\frac{gW_2(2W_1+W_2)}{W_1 k_1}} \tag{5-83}$$

式（5-76）的解为：

$$y=A\sin(\omega_0 t-\varphi) \tag{5-84}$$

式中　$\omega_0=\sqrt{\dfrac{k}{m}}$。

把式（5-77）、式（5-83）代入式（5-84）得：

$$A=\frac{1}{\omega_0}\sqrt{2gH-\frac{W_2 g}{k}}\ ,\ \varphi=\omega_0 t_r-\arctan\frac{\omega_0 y(t_r)}{\dot{y}_1(t_r)} \tag{5-85}$$

把 $y=x_1-x_2$ 代入式（5-74）的第一式得：

$$\ddot{x}_1=-\left[g+\frac{\omega_{01}^2}{\omega_0}\sqrt{2gH-\frac{W_2 g}{k}}\sin(\omega_0 t-\varphi)\right] \tag{5-86}$$

式中　$\omega_{01}=\sqrt{\dfrac{k}{m_1}}$。

设回弹后产品的最大加速度因数为 G_r，有：

$$G_r=\frac{|\ddot{x}_1|}{g}=1+\frac{\omega_{01}^2}{\omega_0 g}\sqrt{2gH-\frac{W_2 g}{k}} \tag{5-87}$$

$$\frac{G_r}{G_{\max}}=\sqrt{\frac{W_2}{W_1+W_2}}\sqrt{1-\frac{W_2}{2kH}} \tag{5-88}$$

上式表明，回弹后的产品加速度 G_r 总比回弹前 $G_{\max}$ 小，即发生回弹时对产品的影响总小于冲击时对产品的影响，因此在一般情况下可不考虑该阶段的回弹影响。

第三节　考虑易损零部件时产品包装跌落冲击

一、考虑易损零部件时产品包装跌落冲击的动力学模型

跌落冲击的动力学模型如图 5-10 所示。

包装件的跌落高度为 H。一般设 m_2 为易损零件的质量，m_1 为产品主体质量，通常 $m_1 \gg m_2$，设并且考虑缓冲材料特性为线弹性，刚度系数为 k_1 和 k_2。对于这样的系统，可近似处理为：先考虑 m_2 为 0 时的单自由度系统，然后把 m_1 的运动当作对 m_2 的激励，即可求出 m_2 的运动。但如果是 m_1 和 m_2 大小相当或是 $m_1 \leqslant m_2$ 的系统，用此方法会出现较大的误差，需用其他方法求解。

当系统为无阻尼的动力学系统时（图 5-10），由式（5-7）得：

$$\ddot{x}_1 = \omega_{01}\sqrt{2gH}\,\sin\omega_{01}t, \quad 0 \leqslant t \leqslant \frac{\pi}{\omega_{01}} \tag{5-89}$$

式中　$\omega_{01} = \sqrt{\dfrac{k_1}{m_1}}$。

经过半个周期后 m_1 将会反弹，所以式（5-89）写成半波的形式。

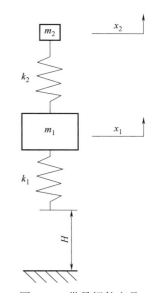

图 5-10　带易损件产品
包装冲击跌落模型

二、运动方程及求解

m_2 的运动方程为：

$$m_2\ddot{x}_2 = -k_2(x_2 - x_1) \tag{5-90}$$

设 $x = x_2 - x_1$ 为 m_1、m_2 之间的相对位移，则式（5-90）变形为：

$$m_2\ddot{x} + k_2 x = -m_2\ddot{x}_1 \tag{5-91}$$

上式的初始条件为：

$$x(0) = \dot{x}(0) = 0 \tag{5-92}$$

则式（5-91）的解为：

$$x = \frac{\omega_{01}\sqrt{2gH}}{\omega_{01}^2 - \omega_{02}^2}\left[\frac{\omega_{01}}{\omega_{02}}\sin\omega_{02}t - \sin\omega_{01}t\right] \qquad 0 \leqslant t \leqslant \frac{\pi}{\omega_{01}} \tag{5-93}$$

式中　$\omega_{02} = \sqrt{\dfrac{k_2}{m_2}}$。

对式（5-93）求导得：

$$\dot{x} = \frac{\omega_{01}^2\sqrt{2gH}}{\omega_{01}^2 - \omega_{02}^2}\left[\cos\omega_{02}t - \cos\omega_{01}t\right] \tag{5-94}$$

欲求式（5-93）的极值，应使式（5-94）等于 0，即：

$$\cos\omega_{02}t - \cos\omega_{01}t = -2\sin\frac{(\omega_{02}+\omega_{01})t}{2}\sin\frac{(\omega_{02}-\omega_{01})t}{2} = 0 \tag{5-95}$$

由式（5-95）解得：

$$t=\frac{2n\pi}{\omega_{02}+\omega_{01}}\text{或}\ t=\frac{2n\pi}{\omega_{02}-\omega_{01}} \tag{5-96}$$

式中　　$n=1，2，3\cdots$

把式（5-96）代入式（5-93）得：

$$x_{\mathrm{m}}=\frac{\sqrt{2gH}}{\omega_{02}\left(\dfrac{\omega_{02}}{\omega_{01}}-1\right)}\sin\frac{2n\pi}{\dfrac{\omega_{02}}{\omega_{01}}\pm1}，0\leqslant t\leqslant\frac{\pi}{\omega_{01}} \tag{5-97}$$

上式中 n 的选择，要求使正弦函数 $\sin\dfrac{2n\pi}{\dfrac{\omega_{02}}{\omega_{01}}\pm1}$ 取得最大值，但角度 $\dfrac{2n\pi}{\dfrac{\omega_{02}}{\omega_{01}}\pm1}$ 仍小于 π。

根据第四章中"单自由度线性系统强迫振动"相关知识，在经过一段很长时间后，$\ddot{x}_1=\ddot{x}_2$，即 $\ddot{x}=0$。令经过一段很长时间后，在 $\ddot{x}_1$ 达到极值 $\ddot{x}_{1\mathrm{m}}=-\omega_{01}\sqrt{2gH}$ 时的相对位移 x 为"静态响应" x_{st}，由式（5-91）得：

$$x_{\mathrm{st}}=-\frac{m_2}{k_2}\ddot{x}_{1\mathrm{m}}=\frac{\omega_{01}}{\omega_{02}^2}\sqrt{2gH} \tag{5-98}$$

由式（5-97）和式（5-98）可得相对位移 x 的放大系数 η 为：

$$\eta=\frac{x_{\max}}{x_{\mathrm{st}}}=\frac{\Omega}{\Omega-1}\sin\frac{2n\pi}{\Omega\pm1}，0\leqslant t\leqslant\frac{\pi}{\omega_{01}} \tag{5-99}$$

式中　　Ω——固有频率比，$\Omega=\omega_{02}/\omega_{01}$。

由上式可知，η 仅取决于固有频率之比 Ω。

三、作用力与加速度

由式（5-97）得易损部件受到的最大弹性力为：

$$F_{\mathrm{m}}=k_2x_{\mathrm{m}}=k_2\frac{\sqrt{2gH}}{\omega_{02}(\Omega-1)}\sin\frac{2n\pi}{\Omega\pm1}=\frac{\sqrt{2k_2m_2gH}}{\Omega-1}\sin\frac{2n\pi}{\Omega\pm1}=\frac{m_2g}{\Omega-1}\sqrt{\frac{2k_2H}{m_2g}}\sin\frac{2n\pi}{\Omega\pm1} \tag{5-100}$$

由此可得易损部件受到的最大弹性力因数 $F_{\max}$ 和最大加速度因数 $G_{\max}$ 分别为：

$$F_{\max}=\frac{F_{\mathrm{m}}}{m_2g}=\frac{1}{\Omega-1}\sqrt{\frac{2k_2H}{m_2g}}\sin\frac{2n\pi}{\Omega\pm1}=G_{\max} \tag{5-101}$$

【例 5-9】　某一包装件可近似为如图 5-10 所示的模型，其主体部分与易损部件的质量分别为 20kg 和 0.2kg，缓冲衬垫和易损部件连接部分的刚度系数均为 $k=4.0\times10^5\mathrm{N/m}$。当包装件从 1.0m 的高度跌落时，试求易损部件的最大加速度。

解：$\Omega=\dfrac{\omega_{02}}{\omega_{01}}=\dfrac{\sqrt{k/m_2}}{\sqrt{k/m_1}}=\sqrt{\dfrac{m_1}{m_2}}=\sqrt{\dfrac{20}{0.2}}=10$

为了使正弦函数 $\sin\dfrac{2n\pi}{\dfrac{\omega_{02}}{\omega_{01}}}$ 取得最大值，即 $\sin\dfrac{2n\pi}{\Omega\pm1}$ 取得最大值。经计算可得，当 $n=3$ 时，$\sin\dfrac{2n\pi}{\Omega+1}$ 取得最大值。

由式（5-101）可得：

$$G_{\max}=\frac{1}{\Omega-1}\sqrt{\frac{2k_2H}{m_2g}}\sin\frac{2n\pi}{\Omega+1}=70.3$$

所以易损部件的最大加速度为 $70.3g$。

【例 5-10】　某一包装件可近似为如图 5-10 所示的模型，其主体部分与易损部件的质量分别为 20kg 和 0.2kg，缓冲衬垫和易损部件连接部分的刚度系数均为 $k_1 = 4.0 \times 10^5 \mathrm{N/m}$、$k_2 = 1.0 \times 10^5 \mathrm{N/m}$。当包装件从 1.0m 的高度跌落时，试求易损部件的最大加速度。

解： $\Omega = \dfrac{\omega_{02}}{\omega_{01}} = \dfrac{\sqrt{k_2/m_2}}{\sqrt{k_1/m_1}} = \sqrt{\dfrac{m_1 k_2}{m_2 k_1}} = 5$

经计算可得，当 $n = 1$ 时，$\sin \dfrac{2n\pi}{\Omega - 1}$ 取得最大值。

由式（5-101）可得：

$$G_{\max} = \frac{1}{\Omega - 1} \sqrt{\frac{2k_2 H}{m_2 g}} \sin \frac{2n\pi}{\Omega - 1} = 79.8$$

所以易损部件的最大加速度为 $79.8g$。

【例 5-11】　某一包装件可近似为如图 5-10 所示的模型，其主体部分与易损部件的质量分别为 20kg 和 0.2kg，缓冲衬垫和易损部件连接部分的刚度系数均为 $k_1 = 1.0 \times 10^5 \mathrm{N/m}$、$k_2 = 4.0 \times 10^5 \mathrm{N/m}$。当包装件从 1.0m 的高度跌落时，试求易损部件的最大加速度。

解： $\Omega = \dfrac{\omega_{02}}{\omega_{01}} = \dfrac{\sqrt{k_2/m_2}}{\sqrt{k_1/m_1}} = \sqrt{\dfrac{m_1 k_2}{m_2 k_1}} = 20$

经计算可得，当 $n = 6$ 时，$\sin \dfrac{2n\pi}{\Omega + 1}$ 取得最大值。

由式（5-101）可得：

$$G_{\max} = \frac{1}{\Omega - 1} \sqrt{\frac{2k_2 H}{m_2 g}} \sin \frac{2n\pi}{\Omega + 1} = 32.8$$

所以易损部件的最大加速度为 $32.8g$。

第四节　多自由度包装件跌落冲击

一、刚体产品包装的冲击

刚体产品包装件的外包装箱突然产生速度变化时，内装物品会在外包装箱内产生振动。所以，我们需要研究外包装箱内物品的缓冲问题。物品的运动速度变化可分两种情况，一是平动速度的变化，二是转动速度的变化。下面分别简述这两种情况。

1. 包装件平动速度冲击

商品包装模型如图 5-11 所示。对称面是 xoz、yoz 平面，外包装箱与前端的物体（例如运输车辆的侧壁）以速度 v_0 作刚性碰撞时，记为 0 时刻。由此，刚体包装系统的初始条件为：

$$\begin{cases} \dot{x}_c(0) = v_0 \\ x_c(0) = y_c(0) = z_c(0) = \theta_1(0) = \theta_2(0) = \theta_3(0) = 0 \\ \dot{y}_c(0) = \dot{z}_c(0) = \dot{\theta}_1(0) = \dot{\theta}_2(0) = \dot{\theta}_3(0) = 0 \end{cases} \tag{5-102}$$

111

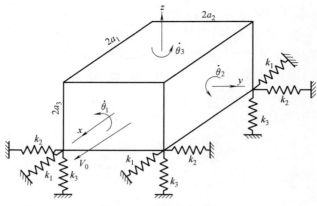

图 5-11　平动速度冲击

利用上章的结论，x 方向的平动与绕 y 轴的转动是耦合在一起的，此包装系统的运动微分方程为：

$$\begin{cases} m\ddot{x}_c + 4k_1(x_c - a_3\theta_2) = 0 \\ J_y\ddot{\theta}_2 + 4(k_1a_3^2 + k_3a_1^2)\theta_2 - 4k_1a_3x_c = 0 \end{cases} \tag{5-103}$$

解得：

$$\begin{cases} x_c = -\dfrac{v_0r_2}{\omega_1(r_1-r_2)}\sin\omega_1 t + \dfrac{v_0r_1}{\omega_2(r_1-r_2)}\sin\omega_2 t \\ \theta_2 = -\dfrac{v_0r_1r_2}{\omega_1(r_1-r_2)}\sin\omega_1 t + \dfrac{v_0r_1r_2}{\omega_2(r_1-r_2)}\sin\omega_2 t \end{cases} \tag{5-104}$$

对式（5-104）求两次导数，可得：

$$\begin{cases} \ddot{x}_c = \dfrac{v_0r_1\omega_1}{r_1-r_2}\sin\omega_1 t - \dfrac{v_0r_2\omega_2}{r_1-r_2}\sin\omega_2 t \\ \ddot{\theta}_2 = \dfrac{v_0r_1r_2\omega_1}{(r_1-r_2)}\sin\omega_1 t - \dfrac{v_0r_1r_2\omega_2}{r_1-r_2}\sin\omega_2 t \end{cases} \tag{5-105}$$

其中：

$$\begin{cases} r_1 = \dfrac{4k_1 - m\omega_1^2}{4k_1a_3} \\ r_2 = \dfrac{4k_1 - m\omega_2^2}{4k_1a_3} \end{cases} \tag{5-106}$$

根据式（5-105）、式（5-106），可求得系统位移、加速度响应的最大值 x_{cm}、θ_{2m}、$\ddot{x}_{cm}$、$\ddot{\theta}_{2m}$。

2. 转动速度冲击

在搬运包装箱时，可能只抬起一端，而另一端仍然在地面上。这时，由于意外的或人为的原因，抬起的一端又跌落下去，因此产生转动速度冲击 $\dot{\theta}_1(0) = \alpha_0$，如图 5-12 所示的系统模型中仍以 xoz、yoz 平

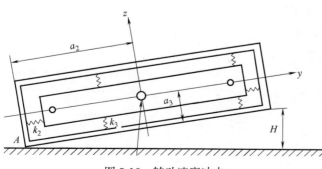

图 5-12　转动速度冲击

面为对称面。

转动系统的初始条件为：

$$\begin{cases} \dot{y}_c(0)=-a_3\alpha_0,\dot{z}_c(0)=a_2\alpha_0,\dot{\theta}_1(0)=\alpha_0 \\ x_c(0)=y_c(0)=z_c(0)=\theta_1(0)=\theta_2(0)=\theta_3(0)=0 \end{cases} \tag{5-107}$$

运用第四章的刚体振动知识，对于对称面为 xoz、yoz 平面的系统而言，y 方向的平动与绕 x 轴方向的转动相互耦合，z 方向的运动独立，所以在式（5-107）为初始条件下的自由振动微分方程组为：

$$\begin{cases} m\ddot{y}_c+4k_2(y_c+a_3\theta_1)=0 \\ J_x\ddot{\theta}_1+4(k_2a_3^2+k_3a_2^2)\theta_1+4k_2a_3y_c=0 \\ m\ddot{z}_c+4k_3z_c=0 \end{cases} \tag{5-108}$$

解得：

$$\begin{cases} y_c=\dfrac{\alpha_0(a_3r_2+1)}{\omega_1(r_1-r_2)}\sin\omega_1t-\dfrac{\alpha_0(a_3r_1+1)}{\omega_2(r_1-r_2)}\sin\omega_2t \\[2mm] \theta_1=\dfrac{\alpha_0(a_3r_2+1)r_1}{\omega_1(r_1-r_2)}\sin\omega_1t-\dfrac{\alpha_0(a_3r_1+1)r_2}{\omega_2(r_1-r_2)}\sin\omega_2t \\[2mm] z_c=\dfrac{a_2\alpha_0}{2\omega_3}\sin2\omega_3t \end{cases} \tag{5-109}$$

对式（5-109）求两次导数，可得：

$$\begin{cases} \ddot{y}_c=-\dfrac{\alpha_0(a_3r_2+1)\omega_1}{(r_1-r_2)}\sin\omega_1t+\dfrac{\alpha_0(a_3r_1+1)\omega_2}{(r_1-r_2)}\sin\omega_2t \\[2mm] \ddot{\theta}_1=-\dfrac{\alpha_0(a_3r_2+1)r_1\omega_1}{(r_1-r_2)}\sin\omega_1t+\dfrac{\alpha_0(a_3r_1+1)r_2\omega_2}{(r_1-r_2)}\sin\omega_2t \\[2mm] \ddot{z}_c=-2a_2\alpha_0\omega_3\sin2\omega_3t \end{cases} \tag{5-110}$$

其中：

$$\begin{cases} r_1=\dfrac{4k_2-m\omega_1^2}{4k_2a_3} \\[3mm] r_2=\dfrac{4k_2-m\omega_2^2}{4k_2a_3} \\[3mm] \alpha_0=-\sqrt{\dfrac{2mg\left\{\dfrac{H}{2}+\left[\sqrt{1-\left(\dfrac{H}{2a_2}\right)^2}-1\right]a_3\right\}}{J_A}} \end{cases} \tag{5-111}$$

根据式（5-109）、式（5-110），可求得系统位移、加速度响应的最大值 y_{cm}、θ_{1m}、z_{cm}、$\ddot{y}_{cm}$、$\ddot{\theta}_{1m}$、$\ddot{z}_{cm}$。

二、刚体-弹性体产品包装的冲击

1. 力学模型

产品的弹性零部件为杆状构件时，可以简化为图 5-13 所示的包装模型。整个包装物在基础受到半正弦波加速度激励，通过缓冲包装材料传给物体。这样杆将作纵向振动。这种振动将对 m_1 产生影响。设杆的长度为 l、横截面积为 A、弹性模量为 E、密度为 ρ、缓冲衬垫的刚度系数为 k_1，整个系统从高度为 H 的

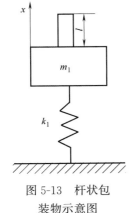

图 5-13　杆状包
装物示意图

地方跌落到地面。设杆的质量远小于 m_1。m_1 在碰撞过程中的运动是半正弦波，其频率为：

$$\omega_{01}=\sqrt{\frac{k_1}{m_1}} \tag{5-112}$$

2. 运动方程

对杆单独进行受力分析，如图 5-14 所示：

取杆的微段 $\mathrm{d}x$，如图 5-14（b）所示，微段质量 $\mathrm{d}m=\rho A\mathrm{d}x$，左右两边的位移分别为 u 和 $u+\dfrac{\partial u}{\partial x}\mathrm{d}x$，所以微段的应变为：

$$\varepsilon=\frac{\partial u}{\partial x} \tag{5-113}$$

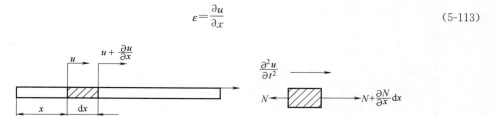

(a) 杆的受力   (b) 微元的受力

图 5-14　杆的受力及微元的受力

两截面上的轴向力分别为 N 和 $N+\dfrac{\partial N}{\partial x}\mathrm{d}x$，具体表示为：

$$N=EA\varepsilon=EA\frac{\partial u}{\partial x} \tag{5-114}$$

由牛顿定律，得运动微分方程：

$$\mathrm{d}m\frac{\partial^2 u}{\partial t^2}=\frac{\partial N}{\partial x}\mathrm{d}x \tag{5-115}$$

将式（5-114）和 $\mathrm{d}m$ 的表达式代入上式得：

$$\rho\frac{\partial^2 u}{\partial t^2}=E\frac{\partial^2 u}{\partial x^2} \tag{5-116}$$

令 $a=\sqrt{\dfrac{E}{\rho}}$，a 为杆的纵向传播速度，进一步简化运动方程为：

$$\frac{\partial^2 u}{\partial t^2}=a^2\frac{\partial^2 u}{\partial x^2} \tag{5-117}$$

解得：

$$u(x,t)=\left(C_1\sin\frac{\omega}{a}x+C_2\cos\frac{\omega}{a}x\right)\sin(\omega t+\varphi) \tag{5-118}$$

其中，C_1、C_2、ω、φ 为 4 个待定常数，由两端点的边界条件和振动的两个初始条件来决定。

取系统与地面接触的瞬间为 0 时刻，由前面的内容知，当 $t=\dfrac{\pi}{\omega_{01}}$ 时，系统开始离开地面。下面分别处理系统与地面接触过程（$0\leqslant t\leqslant\pi/\omega_{01}$）的运动及回弹后（$t\geqslant\pi/\omega_{01}$）的运动。

① 碰撞过程（$0\leqslant t\leqslant\pi/\omega_{01}$）　在碰撞过程中，系统的初始条件和边界条件分别为：

$$\begin{cases} u \mid_{t=0} = 0 \\ \dfrac{\partial u}{\partial t} \bigg|_{t=0} = -v \end{cases} \tag{5-119}$$

$$\begin{cases} u \mid_{x=0} = -\dfrac{v}{\omega_{01}} \sin\omega_{01} t \\ \dfrac{\partial u}{\partial t} \bigg|_{x=l} = 0 \end{cases} \tag{5-120}$$

设式（5-117）的解为：

$$u(x, t) = u_1 + u_2 \tag{5-121}$$

式中　u_1——端点受正弦半波激励的稳态解；

　　　u_2——速度激发的自由振动。

分别求解 u_1 和 u_2 可得：

$$u_1 = -\frac{v}{\omega_{01}} \frac{\cos\left[\dfrac{\omega_{01}}{a}(l-x)\right]}{\cos\dfrac{\omega_{01} l}{a}} \sin\omega_{01} t \tag{5-122}$$

$$u_2 = \sum_{1,3,5,\cdots}^{\infty} \frac{8vl}{a\pi^2} \frac{\sin\dfrac{k\pi x}{2l} \sin\dfrac{k\pi at}{2l}}{k^2\left[\left(\dfrac{k\pi a}{2\omega_{01} l}\right)^2 - 1\right]} \tag{5-123}$$

将式（5-122）和式（5-123）代入式（5-121）可得：

$$u(x, t) = -\frac{v}{\omega_{01}} \frac{\cos\left[\dfrac{\omega_{01}}{a}(l-x)\right]}{\cos\dfrac{\omega_{01} l}{a}} \sin\omega_{01} t + \sum_{1,3,5,\cdots}^{\infty} \frac{8vl}{a\pi^2} \frac{\sin\dfrac{k\pi x}{2l} \sin\dfrac{k\pi at}{2l}}{k^2\left[\left(\dfrac{k\pi a}{2\omega_{01} l}\right)^2 - 1\right]} \tag{5-124}$$

令 $\omega_1 = \pi a/2l$，并对式（5-124）求 x 的偏导数，得到杆件端部的瞬态应变：

$$\varepsilon = \frac{\partial u}{\partial x}\bigg|_{x=0} = -\frac{v}{a} \tan\frac{\omega_{01} l}{a} \sin\omega_{01} t + \frac{v}{a} \frac{4}{\pi} \sum_{k=1,3,5,\cdots}^{\infty} \frac{\sin\dfrac{k\pi at}{2l}}{k\left[\left(\dfrac{k\pi a}{2\omega_{01} l}\right)^2 - 1\right]}$$

$$= \frac{v}{a} \left\{ \frac{4}{\pi} \sum_{k=1,3,5,\cdots}^{\infty} \frac{\sin k\omega_1 t}{k\left[\left(\dfrac{k\omega_1}{\omega_{01}}\right)^2 - 1\right]} - \tan\frac{\pi/2}{\omega_1/\omega_{01}} \sin\omega_{01} t \right\} \tag{5-125}$$

而杆件与 m_1 接触时的应变为：

$$\varepsilon_0 = \frac{v\omega_{01}\rho l}{E} \tag{5-126}$$

定义 $\beta = \varepsilon_m/\varepsilon_0$ 为应变放大因子，并且定义 $\eta = \omega_1/\omega_{01}$ 为频率比，表示杆件纵向振动半基频与物体固有频率之比，则可求出应变放大因子的表达式为：

$$\beta = \frac{2E\eta}{a^2\pi\rho} \left[-\tan\frac{\pi/2}{\eta} \sin\omega_{01} t + \frac{4}{\pi} \sum_{k=1,3,5,\cdots}^{\infty} \frac{\sin k\omega_1}{k^3\eta^2 - k} \right] \tag{5-127}$$

② 回弹后的运动（$t \geqslant \pi/\omega_{01}$）　当 $t > \pi/\omega_{01}$ 时整个系统将作回弹运动，为了方便讨论，此处引入新坐标 t'：

$$t' = t - \frac{\pi}{\omega_{01}} \tag{5-128}$$

回弹运动的初始条件和边界条件分别为式（5-129）、式（5-130）所示：

$$
\begin{cases}
u\big|_{t'=0} = \dfrac{8vl}{\pi^2 a} \sum_{k=1,3,5,\cdots}^{\infty} \dfrac{\sin\dfrac{ka\pi^2}{2\omega_{01}l}\sin\dfrac{k\pi x}{2l}}{k^2\left[\left(\dfrac{k\pi a}{2\omega_{01}l}\right)^2-1\right]} \\[4mm]
\dfrac{\partial u}{\partial t}\bigg|_{t'=0} = \dfrac{v\cos\dfrac{\omega_{01}(l-x)}{a}}{\cos\dfrac{\omega_{01}l}{a}} + \dfrac{4v}{\pi}\sum_{k=1,3,5,\cdots}^{\infty}\dfrac{\cos\dfrac{ka\pi^2}{2\omega_{01}l}\sin\dfrac{k\pi x}{2l}}{k\left[\left(\dfrac{k\pi a}{2\omega_{01}l}\right)^2-1\right]}
\end{cases}
\tag{5-129}
$$

$$
\begin{cases}
u\big|_{x=0} = vt' \\[3mm]
\dfrac{\partial u}{\partial x}\bigg|_{x=l} = 0
\end{cases}
\tag{5-130}
$$

利用前面的方法，解得满足初始条件式（5-129）和边界条件式（5-130）的运动方程式（5-117）的解为：

$$
u(x,\ t) = vt' + \sum_{k=1,3,5,\cdots}^{\infty} B_k \sin\dfrac{k\omega_1 x}{a}\sin(k\omega_1 t' + \phi_k)\quad t'\geqslant 0
\tag{5-131}
$$

上式中，$B_k\sin\phi_k = \dfrac{4}{\pi}\dfrac{v}{k^2\omega_1}\dfrac{\sin\dfrac{k\pi\omega_1}{\omega_{01}}}{\left(\dfrac{k\omega_1}{\omega_{01}}\right)^2-1}$，$B_k\cos\phi_k = \dfrac{4}{\pi}\dfrac{v}{k^2\omega_1}\dfrac{1+\cos\dfrac{k\pi\omega_1}{\omega_{01}}}{\left(\dfrac{k\omega_1}{\omega_{01}}\right)^2-1}$

同样地，由 $\varepsilon = \dfrac{\partial u}{\partial x}$ 可以求得杆件的最大应变，并计算出放大因子 β。详细过程此处不再赘述。

通过比较碰撞过程与回弹过程的应变放大系数 β，我们可以得到如下结论：a. 回弹后的应变放大系数值总是小于碰撞过程的应变放大系数值；b. 当频率比接近于 1 时，即杆件的纵向振动半基频与物体固有频率接近时，碰撞过程的应变放大系数为无穷大，意味着系统的纵向杆件将发生共振破坏；c. 同样地，当频率比接近于 1 时，包装系统回弹过程中的应变放大系数也明显大于频率比远离 1 的情况，因此在包装设计时应避开共振情况，防止包装物品发生共振破坏。

练习思考题

1. 包装件的冲击是由什么引起的，会对造成商品哪些损害？

2. 冲击与振动有什么区别，在基本解题思路上有何异同点？

3. 当包装件受冲击时，缓冲衬垫的阻尼对防护效果有何作用？阻尼是否越大越好，为什么？

4. 包装件冲击过程中，产品受到作用力最大的时刻是否发生在衬垫压缩到极限位置的时刻？举例说明。

5. 包装件受到冲击时，为什么会发生回弹现象？回弹过程中，是否会对商品造成比冲击更严重的损坏？为什么？

6. 当缓冲材料的弹性力与变形的关系呈非线性特征时，常采用什么方法求解？其基本思路是什么？

7. 当缓冲材料的弹性力与变形的关系呈非线性特征时，什么情况下可以用近似线性的方法求解？举例说明。

8. 当商品中有易损部件存在时，如何对易损部件进行特别防护，从理论上如何设计？

9. 某一包装件可近似为如图 5-1 所示的模型，其产品的质量为 10kg，缓冲衬垫为理想弹性体，刚度系数 $k=1.2\times10^5\mathrm{N/m}$。当包装件跌落时，若不考虑衬垫阻尼，试求产品的持续冲击作用时间。

10. 某一包装件可近似为如图 5-1 所示的模型，其产品的质量为 10kg，缓冲衬垫的刚度系数 $k=1.2\times10^5\mathrm{N/m}$，阻尼系数 $c=1.6\times10^3\mathrm{N\cdot s/m}$。当包装件跌落时，试求产品的持续冲击作用时间。

11. 某一包装件可近似为如图 5-1 所示的模型，缓冲衬垫为理想弹性体，刚度系数 $k=2.5\times10^5\mathrm{N/m}$。若当包装件从 1.0m 的高度跌落时，允许产品的最大加速度不超过 $80g$，在不考虑衬垫阻尼的情况下，试求产品的最大质量。

第六章 包装工程中流体力学基础

内 容 提 要

根据包装工程中的防潮、保鲜、防霉、防锈、无菌、防虫害、防静电、防震缓冲等需求，以及包装物品在流通环境中的热量、水分、气体、力、光、电、虫、菌、尘等传递需求，将包装工程中的流体力学问题主要归纳为以下几个方面：流体的流动和输送问题、包装的渗透和泄漏问题、包装中化学物迁移问题。本章主要包括：包装工程中的流体力学问题、液体包装力学、气体包装力学、迁移与扩散的力学问题。主要讲授：包装工程中的流体力学问题、流体力学基础、流体传递现象基础、气体压缩、真空技术、气体中的迁移现象、气体的扩散现象、低气压下气体的迁移、液体物料灌装中的流体力学问题、包装的渗透和泄漏、包装中化学物的迁移。

基本要求、重点和难点

基本要求：根据流体力学的相关原理，熟悉包装工程中的流体力学问题，掌握流体的流动和输送问题中的流体静力学原理、管内流体流动的基本规律、流体流动现象、流体流动的阻力，了解包装的渗透和泄漏问题、包装中介质扩散和迁移的机理等。

重点：掌握流体静力学基本方程式，管内流体流动的流量、流速、管径的估算、伯努利方程，能够了解流体输送过程中流动现象，进行管路设计计算。

难点：伯努利方程、气体动力学基础。

第一节 包装工程中的流体力学问题

宏观来看，物质分为固体和流体。流体是能流动的物质，包括液体和气体。我国在5000～7000年前，已知"刳木为舟"，这是对流体浮力的最早认识，墨子（公元前478—前342年）对这一原理作了定性探讨，《考工记》记载了利用浮力检查木车轮的均匀性。流体力学是研究流体运动规律的一门学科，20世纪60年代前，在航运、航天、航空、水利、气象、能源、机械和化工等学科中已有流体力学的研究。流体运动中存在流体动量传递，有时还伴随热量传递和质量传递。包装阻隔物品和环境之间的流体力学参数传递的研究，属于流体力学范畴。

在流通领域，包装对物品的保护是其最根本的功能，不同的物品有不同的保护要求，例如防潮、保鲜、防霉、防锈、无菌、防虫害、防静电、防震缓冲等。这些保护要求包装物品在物流过程中起到一定阻隔作用，将物品和环境中的热量、水分、气体、力、光、电、虫、菌、尘等参数传递量减少到最低、最合理的程度。包装工程中的流体力学问题主要涉及以下几个方面：①流体的流动和输送问题；②包装的渗透和泄漏问题；③包装中化学物迁移问题。

以上 3 大类问题可以归结为 3 大传递过程：动量传递、热量传递、质量传递。

1. 动量传递（Momentum Transfer）

包装工程中常见到运动的流体发生的动量由一处向另一处传递的过程，这就是工程流体力学研究的内容。影响流体流动最重要的一种流体性质是它的黏度，从微观角度看，流体分子由于热运动不断进行动量传递和交换，是产生黏度的主要原因，主要以流体动量传递原理作理论基础的单元操作有：流体输送、混合、过滤、离心分离、气力输送等。

在包装容器如纸板、塑料、玻璃、金属等制造时，对温度、湿度、压力等参数也有一定要求，特别是高分子聚合物成型时，呈熔融状态，具有黏弹性，在模具中成型过程的流动是一种非牛顿流体。

食品中奶油、果酱，印刷中的油墨等都是非牛顿流体。

2. 热量传递（Heat Transfer）

因温度差的存在而使能量由一处传到另一处的过程即为热量传递。包含热量传递原理的单元操作主要有：热交换（加热或冷却）、蒸发、物料干燥、蒸馏等。

潮湿会使物品受潮而发生霉变、虫蛀、溶化、水解等物理、化学变化。霉变是由于霉菌的孢子在合适的温、湿度条件下，萌发生长，攫取物品中有机物，借助于水和酶的作用，将复杂的有机物分解为简单的物质，大量有机物分解，导致物品色泽变化、产生霉味、毒素、色斑等。金属锈蚀是金属受 SO_2、O_2、H_2S 等气体作用产生化学腐蚀，或者金属与潮湿空气中的 SO_2、CO_2、NO_2、盐类产生的电解质溶液发生原电池或微电池反应而产生化学腐蚀。

果蔬属于生物类的有机物，具有生命力，收获后，果菜还能蒸发、进行新陈代谢、呼吸氧，排出水分、二氧化碳、乙烯（乙烯是一种植物激素，具有催熟剂作用）和热量。果蔬对环境温、湿度很敏感，蒸发量和呼吸量随着环境温度的升高而增大；温度高、湿度低，果菜失去水分快、硬度降低、细胞萎缩、色变黄。有资料表明，果蔬包装袋内 O_2 的体积分数为 $2\% \sim 3\%$，CO_2 的体积分数在 5% 以下，可得到良好保鲜；苹果等果实类包装袋内 O_2 的体积分数为 $3\% \sim 5\%$，CO_2 的体积分数为 $3\% \sim 5\%$，在低温下可以长期保存。以上表明，防潮、防虫、防霉、防锈、保鲜都涉及温度、湿度、热量、水分、气体等参数问题，即涉及包装对热量、水分、气体等流体参数的阻隔问题。

3. 质量传递（Mass Transfer）

因浓度差而产生的扩散作用形成相内和相间的物质传递过程，称为质量传递。主要遵循质量传递原理的单元操作有：吸附、吸收、浸取、萃取、蒸馏、结晶、膜分离等。

塑料包装的迁移和渗透，从其基本原理来看，都是物质的传递和转移过程。一般塑料包装材料的某些成分向包装内容物及外界传递和转移，包装内容物中的某些成分向包装材料内部的传递或转移通称为迁移，其中包括材料内的抗氧化剂向材料外转移或逸出，单体物质向包装内容物中传递或转移，包装内容物中的特殊成分向塑料包装材料内的传递或转移等，通常将通过塑料包装材料所进行的内外物质的传递称为渗透，其中包括气体的内外渗透、液体的内外渗透等。然而，就迁移和渗透而言，有时又很难明确分开，因为其机理均属于物质的传递或转移。但两者在大多数情况下，又都有自身的个性，所以我们分别阐述更能说明问题。

（1）迁移（Migration）　对于迁移一词，由于国内包装文献介绍的较少，所以人们对此比较陌生。实际上很早就有人从塑料角度对迁移这一问题进行过研究。近些年来，随着塑料包装在食品、医药及化妆品等方面的广泛应用，人们从健康安全角度进行的研究也逐渐增多。

总而言之，对迁移的研究主要有：防止塑料包装材料内的有效成分向外界逸出或向内容物传递所导致的塑料包装材料的某些性能改变；避免塑料包装材料内有毒成分向内装食品、医药品和化妆品内迁移所造成的健康安全问题；阻止内装物内所含的香味及有效成分向塑料包装材料内迁移并被吸附所引起的内装物的质量变化。同时，又可以用这种迁移特性发展新型的包装材料或包装技术。

包装阻隔的流体力学参数包括液体、气体和热量，例如水分、氧气、二氧化碳、温度、压力和热量等。

（2）渗透（Permeability） 渗透是指气体或水蒸气从高浓度区进入表面，通过向材料的扩散，而又从低浓度区的另一表面解吸，渗透的速度与包装材料的结构、厚度、厚度均匀性、温度、湿度等有关，同时也与扩散剂的种类有关。渗透对于包装件来说有两种，一种是穿通包装材料的渗透，另一种是穿过包装件中包装材料结合处的渗透（如热封封口部分的热合处）。后一种渗透一般较小，往往容易被人们所忽视，但在某些特定条件下，对包装件的整体密封性可能会有很大的影响。对于高阻隔性的包装，为了使整个包装件有较高的密闭性能，减少热封处的渗透，封口应有足够的宽度，使用的热封材料必须要有一定的阻隔性能。

（3）泄漏（Leakage） 泄漏与渗透是完全不同的两个概念。泄漏是指水蒸气或气体通过材料的裂缝、微孔或两材料间的微小间隙而泄出或进入包装，它是对流（总压力梯度引起的强制流动）和扩散（浓度梯度引起的分子运动）两种作用共同组成的。泄漏的速度取决于泄漏孔隙的大小、包装件内的压力、扩散剂的种类以及环境的温度、湿度等。为了减少泄漏，对于机械结合密封的包装件来说，机械密封外应有足够且能持久的压力，机械密封界面必须具有足够的表面光洁度和相应的尺寸精度，而机械密封材料中最好有一种材料具有一定的弹性和较小的永久变形。对于热封密闭的包装，为了避免热封处的泄漏，必须要有良好的包装机械，控制好热封的时间、温度、压力以及冷压的时间、压力、温度等，同时热封层的厚度及包装材料的厚度也必须适当。当然包装袋的形式也对泄漏有很大影响，一般三边封袋要比中封袋、风琴袋、自立袋等发生泄漏的概率小。

第二节　液体包装力学

在包装行业中，许多被包装物品的原料、半成品、成品或辅助材料是以流体的状态存在的。水和水蒸气就是常见的典型流体。包装中所遇到的液体有稀薄的，也有稠厚的。稀薄的有如牛奶、果汁、盐水等，稠厚的有如糖浆、蜂蜜、脂肪、果酱等。就气体而言，除经常需用的空气和水蒸气外，氮气、二氧化碳、乙烯等气体也用于包装过程。

包装上处理的液体，除单纯的液体外，多半是具有多成分系的复杂性质，其流动现象与一般液体有区别，称非牛顿流体，其流动规律属流变学范畴，亦为包装工程上亟待研究的重要问题。

为了完成包装过程，必须保证将流体原材料送入包装系统，将流体半成品输送到下一工序，同时还要将流体成品从系统引出。因此，流体的流动和输送是包装上的一项重要单元操作。

所有上述问题均与研究流体宏观运动和平衡规律的工程流体力学有关。所以必须从学习流体力学基础入手，深刻掌握流体平衡和运动的基本规律，为解决流体包装生产中的实际问题打下基础。

一、流体力学基础

1. 流体静力学原理

流体静力学是研究流体处于相对静止状态下的平衡规律。在工程实际中，这些平衡规律应用很广。

（1）流体密度　流体质量与体积之比称为流体的体积质量，通常又称为流体的密度（Density），用 ρ 表示，单位为 kg/m³，用公式表示为：

$$\rho = \frac{m}{V} \tag{6-1}$$

式中　m——流体的质量，kg；

　　　V——流体的体积，m^3。

严格来说，流体的密度随着压力或温度的变化而变化，但变化量一般很小，在工程计算中可以忽略不计。

气体是可压缩流体，其密度随压力和温度的变化较大。一般压力不太高时，气体密度可近似地按理想气体状态方程式计算。由理想气体状态方程式：

$$pV = \frac{m}{M}RT \quad 或 \quad \rho = \frac{m}{V} = \frac{pM}{RT} \tag{6-2}$$

式中　p——气体的绝对压力，Pa；

　　　T——气体的热力学温度，K；

　　　M——气体的摩尔质量，kg/mol；

　　　m——气体的质量，kg；

　　　R——摩尔气体常量，$R = 8.314 J/(mol \cdot K)$。

气体密度可由标准状态（$T_0 = 263.2K$，$p_0 = 1.013 \times 10^5 Pa$）下该气体的密度 ρ_0 求得：

$$\rho = \rho_0 \frac{T_0 p}{T p_0} \tag{6-3}$$

式中　$\rho_0 = \dfrac{M}{0.0224}$，kg/m³。

相对密度（Relative Density）为流体与纯水在 4℃时密度之比。

与密度相反的概念是比体积（Specific Volume），流体的比体积即为单位质量流体的体积，用符号 ν 表示：

$$\nu = V/m = 1/\rho \tag{6-4}$$

可见流体的比体积是密度的倒数，单位为 m³/kg。

（2）流体压力　流体垂直作用于单位面积上的力，称为流体的压强，习惯上称为压力（Pressure），符号为 p，它的法定计量单位为帕，符号 Pa，即 N/m²。以前曾用标准大气压（atm）。换算关系为：$1atm = 1.013 \times 10^5 Pa$。此外有关文献上仍可见到其他压力单位，换算关系可查阅相关文献。

流体的压力可有 3 种表示方法：

① 绝对压力 p_{ab}　用绝对零压（即绝对真空）作起点计算的压力称绝对压力（Absolute Pressure）。

② 表压 p_g　用于被测流体的绝对压力 p_{ab} 大于外界大气压 p_a 的情况。压力表上的读数表示被测流体的绝对压力高出大气压的数值，称为表压（Gauge Pressure）。表压与绝对压力的关系可用下式表示：

$$p_g = p_{ab} - p_a \qquad (6\text{-}5)$$

③ 真空度 p_{vm}　用于被测流体的绝对压力 p_{ab} 小于外界大气压 p_a 的情况。此时，真空表上的读数表示被测流体的绝对压力低于大气压的数值，称为真空度（Vacuum）。表示为：

$$p_{vm} = p_a - p_{ab} \qquad (6\text{-}6)$$

（3）流体静力学基本方程式　为了推导流体静力学基本方程式，在密度为 ρ 的静止连续流体内部取一底面积为 A 的垂直液柱，如图 6-1 所示，若以容器底为基准水平面，则液柱的上、下底面与基准水平面的垂直距离分别为 z_1 和 z_2，在此两高度处的压强分别为 p_1 和 p_2。由于流体处于静止状态，其静压力的方向总是与作用面相垂直，并指向该作用面，

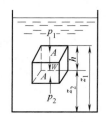

图 6-1　流体静力学受力图

故作用在此液柱垂直方向上的力有：①作用于下底面向上的总压力 $p_2 A$；②作用于上底面向下的总压力 $p_1 A$；③作用于液柱的重力 $\rho g A (z_1 - z_2)$。

取向上的作用力为正，处于静止的液柱上各力之代数和为零，即：

$$p_2 A - p_1 A - \rho g A (z_1 - z_2) = 0$$

则：

$$p_2 = p_1 + \rho g (z_1 - z_2) \qquad (6\text{-}7)$$

如将图 6-1 中液柱的上底面取在液面上，设液面上方压力为 p_0，则距液面深度为 h 处的压力 p 为：

$$p = p_0 + \rho g h \qquad (6\text{-}8)$$

式（6-7）移项，可写成：

$$p_1 + \rho g z_1 = p_2 + \rho g z_2 \qquad (6\text{-}9)$$

进一步整理可得：

$$\frac{p_1}{\rho g} + z_1 = \frac{p_2}{\rho g} + z_2 \qquad (6\text{-}10)$$

上述式（6-8）～式（6-10）为液体静力学基本方程的各种形式，现作如下说明和讨论：

上述流体静力学基本方程表达式只适用于重力场中静止且不可压缩的连续的单一流体。处于重力场中的流体静压 p 的大小与流体本身的密度 ρ 和垂直位置有关，而与各点的水平位置无关。换句话说，在静止连续的同一液体中，处在同一水平位置上的各点的压力都相等。在静止流体中，一处静压能与位能之和等于另一处静压能与位能之和。静压能和位能都是机械能。静力学基本方程表明，在静止流体中，这两种机械能之和是守恒的。

在工程上将 $\dfrac{p}{\rho g}$ 称为静压头，z 称为位压头。式（6-10）表明，两种压头之和在静止流体中处处相等。

2. 管内流体流动的基本规律

包装工程中的流体多以密闭管道输送，因此研究管内流体流动的规律很有必要。这些规律中主要是由质量守恒定律导出的连续性方程式和由能量守恒定律导出的伯努利方程式。

由于流体在管内的流动是轴向流动，因而可按一维流动来分析，并规定流体流动的截面与流动方向相垂直。

（1）流量　单位时间内流过管道任一截面的流体体积称为体积流量（Volumetric Flow Rate），以符号 q_V 表示，其单位为 m^3/s。若在时间 t 内流体流过任一截面 A 的体积为 V，则有：

$$q_V = \frac{V}{t} \tag{6-11}$$

单位时间内流过管道任一截面的流体质量称为质量流量（Mass Flow Rate），以符号 q_m 表示，其单位为 kg/s，若流体密度为 ρ，则：

$$q_m = \frac{m}{t} = \frac{V\rho}{t} \tag{6-12}$$

质量流量与体积流量的关系：

$$q_m = q_V \rho \tag{6-13}$$

（2）流速　单位时间内流体质点在流动方向上所流过的距离，称为点流速。然而，流过管道同一截面上流体各质点的点流速并不相等，在管壁处的附面层（或附着层）速度为零，离管壁愈远则点速度愈大，到管道中心处速度达最大值。在工程上以体积流量除以管道截面积 A 作为流体在管道中的平均速度（Average Velocity），简称流速，以符号 u 表示，其单位为 m/s，即

$$u = \frac{q_V}{A} \tag{6-14}$$

由此得质量流量：

$$q_m = q_V \rho = A u \rho \tag{6-15}$$

（3）管径的估算　包装工程中输送流体的管道大多为圆形管道，若以 d 表示管道内径，式（6-14）可写成：

$$u = \frac{q_V}{(\pi/4)d^2} = \frac{q_V}{0.785d^2} \tag{6-16}$$

则：

$$d = \sqrt{\frac{q_V}{0.785u}} \tag{6-17}$$

体积流量 q_V 由包装生产任务决定，适宜的流速 u 选定后就可以确定输送管路的直径。一般说来，对于密度大的流体，流速应取小值，如液体的流速就应比气体的流速小得多。对于黏性较小的液体可采用较大的流速，相反，对于黏度较大的液体，如油类，糖浆等，所取流速就应比水或稀溶液低一些。对于含有固体物料的流体，速度不能太低；否则，固体物料会沉积在管道内。管路设计中，流速的选择很重要，流量一定，流速越大，所需管径越小，管路设备的基建费用越省。但是，流速过大时，流体流动过程中的能量损失大，输送设备的操作费用增加。所以，适宜的流速原则上除了满足生产工艺要求外，还应考虑设备的操作费用和管路设备的基建费用，根据经济权衡及优化来决定。通常液体的

流速取 $0.5 \sim 3.0 \text{m/s}$，气体流速取 $10 \sim 30 \text{m/s}$。在一定的操作条件下一些流体的适宜流速常用值见表 6-1。

表 6-1　　　　　　　　　　　　　　　　一些流体在输送中常用流速

流体种类及状况	常用流速范围/(m/s)	流体种类及状况	常用流速范围/(m/s)
水及一般液体	$1 \sim 3$	压力较高的气体	$15 \sim 25$
低压液体	$5 \sim 15$	饱和水蒸气	$20 \sim 40$
黏度较大的液体	$0.5 \sim 1$	过热水蒸气	$30 \sim 50$
易燃易爆的低压气体	<8		

（4）伯努利方程　　在前面流体静力学的讨论中，我们已经看到，在静止的流体中，两种机械能——位能和静压能之和是处处相等的。在较高位置，位能较大，静压能较小；在较低位置，位能较小，静压能较大，两种机械能总和一定。在管内流动的流体，除了具有位能和静压能之外，还具有第三种机械能——动能。对没有黏度的流体，位能、静压能和动能这三种机械能之和是处处相等的。也就是说，流动着的流体的总机械能是守恒的。通常将无黏度的流体称为理想流体。对理想流体的流动，一般认为只有机械能之间的转化而无热力学能的增减。

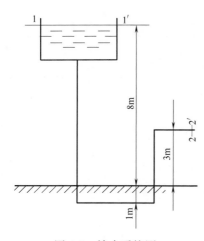

图 6-2　输水系统图

设稳定流动的理想流体在一定时间内通过流动截面 1 的质量为 m，假设该流体不可压缩（ρ 为常量），则其总机械能为：

$$E_1 = mgz_1 + \frac{mp_1}{\rho} + \frac{mu_1^2}{2}$$

而其流过截面 2 的总机械能为：

$$E_2 = mgz_2 + \frac{mp_2}{\rho} + \frac{mu_2^2}{2}$$

由图 6-2 所示，在两截面 1 和 2 之间，没有外界能量输入，流体也没有向外界作功，据能量守恒定律，$E_1 = E_2$。则：

$$mgz_1 + \frac{mp_1}{\rho} + \frac{mu_1^2}{2} = mgz_2 + \frac{mp_2}{\rho} + \frac{mu_2^2}{2} \tag{6-18}$$

经进一步整理得：

$$z_1 + \frac{p_1}{\rho g} + \frac{u_1^2}{2g} = z_2 + \frac{p_2}{\rho g} + \frac{u_2^2}{2g} \tag{6-19}$$

在工程上分别将 z、$\frac{p}{\rho g}$、$\frac{u^2}{2g}$ 称为位压头、静压头和动压头，式（6-19）称为理想流体的伯努利方程，体现不可压缩理想流体稳定流动时，总压头守恒。

理想流体没有黏性，因而在单纯流动时流体热力学能没有变化。实际流体是有黏性的，在流动中，流体与管壁以及流体内部间都因有摩擦力而消耗机械能。为达流体输送的目的，有时需要外加泵做功提供能量。因此，对不可压缩的实际流体，伯努利方程应作如下修正：

$$gZ_1 + p_1/\rho + u_1^2/2 + e_1 + W = gZ_2 + p_2/\rho + u_2^2/2 + e_2 \tag{6-20}$$

式中　e_1——单位质量流体流经截面 1 时的热力学能，称比热力学能，J/kg；

　　　e_2——流体流经截面 2 时的比热力学能，J/kg；

　　　W——在截面 1 和截面 2 间由泵对单位质量流体做的功，J/kg。

令 $\sum h_f = e_2 - e_1$ 表示 1kg 流体的热力学能增量，也就是单位质量流体在截面 1 和截面 2 间流动时的各种机械能损失（J/kg），则有：

$$gz_1 + \frac{p_1}{\rho} + \frac{u_1^2}{2} + W = gz_2 + \frac{p_2}{\rho} + \frac{u_2^2}{2} + \sum h_f \tag{6-21}$$

式（6-21）是不可压缩实际流体机械能衡算式，也称为实际流体的伯努利方程，足以满足实际工程中流体流动的计算。

【例 6-1】 某啤酒厂有一输水系统如图 6-2 所示。输水管为 $\phi 45\text{mm} \times 2.5\text{mm}$ 钢管，已知管路摩擦损失 $\sum h_f = 1.6 u^2$（u 为管内水的流速），试求水的体积流量。又欲使水的流量增加 30%，应将水箱水面升高多少？

解： ①在水箱水面 1—1′和输水管出门 2—2′截面间列伯努利方程：

$$gz_1 + \frac{p_1}{\rho} + \frac{u_1^2}{2} = gz_2 + \frac{p_2}{\rho} + \frac{u_2^2}{2} + \sum h_f$$

根据 $p_1 = p_2 = 0$（表压），$u_1 \approx 0$。则：

$$g(z_1 - z_2) = \frac{u_2^2}{2} + \sum h_f = 0.5 u_2^2 + 1.6 u_2^2 = 2.1 u_2^2$$

$$u_2 = \sqrt{\frac{g(z_1 - z_2)}{2.1}} = \sqrt{\frac{9.81 \times (8-3)}{2.1}} = 4.83 (\text{m/s})$$

$$q_V = \frac{\pi}{4} d^2 u_2 = 0.785 \times 0.04^2 \times 4.83 = 6.07 \times 10^{-3} (\text{m}^3/\text{s})$$

② 水的流量增加 30%，则管出口流速：$u_2 = 1.3 \times 4.83 = 6.28$（m/s）

$$z_1 - z_2 = \frac{2.1 u_2^2}{g} = \frac{2.1 \times 6.28^2}{9.81} = 8.44 (\text{m})$$

$$z_1 = z_2 + 8.44 = 3 + 8.44 = 11.44 (\text{m})$$

即：水箱水面应升高 11.44 − 8 = 3.44（m）。

3. 流体流动现象

（1）流体的黏度　液体在外力作用下流动（或有流动趋势）时，液体分子间内聚力要阻止分子间的相对运动，在液层相互作用的界面之间会产生一种内摩擦力，这一特性称为液体的黏性。液体只有在流动（或有流动趋势）时才会呈现出黏性，静止液体是不呈现黏性的。黏性是流体物料的各项物理性质中最重要的特性，也是选择各种流动输送的一个很重要的依据。

度量黏性大小的物理量称为黏度，常用的黏度有 3 种：动力黏度、运动黏度、相对黏度，下面分别讨论。

① 动力黏度　在图 6-3 中，设两平行平板间充满液体，下平板不动，上平板以速度 u_0 向右平动。由于液体的黏性和液体与固体壁面间作用力的共同影响，液体流动时各层的速度大小不等，紧贴下平板的液体黏附于下平板上，其速度为零，紧贴上平板的液体黏

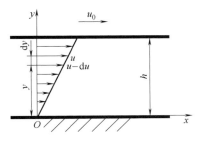

图 6-3　液体的黏性

附于上平板上，其速度为 u_0，中间各层的速度分布从上到下按线性规律变化。可以把这种流动看作是无限薄的油层在运动，速度快的液层带动速度慢的液层，速度慢的液层阻止速度快的液层。

实验测定指出：液体流动时相邻液层间的内摩擦力 F_f 与液层接触面积 A、液层间的相对速度梯度 du 成正比，与液层的距离 dy 成反比，du/dy 称为两液层间的速度梯度或剪切率，即：

$$F_f = \mu A \frac{du}{dy} \tag{6-22}$$

式中 μ——比例系数，称为黏性系数或动力黏度，也称绝对黏度，$Pa \cdot s$ 或 $N \cdot s/m^2$。

以 $\tau = \dfrac{F_f}{A}$ 表示液层间的切应力，即单位面积上的内摩擦力，则有：

$$\tau = \mu \frac{du}{dy} \tag{6-23}$$

式（6-23）即为牛顿流体的内摩擦定律。当动力黏度只与液体种类有关而与速度梯度无关时，这种液体称为牛顿流体，否则为非牛顿流体。除高黏度或含有特种添加剂的油液外，一般的液压油均可视为牛顿流体。

动力黏度的物理意义就是液体在单位速度梯度下，单位面积上的内摩擦力大小。由式（6-22）和式（6-23）可知，一定的 F_f 或 τ，μ 越大，du/dy 越小，即液体发生的剪切变形越小，抵抗液层之间相对移动的能力越强。

② 运动黏度 在同一温度下，液体的动力黏度 μ 与它的密度 ρ 之比称为运动黏度，即：

$$\nu = \frac{\mu}{\rho} \tag{6-24}$$

运动黏度 ν 没有明确的物理意义，是一个在液压传动计算中经常遇到的物理量，习惯上常用来标志液体的黏度，ν 的单位为 m^2/s。

③ 相对黏度 动力黏度和运动黏度是理论分析和推导中常使用的黏度单位，但它们难以直接测量。实际中，要先求出相对黏度，然后换算成动力黏度和运动黏度。相对黏度是特定测量条件下的，又称为条件黏度。

流体黏度大小除与流体本性有关外，尚受多种因素影响，其中最主要的影响因素是温度。一般液体的黏度随温度升高而减小，而气体的黏度随温度升高而增大。产生这种差别，主要是液体和气体分子运动和分子引力的特点不同所致。

（2）流体流动状态 19 世纪末，英国物理学家雷诺通过实验发现液体在管道中流动时，有两种完全不同的流动状态：层流和紊流。流动状态的不同直接影响液流的各种特性。下面介绍液流的两种流态以及判断两种流态的方法。

① 层流和紊流

a. 层流 液体流动时，液体质点间没有横向运动，且不混杂，作线状或层状的流动。

b. 紊流 液体流动时，液体质点有横向运动或产生小漩涡，作杂乱无章的运动。

② 雷诺数判断 液体的流动状态是层流还是紊流，可以通过雷诺数 Re 来判断。实验证明，液体在圆管中的流动状态可用下式来表示：

$$Re = \frac{vd}{\nu} \tag{6-25}$$

式中　v——管道的平均速度；

　　　ν——液体的运动黏度；

　　　d——管道内径。

在雷诺实验中发现，液流由层流转变为紊流再由紊流转变为层流时的雷诺数是发生变化的，转变前比转变后的雷诺数要大。因为由杂乱无章的运动转变为有序的运动更慢、更不易。在理论计算中，一般都用小的雷诺数作为判断流动状态的依据，称为临界雷诺数，计作 Re_{cr}。当雷诺数小于临界雷诺数时，看作层流；反之，为紊流。

对于非圆截面的管道来说，雷诺数可用下式表示：

$$Re=\frac{vd_k}{\gamma} \tag{6-26}$$

式中　d_k——通流截面的水力直径，可表示为：

$$d_k=\frac{4A}{l_x} \tag{6-27}$$

式中　A——管道的通流截面积；

　　　l_x——润湿周边，即流体与固体壁面相接触的周长。

水力直径的大小直接影响液体在管道中的通流能力。水力直径大，说明液流与管壁接触少，阻力小，通流能力大，即使通流截面小也不易堵塞。一般圆形管道的水力直径比其他同通流截面的不同形状的水力直径大。

雷诺数的物理意义：由雷诺数 Re 的数学表达式可知，惯性力与黏性力的无因次比值是雷诺数；而影响液体流动的力主要是惯性力和黏性力。所以雷诺数大就说明惯性力起主导作用，这样的液流呈紊流状态；若雷诺数小就说明黏性力起主导作用，这样的液流呈层流状态。

4. 流体流动的阻力

在讨论实际流体流动机械能衡算时，提出了一个颇为重要的能量项：机械能损失 $\sum h_f$。实际流体因具有黏性，流动时必须克服摩擦阻力而损失机械能，这部分能量最终转变为热能。由于这种转变是不可逆过程，这部分能量就不再参加动力学过程，因而在流体力学上将 $\sum h_f$ 称为机械能损失，或称摩擦损失，也常常直接称为阻力。在讨论管内流体流动现象的基础上，本节进一步讨论流动阻力 $\sum h_f$ 的计算方法。流体运动的阻力，按照阻力的外因不同可分为两类：一类阻力是发生在流体运动的输送管路上，这种阻力的大小与直管长度成正比，称为直管阻力或沿程阻力；另一类阻力发生在流体运动边界有急剧改变的局部位置上，称为局部阻力，例如管件和阀门中流动的阻力。

（1）管内流体流动的直管阻力　不可压缩流体在管内稳定流动时，其直管阻力可由一段不变直径水平管中的压力降求得。在管入口截面和出口截面间列伯努利方程：

$$gz_1+\frac{p_1}{\rho}+\frac{u_1^2}{2}=gz_2+\frac{p_2}{\rho}+\frac{u_2^2}{2}+h_f \tag{6-28}$$

因是水平管，$z_1=z_2$，因不变径，$u_1=u_2=u$，故上式中的直管阻力：

$$h_f=\frac{p_1}{\rho}-\frac{p_2}{\rho}=\frac{\Delta p}{\rho} \tag{6-29}$$

因是稳定流动，推动力和摩擦阻力平衡。若管长为 l，直径为 d，则：

$$\Delta p\cdot\frac{\pi}{4}d^2=\tau\pi dl$$

式中　τ——切应力。

$$\Delta p = 4\tau l/d \qquad (6\text{-}30)$$

于是：

$$h_f = \frac{4\tau l}{\rho d} \qquad (6\text{-}31)$$

将式（6-31）变换：

$$h_f = \frac{8\tau}{\rho u^2} \cdot \frac{l}{d} \cdot \frac{u^2}{2} \qquad (6\text{-}32)$$

令 $\lambda = \dfrac{8\tau}{\rho u^2}$，得：

$$h_f = \lambda \cdot \frac{l}{d} \cdot \frac{u^2}{2} \qquad (6\text{-}33)$$

式（6-33）为计算直管阻力的公式，称为范宁（Fanning）公式，适用于层流和紊流。式中，λ 是常数，称为摩擦因数（Friction Coefficient）。

根据紊流流动时流动阻力的性质及所进行实验的综合分析，可知流体在紊流时直管阻力损失与管径 d、管长为 l、平均流速 u、流体密度 ρ 和黏度 μ 有关，还与管子的绝对粗糙度（管壁粗糙面凸出部分的平均高度）ε 有关。表 6-2 给出一些工业管道的绝对粗糙度。

表 6-2　　　　　　　　　　　某些工业管道的绝对粗糙度

管道类别		绝对粗糙度ε/mm
金属管	无缝黄铜管、铜管及铝管	0.01～0.05
	新的无缝钢管或镀锌铁管	0.1～0.2
	新的铸铁管	0.3
	具有轻度腐蚀的无缝钢管	0.2～0.3
	具有显著腐蚀的无缝钢管	＞0.5
	旧的铸铁管	＞0.85
非金属管	干净玻璃管	0.0015～0.05
	橡皮软管	0.01～0.03
	木管道	0.25～1.25
	陶土排水管	0.45～6.0
	很好整平的水泥管	0.33
	石棉水泥管	0.03～0.8

对于粗糙管，已提出一些具体的经验方程。但从应用方便的角度，还是根据已知的 $Re = \dfrac{\upsilon d_k}{\gamma}$ 和 ε/d 值，根据 $\lambda = f(Re, \varepsilon/d)$ 关系绘成坐标图，称摩擦因数图，如图 6-4 所示。由摩擦因数图求 λ 最为适用。

图中，纵坐标 λ 和横坐标 Re 实际都采用对数坐标。对于不同的 ε/d，得到一系列 $\lambda \sim Re$ 关系曲线。全图分四个区域：

① 层流区（$Re \leqslant 2000$）　此区域流体作层流流动，λ 与管壁面的粗糙度无关，而与 Re 成直线关系，其表达式为 $\lambda = 64/Re$。

② 过渡区（$2000 < Re < 4000$）　此区内是层流和紊流的过渡区，若 $Re > 2000$ 时仍能保持着不稳定的层流，则可将摩擦因数 $\lambda = 64/Re$ 的直线延长至 $Re > 2000$。但是此区内一

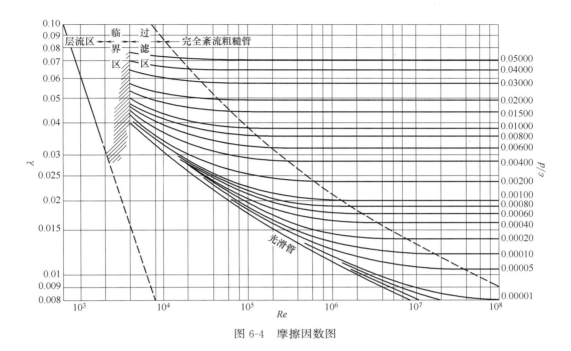

图 6-4　摩擦因数图

般 λ 值比层流区时要大得多。从安全出发，对于阻力损失的计算，通常是将紊流时相应的曲线延伸查取 λ 值。

③ 紊流区（$Re \geqslant 4000$）　此区内流体作紊流流动。摩擦因数 λ 是 Re 和管壁面相对粗糙度 ε/d 的函数。当 Re 一定时，λ 随 ε/d 的降低而减小，直至光滑管的 λ 值最小；当 ε/d 值一定时，λ 值随 Re 增加而降低。

④ 完全紊流区　图 6-4 中虚线以上的区域。在相对粗糙度 ε/d 不同的管中，Re 增大至虚线划定区域的数值时，摩擦因数 λ 与 Re 的关系曲线近乎水平直线，换句话说，λ 值基本上不随 Re 而变化，可视为常数。倘若 l/d 一定，根据式（6-31），则阻力与流速的平方成正比，故此区又称作阻力平方区。

图 6-4 表明了管壁粗糙度对 λ 的影响。层流时，管道凹凸不平的内壁面都被流速较缓慢且平行管轴的流体层所覆盖，流体质点对壁面上的凸起没有碰撞作用。因此，流体作层流流动时，λ 与壁面粗糙度无关。

流体作紊流流动时，贴壁面处存在厚度为 δ_b 的层流底层。当 $\delta_b > \varepsilon$ 时，管壁凸起被层流底层覆盖，使这些凸起对流体运动影响小。若紊流程度增加，δ_b 变小。当 $\delta_b < \varepsilon$ 时，管壁粗糙面暴露于层流底层之外，凸起部分伸进紊流主流区，与流体质点激烈碰撞，引起旋涡，能量损失增大。在一定 Re 条件下，粗糙度越大，阻力越大。

【例 6-2】　密度 $1030\mathrm{kg/m^3}$，黏度 $0.15\mathrm{Pa \cdot s}$ 的番茄汁以 $1.5\mathrm{m/s}$ 流速流过长 5m 的 $\phi76\mathrm{mm} \times 3.5\mathrm{mm}$ 钢管，计算直管阻力。

解：
$$d = 76 - 3.5 \times 2 = 69(\mathrm{mm}) = 0.069(\mathrm{m})$$
$$Re = \frac{du\rho}{\mu} = \frac{0.069 \times 1.5 \times 1030}{0.15} = 711$$

因 $Re < 2000$，故为层流：

$$\lambda = 64/Re = 64/711 = 0.09$$

$$h_f = \lambda \frac{l}{d} \cdot \frac{u^2}{2} = 0.09 \times \frac{5}{0.069} \times \frac{1.5^2}{2} = 7.4 \text{ (J/kg)}$$

（2）管内流体流动的局部阻力　管路系统中的流动阻力除直管阻力外，还有流体流经各类管件、阀门、进口，出口及管道的突然扩大或缩小等引起的阻力损失。后者是由于流体的速度大小和方向急剧变化，受到干扰或冲击，在局部区域形成涡流等造成能量损失，称局部阻力。由实验得知，即使流体在直管中为层流流动，但流过上述局部位置时也容易变为紊流。

将流体流经管路中的管件，阀门，进口，出口等所产生的局部阻力 h'_f 用动能 $u^2/2$ 的倍数来计算，即：

$$h'_f = \zeta \frac{u^2}{2} \tag{6-34}$$

式中　ζ——局部阻力因数，其值由实验测定。

表 6-3 列出了部分管件、阀门等的阻力因数值。

表 6-3　　　　　　　　　　　　　局部阻力因数与当量长度值

局部名称	阻力因数 ζ	当量长度与管径之比 L_e/d	局部名称	阻力因数 ζ	当量长度与管径之比 L_e/d
弯头（45°）	0.35	17	闸阀，全开	0.17	9
弯头（90°）	1.10	35	半开	4.5	225
三通	1.00	50	截止阀，全开	6.0	300
回弯头	1.50	75	半开	9.5	475
管接头	0.04	2	逆止阀，球式	70	3 500
活接头	0.04	2	摇板式	2	100
角阀（全开）	2.00	100	突扩（大幅度）	1	50
水表（盘式）	7.00	350	突缩（大幅度）	0.5	25

管中流体流动的总阻力 $\sum h_f$ 即为直管阻力 h_f 及各局部阻力 $\sum h'_f$ 之和：

$$\sum h_f = h_f + \sum h'_f = \left(\lambda \frac{l}{d} + \sum \zeta\right)\frac{u^2}{2} \tag{6-35}$$

【例 6-3】　将 5℃的鲜牛奶以 5000kg/h 的流量从储奶罐输送至包装机进行包装。这条管路系统所用的管子为 ϕ38mm×1.5mm 不锈钢管，管子长度 12m，中间有一只摇板式单向阀，3 只 90°弯头，试计算管路进口至出口的摩擦阻力。已知鲜奶 5℃时的黏度为 3mPa·s，密度为 1040kg/m³。

解：第一步：算出流速

$$u = \frac{q_V}{A} = \frac{(5000/1040)/3600}{(\pi/4) \times (0.035)^2} = 1.39 \text{ (m/s)}$$

第二步：算出雷诺数 Re

$$Re = \frac{du\rho}{\mu} = \frac{0.035 \times 1.39 \times 1040}{3/1000} = 1.69 \times 10^4$$

第三步：查出 λ，由表 6-2 查出管子绝对粗糙度 $\varepsilon = 0.25$mm，然后计算相对粗糙度 $\frac{\varepsilon}{d} = \frac{0.25}{35} = 0.00715$，再由 $\frac{\varepsilon}{d}$ 和 Re，根据图 6-4 查得 $\lambda = 0.038$。

第四步：计算阻力因数

1 只摇板式单向阀 2.0，3 只 90°弯头 3×1.10，管子入口（突缩）0.5，管子出口（突扩）1.0，$\sum \zeta = 6.8$。

第五步：求摩擦损失

$$\sum h_f = \left(\lambda \frac{l}{d} + \sum \zeta\right)\frac{u^2}{2} = \left(0.038 \times \frac{12}{0.035} + 6.8\right) \times \frac{1.39^2}{2} = 19.2(\text{J/kg})$$

二、流体传递现象基础

传递现象又称传递过程，或具体地称之为"动量、热量和质量传递"，简称"三传"。主要研究的是物体相内及相际间的传递现象，侧重于对物理量的传递速率和传递机理的探讨，有着鲜明的物理特征。传递现象作为定量阐述自然过程的方法，涉及很多工程领域，是一门从统一的观点出发，解析现象的变化和方向的重要应用理论学科。传递现象的理论为已有设备的改良和新设备的设计、操作和控制提供理论基础，对过程开发和设计、生产操作及控制优化、过程机理分析等都有着重要意义。

传递现象是在单元操作的基础上，以过程工业为研究对象综合三传的共同规律而发展起来的，是单元操作和反应工程的理论基础。作为一门独立的学科，传递现象理论形成于20 世纪中期。随着化工"单元操作"被了解得更加深入，人们发现不同单元操作之间存在着共性。如过滤显然只是流体流动的一个特例；蒸发只不过是传热的一种形式；萃取和吸收操作中都包含有物质的转移或传递过程；蒸馏和干燥则是热量和质量传递同时进行的过程。可以说，单元操作只不过是热量传递、质量传递和动量传递的特例或特定的组合。对单元操作的任何进一步研究，最终都归结为对动量、质量和热量传递的研究。随着研究的不断深入，人们发现不但可以用类似的数学模型描述不同的传递现象，描述三者的一些物理量之间还存在某些定量关系，从而使研究得以简化。

1. 传递现象的分析和描述

传递现象是自然界和工业生产中普遍存在的现象，考察的是物系内某物理量从高强度区域自动地向低强度区域转移的过程。对于物系中每一个具有强度性质的物理量（如速度、温度、浓度）来说，都存在着相对平衡的状态。当物系偏离平衡状态时，就会发生物理量的转移过程，使物系趋向平衡状态，所传递的物理量可以是质量、能量、动量或电量等，这些现象的变化，遵从热力学第一定律和第二定律。在适当的坐标系下，可得非线性偏微分方程，根据初始条件和边界条件，可用以描述各种现象，实现对各种现象进行预测、并应用于装置设计、危险的预防和对策等领域。现象变化的方向，遵从热力学第二定律，换言之，也可以说现象总是向熵增的方向进行。例如物系内温度不均匀，则热量将由高温区向低温区传递。一般在工业生产中所涉及的物理量只是动量、热量和质量，所发生的传递现象为动量传递、热量传递和质量传递。因具体过程不同，3 种传递过程可能分别单独存在，也可能是其中任意两种或 3 种过程同时存在。

传递现象可以在 3 种不同的尺度上发生，即分子尺度、微团尺度和设备尺度。在不同尺度上运用守恒原理分析传递规律，就构成了传递现象研究的核心。

分子尺度上的传递，即考察由于分子运动所引起的动量、热量和质量的传递。以分子运动论的观点，借助统计方法，确立传递规律，如牛顿黏性定律、傅里叶定律和费克定律。与分子运动有关的物质的宏观传递特性表示为黏度、热扩散系数、分子扩散系数等。

微团尺度上的传递，即考察由大量分子所构成的流体微团运动所造成的动量、热量和质量的传递。微团又称流体质点，其尺寸远小于运动空间。微团常忽略流体由分子组成、内部存在空隙这一事实，而将流体视为连续介质，从而使用连续函数的数学工具，从守恒原理出发，以微分方程的形式建立描述传递规律的连续性方程、运动方程、能量方程和扩散方程，通过求解这些微分方程得到速度分布、温度分布和浓度分布。当流体做湍流运动时，与流体微团运动有关的传递特性表示为涡流黏度、涡流热扩散系数和涡流质量扩散系数，这些传递特性与流动状况、设备结构等有关，不是流体的物性。

设备尺度上的研究，通常考察流体在设备中的整体运动所导致的传递现象，以守恒原理为基础，就一定范围进行总体衡算。设备尺度上的传递特性表示为传热系数和传质系数等，这些传递特性与流动条件直接有关，同样也不是物系的物性。

3 种尺度上的传递现象相互联系，彼此相关，一般小尺度上的传递规律是研究下一级更大尺度上的传递现象的基础。

传递过程的研究一般由守恒定律求出相应的速度分布、温度分布、浓度分布，然后由这些分布相应求出摩擦阻力系数、传热系数和传质系数。鉴于这些传递系数均是解析结果，一般形式较为复杂。这些解析解是在特定的边界条件、初始条件及简化假定下得到的，也可用这些解析解来界定与之相近的经验公式适用范围。传递现象之所以采用这样的步骤求解，是因为传递发生会产生相应的推动力，而要形成推动力就必然要有对应的物理量分布。

研究传递现象的程序可归纳为：对传递现象进行物理分析，建立并化简数学模型，给定初始条件和边界条件（对于稳态传递过程，由于被传递的物理量不随时间变化，因此无须给出初始条件），通过数学运算解决实际问题。可见，给定初始条件和边界条件对于传递现象的研究是必不可少的环节。为解决某一个具体传递过程，必须用定解条件对方程组加以限制或约束，从而使具有普遍意义的方程转化为针对某一个具体问题的方程。

因此，一个完整的数学模型，除了数学模型本身以外，还应当包括与之相适应的定解条件（包括初始条件和边界条件）。通过求解这些模型方程得到解析解或数值解，用以分析和解释物理现象，得出结论，并用来指导实践。传递现象的研究需要坚实的理论基础、先进的实验技术和现代的计算方法。

2. 传递现象的机理及其数学描述

当所研究的系统中存在速度梯度、温度梯度和浓度梯度时，则会发生动量、热量和质量的传递。传递的方式有两类：一类是分子传递，层流流动、导热和分子扩散属于分子传递；另一类是湍流传递，湍流流动、湍流传热和湍流传质则属于湍流传递。不仅分子传递与湍流传递相似，分子传递中的动量、热量和质量传递在传递机理、过程和结果等方面也是相似的。以下将着重讨论分子传递的机理，分析三种传递现象的共性规律，建立描述分子传递规律的物理模型和数学模型。

（1）分子传递机理　分子传递，广义地说，是分子不规则热运动的结果。例如对于流体，由于分子的不规则热运动，引起分子在各流层之间进行交换，如果各流层的速度、温度和浓度不同，就会产生动量、热量和质量传递，这三种传递现象有着共同的物理本质。流体的黏性、热传导、质量分子扩散统称为流体的分子传递。下面分别讨论分子动量传递、分子传热（导热）和分子传质的机理。

① 分子动量传递机理　流体流动时的动量传递产生机理，可通过图 6-5 所给出的流体层流流动的动量传递现象示意图来说明。如图 6-5 所示，沿 x 方向流动的相邻两层流体 1 和流体 2，其流速分别对应为 u_1 和 u_2，假设 $u_1>u_2$，则由于速度不同，它们在 x 方向上的动量也不同。在流体分子无规律的热运动过程中，流体层 2 中速度较快的流体分子有一些进入到速度较慢的流体层 1 中，这些快速运动的分子在 x 方向具有较大的动量，当它们与速度较慢的流体层内的分子相碰撞时，便把动量传递给后者并使其加

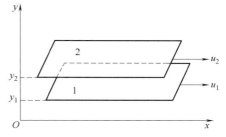

图 6-5　层流时的分子动量传递机理

速。同时，速度较慢的流体层 1 中也有同量的分子进入流速较快的流体层 2 中，从而使后者减速。于是，流体层之间分子的交换，使动量从高速层向低速层传递，其结果是产生阻碍流体相对运动的剪切力。这种传递一直达到固定的壁面，流体向壁面传递动量的结果是出现了壁面处的剪应力，成为壁面抑制流体运动的力。

由此可见，动量传递是流体内部速度不均引起的，动量传递的方向是从流速大的区域传递到流速小的区域。

一般说来，气体和液体的动量传递有着不同的机理。伯德（R. B. Bird）认为，对于气体，其分子在两次碰撞之间经历的距离较长，动量主要是依靠分子的自由热运动而被传递；而对于液体，其分子在两次碰撞之间只经过一个很短的距离，动量传递机理主要是分子与分子的碰撞。

② 分子传热（导热）机理　气体、液体和固体的导热机理不尽相同。气体的导热是气体分子做不规则热运动时互相碰撞的结果。气体分子的动能与其温度有关，高温区的分子具有较大的动能，速度较大，当它们运动到低温区时，便与该区的分子发生碰撞，其结果是热量从高温区转移到低温区，从而实现以导热的方式进行热量传递。

液体的导热有两种理论。一种理论认为，液体的导热机理与气体的相同，差异在于液体分子间距较小，分子间的作用力对碰撞过程的影响较大，因而其机理变得更复杂。另一种理论则认为，液体的导热机理类似于非导电体的固体，即主要靠原子、分子在其平衡位置上振动，从而实现热量由高温区向低温区转移。

固体的导热方式是晶格振动和自由电子的迁移。在非导电的固体中，导热是通过晶格振动（即原子、分子在其平衡位置附近振动）来实现的。对于良好的导电体，类似气体的分子运动，自由电子在晶格之间运动，将热量由高温区传向低温区。由于自由电子数目多，它所传递的热量多于晶格振动所传递的热量，这就是良好的导电体一般都是良好的导热体的原因。

③ 分子扩散机理　浓度差、温度差、压力差、电场或磁场等都可能导致分子扩散。一般把由温度差引起的分子传质称为热扩散；由压力差引起的分子传质称为压力扩散；由电场或磁场等外力导致混合物组分受力不均所引起的扩散称为强制扩散。本书只介绍由浓度差引起的分子扩散。分子扩散在气相、液相和固相中均可发生。其扩散机理与导热类似，从本质上说，它们都是依靠分子的随机运动而引起的转移行为，不同的是前者为质量

转移，而后者则是热量转移。研究质量传递的方法与研究热量传递的方法相似。在质量浓度梯度比较小，质量交换率比较小的场合，传质现象的数学描述与传热现象是类似的。在一定条件下，可以通过类比，把由传热所得到的结果直接用于传质。

（2）分子传递现象的数学描述

① 牛顿黏性定律　流体具有流动性，没有固定形状，在外力作用下，其内部可产生相对运动。另一方面，在运动的状态下，流体还有一种内在的抗拒向前运动的特性，称为黏性，黏性是流动性的反面。其数学描述见式（6-23）。

服从牛顿黏性定律的流体统称为牛顿流体，气体和低相对分子质量的大多数液体均可视为牛顿流体；不遵循牛顿黏性定律的流体则为非牛顿流体，如果酱、肉糜、聚合物溶液、印刷油墨等，本书所涉及的流体只是牛顿流体。

应当指出，理想流体和静止流体在现象表现上，剪应力均为零，但两者有着不同的本质。对于理想流体，由于黏度为零，流体流动时速度梯度也为零，故剪应力 τ 表现为零；静止流体则不同，其黏度不为零，只不过是速度梯度为零，导致剪应力为零。

② 傅里叶定律　傅里叶定律系用于确定在物系内各点间存在温度差时，因热传导而导致的热流大小的定律。1822 年，法国数学物理学家傅里叶提出，在各向同性的均匀的一维温度场内，以导热方式传递的热通量可表示为：

$$q = -\lambda \frac{\mathrm{d}T}{\mathrm{d}y} \tag{6-36}$$

式中　q——热通量，$\mathrm{J/(m^2 \cdot s)}$；

　　　λ——热导率，$\mathrm{W/(m \cdot K)}$；

　　　$\dfrac{\mathrm{d}T}{\mathrm{d}y}$——温度梯度。

式（6-36）中负号表示热通量方向与温度梯度方向相反，即热量是沿着温度降低方向传递的。

热导率 λ 表示物质的导热能力，属于物质的物理性质。其大小和物质的组成、结构、密度、压力和温度等有关。对于同一物质，λ 主要受温度的影响，压力的影响可以忽略。但在高压或真空下，则不能忽略压力对气体热导率的影响。若 λ 与方向无关，则称为各向同性导热，否则为各向异性导热。

③ 费克定律　混合物中各组分若存在浓度梯度时，则会产生分子扩散。对双组分系统，费克在 1855 年首先提出了描述物质扩散质量通量的基本关系式，认为分子扩散所产生的质量通量，可用下式表示：

$$J_A = -D_{AB} \frac{\mathrm{d}\rho_A}{\mathrm{d}y} \tag{6-37}$$

式中　J_A——表示组分 A 的扩散质量通量，$\mathrm{kg/(m^2 \cdot s)}$；

　　　D_{AB}——组分 A 在组分 B 中的扩散系数，$\mathrm{m^2/s}$；

　　　$\dfrac{\mathrm{d}\rho_A}{\mathrm{d}y}$——代表组分 A 的质量浓度梯度，$\mathrm{kg/(m^3 \cdot m)}$。

式（6-37）中负号表示质量通量的方向与质量浓度梯度的方向相反，即组分 A 总是沿着浓度降度的方向进行传递。扩散系数 D_{AB} 与组分的种类、温度、组成等因素有关。

由牛顿黏性定律、傅里叶定律和费克定律的数学表达式可以看出，动量、热量与质量传递过程的规律存在着许多类似性，各过程所传递的物理量都与其相应的强度因素的梯度成正比，并且都沿着负梯度（降度）的方向传递。各式中的系数只是状态函数，与传递的物理量及梯度无关。因此，通常将黏度、热导率和分子扩散系数均视为表达传递性质或速率的物性常数。由于式（6-35）、式（6-36）、式（6-37）中，传递的物理量与相应的梯度之间均存在线性关系，故上述这3个定律又常称为分子传递的线性现象定律。

（3）传递现象定律的通量表达式　以下讨论3种传递现象方程的通量表达式。

① 动量通量　设流体为不可压缩，即密度 ρ 为常数，则牛顿黏性定律可写成如下形式：

$$\tau = -\frac{\mu}{\rho}\frac{\mathrm{d}(\rho u_x)}{\mathrm{d}y} = -\gamma\frac{\mathrm{d}(\rho u_x)}{\mathrm{d}y} \tag{6-38}$$

式中　τ——剪应力或动量通量，$\mathrm{N/m^2} = \dfrac{\mathrm{kg \cdot m/s^2}}{\mathrm{m^2}} = \dfrac{\mathrm{kg \cdot m/s}}{\mathrm{m^2 \cdot s}}$；

γ——运动黏度或动量扩散系数，$\mathrm{m^2/s}$；

ρu_x——动量浓度，$\dfrac{\mathrm{kg}}{\mathrm{m^3}} \times \dfrac{\mathrm{m}}{\mathrm{s}} = \dfrac{\mathrm{kg \times m/s}}{\mathrm{m^3}}$；

$\dfrac{\mathrm{d}(\rho u_x)}{\mathrm{d}y}$——动量浓度梯度，$\dfrac{\mathrm{kg \cdot m/s}}{\mathrm{m^3 \cdot m}}$。

由式（6-38）及各量的单位可以看出，剪应力 τ 为单位时间（s）通过单位面积（$\mathrm{m^2}$）的动量（$\mathrm{kg \cdot m/s}$），故剪应力可表示动量通量，它等于运动黏度或动量扩散系数（$\mathrm{m^2/s}$）乘以动量浓度 $\left(\dfrac{\mathrm{kg \cdot m/s}}{\mathrm{m^3 \cdot m}}\right)$ 的负值，该式的物理意义为：

［动量通量］＝［动量扩散系数］×［动量浓度梯度］

② 热量通量　对于物性常数 λ、c_p（质量定压热容）和 ρ 均为恒值的导热问题，傅里叶定律可改写为：

$$q = -\frac{\lambda}{\rho c_p}\frac{\mathrm{d}(\rho c_p T)}{\mathrm{d}y} = -\alpha\frac{\mathrm{d}(\rho c_p T)}{\mathrm{d}y} \tag{6-39}$$

$$\alpha = \frac{\lambda}{\rho c_p} \tag{6-40}$$

式中　q——热量通量，$\mathrm{J/(m^2 \cdot s)}$；

α——热量扩散系数，$\mathrm{m^2/s}$；

$\rho c_p T$——热量浓度，$\mathrm{J/m^3}$；

$\dfrac{\mathrm{d}(\rho c_p T)}{\mathrm{d}y}$——热量浓度梯度，$\mathrm{J/(m^3 \cdot m)}$。

由式（6-40）以及各量的单位可以看出，傅里叶定律可理解为热量通量 ［$\mathrm{J/(m^2 \cdot s)}$］等于热量扩散系数 ［$\mathrm{m^2/s}$］与热量浓度梯度 ［$\mathrm{J/(m^3 \cdot m)}$］乘积的负值，亦即该式的物理意义为：

［热量通量］＝－［热量扩散系数］×［热量浓度梯度］

③ 质量通量　同理，可对费克定律中各量的物理意义和单位直接进行分析，可见，费克定律式也可理解为组分 A 的质量通量 ［$\mathrm{kg/(m^2 \cdot s)}$］等于质量扩散系数（$\mathrm{m^2/s}$）与质量浓度梯度 ［$\mathrm{kg/(m^3 \cdot m)}$］乘积的负值，其物理意义可用下式表示：

［质量通量］＝－［质量扩散系数］×［质量浓度梯度］

通过以上对于动量通量、热量通量和质量通量的分析，可以看出，通量为单位时间内通过与传递方向相垂直的单位面积上的动量、热量和质量。这 3 种不同领域的物理量的传递，具有相似的数学表达式，均等于各自量的扩散系数与各自量浓度梯度乘积的负值，故 3 种分子传递过程可用一个通用的方程来表述，即：

$$[通量] = -[扩散系数] \times [浓度梯度]$$

方程中的扩散系数 γ、α、D_{AB} 具有相同的因次，m^2/s；浓度梯度则表示该通量传递的推动力，式中"一"号表示各量的传递方向均与该物理量的浓度梯度方向相反，即沿着浓度降低的方向进行。

通常将通量等于扩散系数乘以浓度梯度的方程称为现象方程，它是一种关联所观察现象的经验方程。可见动量、热量和质量传递过程有着统一的、类似的现象方程。

现象方程的类似性导致这 3 种传递过程具有类似特性。上述现象方程的类似仅适用于一维系统，这是因为热量和质量都是标量，但它们的通量则为矢量，在直角坐标系中有 3 个方向的分量；而动量为矢量，其通量为标量，有 9 个分量。另外，还应注意到，质量传递涉及物质的移动，需要占用空间；而动量和热量的传递则不需要占用空间，并且热量可以通过间壁进行传递，质量和动量则不能。

（4）不同传递现象之间的准数关联　在传递现象的研究过程中，有时动量传递、热量传递和质量传递中的两种或 3 种传递同时存在，而又以其中的某一传递过程为主。这时，采用准数关联来描述不同传递过程之间的关系就显得必要。一般用普朗特数 Pr、施密特数 Sc 和路易斯数 Le 这 3 个无因次数群来表述这种关系。其物理意义分述如下：

$$Pr = \frac{\gamma}{\alpha} = \frac{c_p \mu}{\lambda} \tag{6-41}$$

$$Sc = \frac{\gamma}{D_{AB}} = \frac{\mu}{\rho D_{AB}} \tag{6-42}$$

$$Le = \frac{\alpha}{D_{AB}} = \frac{\lambda}{\rho c_p D_{AB}} \tag{6-43}$$

由以上三式可见，Pr 关联了动量传递和热量传递；Sc 关联了动量传递和质量传递；而 Le 则关联了质量传递和热量传递。当 3 个准数中的某一个等于 1 时，就可以用其中的一类传递结果来推算另一类传递的结果。此时，准数所关联的两种传递的边界层是重合的，涉及的物理量（速度、温度或浓度）分布相同，就可以用准数中的一个量来求取另一个量，从而简化计算求解过程。

第三节　气体包装力学

一、气体热力学基础

在包装工业中，常常要应用压缩空气或其他压缩气体。在罐头反压杀菌、气体喷雾干燥、蒸气压缩制冷等许多包装工艺中都要使用压缩气体。压缩机处理的流体都是可压缩的，在压力增高时，体积减小，温度增高。本节主要介绍理想气体压缩的热力过程分析。

1. 封闭体系热力学第一定律解析式

与外界无物质交换的热力体系称为封闭体系，或称定质体系。如图 6-6 所示具有活塞的密闭气罐，气罐内有气体工作介质，此体系即为封闭体系。

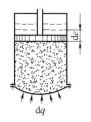

设以 1kg 工质为基准，此体系从外界吸收微分热量 dq，且气体膨胀推动活塞对外作微分膨胀功 dW。与此同时，气体的内能也有所改变，设内能的增加为 de。根据热力学第一定律，应有：

$$dq = de + dW \tag{6-44}$$

此式表示在封闭体系内，加给气体的一定热量，等于气体内能的增加和对外所作膨胀功之和。

图 6-6　封闭体系的热力过程

上式中每一项根据实际情况可以是正数、零或负数。一般规定：气体吸热为正，放热为负；内能增加为正，减少为负；膨胀功为正，压缩功为负。

上式中各项都是对 1kg 工质而言，对于 n kg 的气体，应有：

$$dQ = dE + p\,dV \tag{6-45}$$

2. 封闭体系热力过程的分析

典型的热力过程有如下几种，下面就理想气体逐一加以分析。所有参数和状态函数其下标 1 表示初态，下标 2 表示终态。

（1）定容过程　定容过程是比体积保持不变的热力过程，该过程在 p-V 图中的过程线是垂直线，如图 6-7 所示。

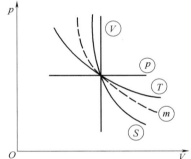

图 6-7　各种热力过程的 p-V 图

初终态关系：

$$V_1 = V_2, \quad \frac{p_1}{T_1} = \frac{p_2}{T_2} \tag{6-46}$$

功交换：

$$dV = 0, \quad W = \int p\,dV = 0 \tag{6-47}$$

热交换：

$$dq = de, \quad q = \Delta e = c_V(T_2 - T_1) \tag{6-48}$$

上式表明：在定容过程中，加给气体的热量等于气体内能的增加。

（2）定压过程　定压过程是压力保持不变的热力过程。定压过程在图 6-7 中的过程线为水平线。

初终态关系：

$$p_1 = p_2, \quad \frac{V_1}{T_1} = \frac{V_2}{T_2} \tag{6-49}$$

功交换：

$$W = p\int_1^2 dV = p(V_2 - V_1) = R(T_2 - T_1) \tag{6-50}$$

热交换：

$$dq = de + p\,dV, \quad q = h_2 - h_1 = c_V(T_2 - T_1) + R(T_2 - T_1) = c_p(T_2 - T_1) \tag{6-51}$$

上式表明：在定压过程中，加给气体的热量等于气体焓值的增加。

（3）定温过程　定温过程是温度保持不变的热力过程，在图 6-7 中的过程线为等边双曲线。

初终态关系：

$$T_1 = T_2, \quad p_1 V_1 = p_2 V_2 = RT \tag{6-52}$$

功交换：

$$W = \int_1^2 p \, \mathrm{d}V = RT \int_1^2 \frac{\mathrm{d}V}{V} = RT \ln \frac{V_2}{V_1} = RT \ln \frac{p_1}{p_2} \tag{6-53}$$

热交换：因 $\Delta e = c_V \Delta T = 0$，$\Delta h = c_p \Delta T = 0$，故

$$q = \Delta e + W = RT \ln \frac{p_1}{p_2} \tag{6-54}$$

上式表明：定温过程对封闭体系加热量等于膨胀功。

（4）定熵过程 定熵过程是体系对外没有热交换的可逆热力过程，由于

$$\mathrm{d}q = \mathrm{d}e + p \, \mathrm{d}V = c_V \mathrm{d}T + p \, \mathrm{d}V = \frac{c_V \mathrm{d}(pV)}{R} + p \, \mathrm{d}V = \frac{c_V + R}{R} + \frac{c_V}{R} V \mathrm{d}p = 0 \tag{6-55}$$

故将 $c_V + R = c_p$，$c_p / c_V = k$ 代入，即得：

$$k \cdot \frac{\mathrm{d}V}{V} + \frac{\mathrm{d}p}{p} = 0 \tag{6-56}$$

积分后，可得如下可逆绝热过程方程式：

$$pV^k = 常数 \tag{6-57}$$

可见其过程线为不等边双曲线，见图 6-7 中 S 线。

初终态关系：

$$p_1 V_1^k = p_2 V_2^k, \ T_1 V_1^{k-1} = T_2 V_2^{k-1}, \ T_1^k p_1^{1-k} = T_2^k p_2^{1-k} \tag{6-58}$$

功交换：

$$q = 0 \tag{6-59}$$

热交换：

$$W = -\Delta e = c_V (T_1 - T_2) = \frac{R}{k-1}(T_1 - T_2) = \frac{1}{k-1}(p_1 V_1 - p_2 V_2) \tag{6-60}$$

（5）多变过程 上面 4 种基本热力过程的过程线可以用一个具有普遍形式的方程来表达，即：

$$pV^m = 常数 \tag{6-61}$$

式中 m——多变指数。

这样就可把上述基本过程看成是 m 等于某一数值时的特例，如：定容过程 $m = \infty$，定压过程 $m = 0$，定温过程 $m = 1$，绝热过程 $m = k$。

功交换：

$$W = \frac{1}{m-1}(pV_1 - p_2 V_2) = \frac{R}{m-1}(T_1 - T_2) \tag{6-62}$$

热交换：

$$q = \frac{m-k}{m-1} \cdot c_V (T_2 - T_1) = c_m (T_2 - T_1) \tag{6-63}$$

其中，$c_m = \frac{m-k}{m-1} \cdot c_V$ 为多变过程的比热，称为多变比热。

【例 6-4】 内燃机的气缸中有 0.5kg 空气，燃油由喷油嘴喷入，燃烧后产生的热量有 84kJ 为空气所吸收，同时空气对外界做膨胀功 78kJ，试求空气（燃气）比热力学能的变化量。

解：取缸内气体为闭口系统，根据题意有 $\mathrm{d}Q = 84\mathrm{kJ}$，$p \mathrm{d}V = 78\mathrm{kJ}$，代入式（6-45）则：

$$84 = dE + 78$$
$$dE = 84 - 78 = 6 \ (kJ)$$

比热力学性能的变化量为：

$$de = \frac{dE}{m} = \frac{6}{0.5} = 12 \ (kJ/kg)$$

【例 6-5】 一个体积为 $0.7m^3$ 的刚性封闭容器中装有 2kg 空气，初温 $T_1 = 15℃$，在定容下加热到 $T_2 = 135℃$。已知空气的比热容 $c_V = 0.72kJ/(kg \cdot K)$，求空气吸收的热量、热力学能变化量及过程的终态压力。

解： 对于定容过程，空气吸收的热量也就是热力学能变化量，即：

$$dE = m \times c_V (T_2 - T_1) = 2 \times 0.72 \times (135 - 15) = 172.8 \ (kJ)$$

由于空气的气体常数 $R_g = 287J/(kg \cdot K)$，则初始的压力为：

$$p_1 = \frac{m R_g T_1}{V_1} = \frac{2 \times 287 \times (273 + 15)}{0.7} = 2.36 \times 10^5 (Pa)$$

终态压力为：

$$p_2 = p_1 \cdot \frac{T_2}{T_1} = 2.36 \times 10^5 \times \frac{273 + 135}{273 + 15} = 3.34 \times 10^5 (Pa)$$

二、真空包装技术

物理学上的"真空"是指没有或者不计气体分子和原子存在的物理空间，仅存在各种能量粒子的场空间。还有一种是应用物理与技术所讨论的"真空"——低于 10^5 Pa 的稀薄气体的空间状态。"真空"一词来自拉丁语"Vacuum"，意为"空虚"。真空分为自然真空和人造真空。

地球上存在着自然状态的真空，包围地球的大气层，受地心引力（空气分子重力）的作用，离地面越高，空气越稀薄。衡量气体疏密程度的物理量为压力，气体分子处于无规则热运动之中，与物体碰撞时会产生压力。气体分子密度越大，气体压力也越大，在海平面上，大气产生的压力为 101325Pa，约 100kPa，工程中称为一个标准大气压。而珠穆朗玛峰顶处的气压为 32kPa，仅为海平面压力的 1/3 左右。

大气压力随着离地面高度的递增而降低，基本按指数规律下降。18km 高空，大气压力降到标准大气压的 1/10；96km 高空，只有百万分之一；地球大气层以外的宇宙真空，称为"空间真空"，它是典型的"自然真空"。

人们运用科技手段，发明了各种真空泵去抽掉密闭容器中的气体，以获得"人为真空"，逐渐形成了"真空科学与技术"这个学科。

但是，即使是使用现代排气方法获得的最低压力，也只能达到 $10^{-13} \sim 10^{-12}$ Pa，还远未达到绝对真空。

1. 真空度的表征及真空区域的划分

真空度指气体的稀薄程度，历史上沿用压力来表示。也可以用粒子数密度、分子平均自由程、碰撞频率、单分子层覆盖时间等来描述真空度。真空度的单位为压强单位，帕（Pa）。低真空时，有时用真空度百分数 δ 表示，即：

$$\delta = \frac{p_0 - p}{p_0} \times 100\% \tag{6-64}$$

式中　p_0——大气压力。

真空区域划分主要依据真空状态下气体分子的物理特性、真空获得设备和真空测量仪表的工作范围等。国家标准（GB/T 3163—2007《真空技术　术语》）的划分是：

低真空：$10^5 \sim 10^2$ Pa；中真空：$10^2 \sim 10^{-1}$ Pa；高真空：$10^{-1} \sim 10^{-5}$ Pa；超高真空：$< 10^{-5}$ Pa。

2. 不同真空状态下的真空技术

随着气态空间中气体分子密度的减小，气体的物理性质发生了明显的变化，人们基于气体性质的这种变化，在不同的真空状态下应用不同的工艺方法，达到各种不同的生产目的，这是真空应用技术中所研究的主题。目前，可以说，从每平方厘米表面上有上百个电子元件的超大规模集成电路的制作，到几千米长的大型加速器的运转，从受控核聚变到人造卫星和航天器的宇宙飞行，直至许多民用装饰品的生产，无一不与真空技术密切相关。表 6-4 是不同真空状态下，根据气体性质的不同所引发出来的各种真空技术的应用概况。

表 6-4　　　　　　　　　　　不同真空状态下各种真空技术的应用概况

真空状态	气体性质	应用原理	应用概况
低真空 $10^5 \sim 10^2$ Pa	气体状态与常压相比较,只有分子数目由多变少的变化,而无气体分子空间特性的变化,分子相互间碰撞频繁	利用真空与大气的压力差产生的力及压差力均匀的原理实现真空的力学应用	①真空吸引和输送固体、液体、胶体和微粒 ②真空吸盘起重、真空医疗器材 ③真空成型,复制浮雕 ④真空过渡 ⑤真空浸渍
中真空 $10^2 \sim 10^{-1}$ Pa	气体分子间,分子与器壁间的相互碰撞不相上下,气体分子密度较小	利用气体分子密度降低可实现无氧化加热,利用气压降低时气体的热传导及对流逐渐消失的原理实现真空隔热和绝缘。利用压强降低液体沸点也降低的原理实现真空冷冻、真空干燥	①黑色金属的真空熔炼、脱气、浇铸和热处理 ②真空热轧、真空表面渗铬 ③真空绝缘和真空隔热 ④真空蒸馏药物、油类及高分子化合物 ⑤真空冷冻、真空干燥 ⑥真空包装、真空充气包装 ⑦高速空气动力学实验中的低压风洞
高真空 $10^{-1} \sim 10^{-5}$ Pa	分子间相互碰撞极少,分子与器壁间碰撞频繁,气体分子密度小	利用气体分子密度小、任何物质与残余气体分子的化学作用微弱的特点进行真空冶金、真空镀膜及真空器件生产	①稀有金属、超纯金属和合金、半导体材料的真空熔炼和精制;常用结构材料的真空还原冶金 ②纯金属的真空蒸馏精炼;放射性同位素蒸发 ③难熔金属的真空烧结 ④半导体材料的真空提纯和晶体制备 ⑤高温金相显微镜及高温材料实验设备的制造 ⑥真空镀膜、离子注入、膜刻蚀等表面改性 ⑦电真空工业的光电管、离子管、电子源管、电子束管、电子衍射仪、电子显微镜、X光显微镜、各种粒子加速器、能谱仪、核辐射谱仪、中子管、气体激光器的制造 ⑧电子束除气、电子束焊接、区域熔炼、电子束加工

续表

真空状态	气体性质	应用原理	应用概况
超高真空 $<10^{-5}\text{Pa}$	气体分子密度极低与器壁碰撞的次数极少,致使表面形成单分子层的时间增长 气态空间中只有固体本身的原子,几乎没有其他原子或分子的存在	利用气体分子密度极低与表现碰撞极少,表面形成单一分子层时间很长的原理,实现表现物理与表现化学的研究	①可控热核聚变的研究 ②时间基准氢分子镜的制作 ③表面物理、表面化学的研究 ④宇宙空间环境的模拟 ⑤大型同步质子加速器的运转 ⑥电磁悬浮式高精度陀螺仪的制作

3. 真空技术在包装工程领域的应用

（1）真空在镀膜工业中的应用　真空镀膜技术是真空应用技术的一个重要分支,它已广泛地应用于光学、电子学、能源开发、理化仪器、建筑机械、包装、民用制品、表面科学以及科学研究等领域中。真空镀膜所采用的方法主要有蒸发镀、溅射镀、离子镀、束流沉积镀以及分子束外延等,此外还有化学气相沉积法。如果真空镀膜的目的是改变物质表面的物理、化学性能,是真空表面处理技术中的重要组成部分,其分类如表 6-5 所示。

表 6-5　　　　　　　　　　　　真空表面处理技术的分类

表面处理目的	处理方法		粒子运动能量/eV	工作方式	
				等离子体	高真空
薄膜沉积（表面厚度增加）	PVD	真空蒸发镀膜	0.11	等离子熔炼辉光放电分解	电阻加热蒸发 电子束蒸发 真空电弧蒸发 真空感应蒸发 分子束外延
		真空溅射镀膜	10～100	放电方式:直流、交流、高频 电极数量:2 极、3 极、4 极 反应溅射:磁控溅射、对向靶溅射	离子束溅射镀膜
		真空离子镀膜	几十～500	直流二极型 多阴极型 ARE 型、增强 ARE HCD 型 高频型	单-离子束镀膜集团离子束镀膜
	CVD		化学反应热扩散	等离子增强化学气相沉积（PCVD）	低压等离子化学气相沉积（LPCVD）
微细加工（表面厚度减少）	离子刻蚀		几百～几千	高频溅射刻蚀、等离子刻蚀、反应离子刻蚀	离子束刻蚀、反应离子束刻蚀、电子束刻蚀、X 射线曝光
表面改性（不改变表面厚度）	离子注入		几千～百万	活性离子冲击离子氮化	离子注入

（2）真空在食品包装的应用　20 世纪 80 年代以来,利用真空气氛对食品进行保鲜的

包装技术发展较快。因为这种包装不但具有免除氧气使食品不易腐烂变质，贴体和充气包装既可不受昆虫危害又可抑制霉菌生长，可提高食品保鲜程度和延长存放时间等特点，而且包装设备大多结构简单，操作方便，价格低廉，采用的塑料包装材料成本低，美观大方，易于普及。真空包装的食品种类较多，如榨菜、大头菜、海带、香肠、扒鸡、烤鸭、豆制品、奶粉、麦乳精等。由于新鲜的产品从收获到零售过程中所经过的中间环节时间较长，损失严重，易提升销售成本，而真空包装技术的推广，将使新鲜产品的价格和冷藏费用降低，从而可缓和供需之间的矛盾。因此真空保鲜必将成为潜力极大的市场而活跃在人们的生活中。

（3）真空在冷冻干燥工业中的应用　真空冷冻干燥技术最早出现于 20 世纪初，近年来发展很快。这是因为它与通常的热晒、热风干燥、红外干燥、高频干燥相比较具有很多优点。由于冷冻的工艺过程是先将被干燥的物料冻结，然后抽真空，使物料中已冻结成冰的水分不经过液态而直接升华去掉，因此冻干后的制品，不但可以呈现多孔性状态而保持原来的形状，使其加水后易恢复原状，而且低温干燥还可以防止物料热分解。同时由于真空气氛下干燥的物料免除了氧化作用，因此干燥后的制品，其物理、化学和生物性能可基本不变。真空冷冻干燥的应用范围正在逐年扩大，应用实例如表 6-6 所示。

表 6-6　　　　　　真空冷冻干燥的应用范围及实例

应用范围	应用实例
生物体保存	血浆、细菌、动脉、骨骼、皮肤、角膜、神经组织
贵重或热敏性药物生产	酶、疫苗、激素、各种抗生素
食品制作与保存	咖啡、海产品、水果、调味品
微粉末干燥	氨基酸、金属粉、矿物粉

4. 稀薄气体分子运动理论

（1）理想气体定律　气体的大多数宏观特性都与气体的压力、体积、温度有关，气体的变化规律也多用气体的压力、体积、温度来描述，并且容易通过测量而获得。因此，气体的宏观状态可由上述 3 个基本参数来确定，这些参数被称为状态参数。

① 理想气体状态方程　理想气体的基本假设如下：

a. 气体分子本身的体积忽略；

b. 气体分子之间的相互作用，除碰撞外，忽略不计。

理想气体状态方程可表示如下：

$$pV=\frac{m}{M}RT \tag{6-65}$$

式中　p——气体压力，Pa；

V——气体体积，m^3；

T——气体热力学温度，K；

m——气体质量，kg；

M——气体摩尔质量，kg/mol；

R——普适气体常数，$R=8.31J/(mol \cdot K)$。

若气体由 N 个分子组成，每个分子的质量为 m'，则：

$$m=m' \cdot N \tag{6-66}$$

而 1mol 气体中的分子数 $N_0 = 6.02 \times 10^{23}$，将 $M = N_0 \cdot m$ 代入式（6-65），整理可得：

$$p = nkT \tag{6-67}$$

式中　n——单位体积内气体分子数目（分子数密度）；

$\quad\quad$ k——玻耳兹曼常数，$k = R/N_0 = 1.38 \times 10^{-23}$ J/K。

式（6-67）是理想气体状态方程的第二种表达形式。若将气体密度 $\rho = mn$ 代入式（6-67），整理可得：

$$\frac{p}{\rho} = \frac{kT}{m} \tag{6-68}$$

式（6-68）是理想气体状态方程的第 3 种表达形式。

②　理想气体压力公式　容器中气体作用于器壁上的宏观压力是大量无规则热运动的气体分子对器壁不断碰撞的结果。虽然每个气体分子对器壁的碰撞时间、冲量、位置等是偶然的，但对大量分子整体而言，每一时刻都有许多气体分子与器壁碰撞，在宏观上表现出一个恒定的持续压力。

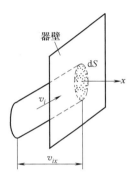

图 6-8　理想气体压力公式推导图

设容器体积 V 中含有理想气体分子 N 个，每个气体分子的质量为 m。在平衡状态下，器壁上各处压力相等。设单位体积中的速度为 v_i 的分子有 n_i 个，则图 6-8 中斜柱体中速度 v_i 的分子有 $n_i v_{ix} \mathrm{d}S$ 个，这些分子在单位时间内全部与器壁面 $\mathrm{d}S$ 碰撞。一个速度 v_i 的分子对面 $\mathrm{d}S$ 的冲量为 $2mv_{ix}$，所以单位时间内速度 v_i 的分子对面 $\mathrm{d}S$ 的冲量为 $2mv_{ix}n_i v_{ix} \mathrm{d}S$。

因为 $v_{ix} < 0$ 的分子不会碰撞 $\mathrm{d}S$ 面，所以只要将 $v_{ix} > 0$ 的各种速度的分子的冲量求和，即得单位时间内 $\mathrm{d}S$ 面所受的总冲量，也就是 $\mathrm{d}S$ 面所受的力 $\mathrm{d}F = \sum\limits_{v_{ix} > 0} 2n_i m v_{ix}^2 \mathrm{d}S$。而根据统计假设，$v_{ix} < 0$ 和 $v_{ix} > 0$ 的分子数相等，各占总分子数的一半，因此 $\mathrm{d}F = \sum\limits_{i} n_i m v_{ix}^2 \mathrm{d}S$。$\mathrm{d}S$ 面上有：

$$p = \frac{\mathrm{d}F}{\mathrm{d}S} = \sum_i n_i m v_{ix}^2$$

根据统计平均值定义，$\overline{v_x^2} = \dfrac{\sum n_i v_{ix}^2}{n}$，且 $\overline{v^2} = \overline{v_x^2} + \overline{v_y^2} + \overline{v_z^2} = 3\overline{v_x^2}$，可得：

$$p = \frac{1}{3} nm\overline{v^2} = \frac{2}{3} n\overline{\varepsilon_i} \tag{6-69}$$

式中　$\overline{\varepsilon_i} = \dfrac{m\overline{v^2}}{2}$，为气体分子的平均平动动能。

式（6-69）即为理想气体压力公式。从中可见，气体的压力取决于两个因素：单位体积内的分子数目，以及分子的平均平动动能。

（2）气体分子平均碰撞频率和平均自由程

①　气体分子平均碰撞频率　处于无规则热运动中的气体分子，彼此间不断碰撞，单位时间内气体分子的碰撞次数称为碰撞频率。特定种类的气体分子的碰撞频率与气体分子热运动的速率有关，与气体的密度有关，用平均碰撞频率反映大量分子间的碰撞情况。

单个气体分子在单位时间内的碰撞次数为：

$$\bar{z} = \pi d^2 \bar{v}_r n \qquad (6\text{-}70)$$

式中　d——气体分子的有效直径，是分子间相互排斥，使运动方向急剧改变的作用
　　　　　距离；

　　　$\bar{v}_r$——运动着的气体分子间的相对运动速率，且：

$$\bar{v}_r = \sqrt{2}\,\bar{v} \qquad (6\text{-}71)$$

则

$$\bar{z} = \sqrt{2}\,\pi d^2 \bar{v} n \qquad (6\text{-}72)$$

单位体积内气体分子间的碰撞频率为：

$$\bar{z}_{总} = \frac{1}{2}(\bar{z}n) = \frac{1}{\sqrt{2}}\pi d^2 \bar{v} n^2 \qquad (6\text{-}73)$$

②气体分子平均自由程　一个气体分子连续两次碰撞间飞行距离的平均值称为平均自由程，其大小取决于气体分子的密度。

单一气体中分子平均自由程：

$$\bar{\lambda} = \frac{\bar{v}}{\bar{z}} = \frac{1}{\sqrt{2}\,\pi d^2 n} \qquad (6\text{-}74)$$

将 $n = \dfrac{p}{kT}$ 代入上式，可得：

$$\bar{\lambda} = \frac{kT}{\sqrt{2}\,\pi d^2 p} \quad \text{或} \quad p\bar{\lambda} = \frac{kT}{\sqrt{2}\,\pi d^2} \qquad (6\text{-}75)$$

就特定气体而言，当温度 T 一定时，有：

$$p\bar{\lambda} = 常数 \qquad (6\text{-}76)$$

混合气体中分子平均自由程：

$$\bar{\lambda}_1 = \frac{1}{\pi \sum\limits_{i=1}^{K} \sqrt{1 + \dfrac{m_1}{m_2}} \left(\dfrac{d_1 + d_2}{2}\right)^2 n_i} \qquad (6\text{-}77)$$

式中　$\bar{\lambda}_1$——成分 1 的分子在混合气体中的平均自由程，m；
　m_1, m_i——第 1 种、第 i 种气体的分子质量，kg；
　d_1, d_2——第 1 种、第 i 种气体的有效直径，m；
　　　n_i——第 i 种气体分子数密度，$1/\text{m}^3$。

如果混合气体仅由两种成分组成，则：

$$\bar{\lambda}_1 = \frac{1}{\sqrt{2}\,\pi d_1^2 n_1 + \sqrt{1 + \dfrac{m_1}{m_2}}\,\pi \left(\dfrac{d_1 + d_2}{2}\right)^2 n_2} \qquad (6\text{-}78)$$

$$\bar{\lambda}_2 = \frac{1}{\sqrt{2}\,\pi d_2^2 n_2 + \sqrt{1 + \dfrac{m_2}{m_1}}\,\pi \left(\dfrac{d_1 + d_2}{2}\right)^2 n_1} \qquad (6\text{-}79)$$

若两种成分中，$n_2 \ll n_1$，则：

$$\bar{\lambda}_1 \approx \frac{1}{\sqrt{2}\,\pi d_1^2 n_1} \qquad (6\text{-}80)$$

$$\bar{\lambda}_2 \approx \frac{1}{\sqrt{1 + \dfrac{m_2}{m_1}}\,\pi \left(\dfrac{d_1 + d_2}{2}\right)^2 n_1} \qquad (6\text{-}81)$$

③ 离子和电子在气体中的平均自由程 离子和电子在气体中运动时，往往受到电场力的作用而作定向运动，其运动速率可视为与气体分子的相对速率。电子的有效直径远小于气体分子的有效直径，离子有效直径与气体分子相当。离子运动的平均自由程：

$$\bar{\lambda}_i = \frac{1}{\pi d^2 n} = \sqrt{2}\bar{\lambda} \tag{6-82}$$

电子运动的平均自由程：

$$\bar{\lambda}_e = \frac{1}{\pi \left(\dfrac{d}{2}\right)^2 n} = \frac{4}{\pi d^2 n} = 4\sqrt{2}\bar{\lambda} \tag{6-83}$$

5. 真空系统的设计计算

（1）气体负荷的计算

① 真空室内的总大气量 在真空室中，总的大气量为：

$$W = (Q_1 + Q_f + Q_q + Q_g)t + W_a \tag{6-84}$$

式中 Q_1——真空室中的漏气流量，Pa·L/s；

$\quad Q_f$——真空室中各种材料表面解吸释放出来的气体流量，Pa·L/s；

$\quad Q_q$——真空室外大气通过器壁材料渗透到真空室内的气体流量，Pa·L/s；

$\quad Q_g$——工艺过程中真空室内产生的气体流量，Pa·L/s；

$\quad t$——时间，s；

$\quad W_a$——真空室内存在的大气量，Pa·L。

② 漏气流量的计算 大气通过各种真空密封的连接处和各种漏隙通道泄漏进入真空室的漏气流量 Q_1，对于确定的真空装置，漏气流量 Q_1 是个常数。

漏气流量 Q_1 是由焊缝及各种密封结构的非气密性引起的。设计时，可以根据真空设备的极限压力，以及大气组分对设备性能的要求，对 Q_1 提出适宜的要求，直接给出允许的漏气流量。表 6-7 给出了不同真空装置允许的漏气流量值，供设计参考。对于一般无特殊要求的真空系统，可选取 $Q = (1/10)Q_g$，但对极限压力要求较高的真空系统，Q_1 不能

表 6-7 真空装置允许漏量

装置名称	允许漏量/(Pa·L/s)
简单减压装置、真空过滤装置、真空成型装置	1.33×10^4
减压干燥装置、真空浸渍装置、真空输送装置	1.33×10^3
减压蒸馏装置、真空脱气装置、真空浓缩装置	1.33×10^2
真空蒸馏装置	1.33×10^1
高真空蒸馏装置、冷冻干燥装置	1.33
分子蒸馏装置	1.33×10^{-1}
带有真空泵的水银整流器	1.33×10^{-2}
真空镀膜装置	1.33×10^{-3}
真空冶炼装置	1.33×10^{-4}
回旋加速器	1.33×10^{-5}
高真空排气装置	1.33×10^{-6}
真空绝热装置、宇宙空间模拟装置	1.33×10^{-7}
封离、切断真空装置	1.33×10^{-8}
小型超高真空装置	$1.33 \times (10^{-9} \sim 10^{-8})$
电子管、电子束管	1.33×10^{-9}

按此值定。漏气流量 Q_1 通常采用真空室内允许的压力增长率（压升率）P_{vs} 来计算：

$$Q_1 = P_{vs} V / 3600 \tag{6-85}$$

式中　P_{vs}——压升率，$P_{vs} = \Delta p / \Delta t$，Pa/h；

　　　V——真空室的容积，L。

③ 放气流量的计算　抽容器被抽空后，各种构件材料单位时间内的表面放气量（包括原来在大气压下所吸收和吸附的气体），可以用 Q_f（单位为 Pa·m³/s）表示；

真空室中材料表面放气流量 Q_f 与材料性能、处理工艺、材料表面状态有关。已知材料的出气率后（可查有关数据），用下式计算放气流量：

$$Q_f = \sum q_i \cdot A_i \quad (\text{Pa·L/s}) \tag{6-86}$$

式中　q_i——真空室中第 i 种材料单位表面积的放气速率，Pa·L/(s·m²)，一般用抽气 1h 后的放气速率数据，有些材料的放气率实验数据无处可查，则可采用与其类似材料的放气率数据近似替代；

　　　A_i——第 i 种材料暴露在真空室中的表面积，m²。

对于某些真空应用设备（如真空炉）的真空室内要求加热到很高的温度，真空室内必须使用如碳毡、碳布、硅酸铝纤维等保温材料，此时该部分材料的放气流量按下式计算：

$$Q_{fn} = q_n V_n p_a \times 10^3 / t \quad (\text{Pa·L/s}) \tag{6-87}$$

式中　q_n——真空室中保温材料单位体积放气在标准状态下的体积，m³/m³；

　　　V_n——真空室中所用的保温材料的体积，m³；

　　　p_a——标准大气压力，Pa；

　　　t——保温材料被加热的时间，s。

真空室中材料总的放气流量为：

$$Q_f = \sum q_i A_i + \sum Q_{fni} \tag{6-88}$$

式中　Q_{fni}——在真空室中第 i 种保温材料的放气流量。

④ 渗透气体流量的计算。大气通过容器壁结构材料向真空室内渗透的气体流量，以 Q_s（Pa·m³/s）表示。

真空系统器壁渗透的气体流量 Q_s 对于一般金属系统可以不考虑，而玻璃真空系统或薄壁金属系统需要考虑此值。气体对器壁材料的渗透率与材料种类、厚度、温度及气体种类、器壁内外气体压差有关，可用下式计算：

$$q_k = \frac{K}{\delta}(p_2 - p_1) \quad (\text{对单原子气体}) \tag{6-89}$$

$$q_k = \frac{K}{\delta}\sqrt{p_2 - p_1} \quad (\text{对双原子气体}) \tag{6-90}$$

式中　q_k——材料的渗透率，Pa·m³/(s·m²)；

　　　K——材料渗透系数，m²/s（对单原子气体），Pa$^{\frac{1}{2}}$·m²/s（对双原子气体）；

　　　δ——材料透气厚度，m；

p_1，p_2——器壁材料两侧的气体压力，Pa。

当真空系统内的压力较低，而器壁外侧为大气压力 p_2 时，上式可简化为：

$$q_k = \frac{K}{\delta} p_2 \quad (\text{对单原子气体}) \tag{6-91}$$

$$q_k = \frac{K}{\delta}\sqrt{p_2} \quad (\text{对双原子气体}) \tag{6-92}$$

只要知道渗透系数 K，就可以根据该材料的壁厚 δ、壁的面积 A，求得气体通过真空系统器壁渗透的气体流量（单位时间，通过 A 面积的气体渗透量）为：

$$Q_s = q_k A \tag{6-93}$$

⑤ 工艺过程中真空室内产生的气体流量的计算　气体负荷 Q_g（单位为 Pa·m³/s）包括在工艺过程中被处理的材料放出的气体流量和在工艺过程中引入真空室中的气体流量。

Q_g 中还包含了真空室中液体或固体蒸发的气体流量 Q_z。空气中水分或工艺中的液体在真空状态下蒸发出来，这是在低真空范围内常常发生的现象。在高真空条件下，特别是在高温装置中，固体和液体都有一定的饱和蒸气压。当温度一定时，材料的饱和蒸气压是一定的，因而蒸发的气流量也是个常量。

对于不同的工艺过程和不同的被处理材料来说，Q_g 的计算是不同的，一般建立在试验数据基础上。

⑥ 大气压下的气体量　若容器的容积为 V（单位为 m³），抽气初始压强为 p_a（单位为 Pa），则被抽容器内原有的大气负荷量为 Vp_a（单位为 Pa·m³）。在真空室内存在的大气压下的气体量 Q_a，是抽气初期（粗真空和低真空阶段）机组的主要气体负荷，但很快被真空机组抽走，所以不会影响真空室的极限压力。

（2）抽气时间和压力的计算

① 真空系统的抽气方程与有效抽速　真空抽气系统的任务就是抽除被抽容器中的各种气体，真空系统的气体负荷量由式（6-84）求得。当真空系统对被抽容器抽气时，真空系统对容器的有效抽速若以 S_e 表示，容器中的压力以 p 表示，则单位时间内系统所排出的气体流量即是 $S_e p$。容器中的压强变化率为 dp/dt，容器内的气体减少量即是 Vdp/dt。根据动态平衡关系，可以列出如下方程：

$$V\frac{dp}{dt} = -S_e p + Q_f + Q_s + Q_g + Q_1 \tag{6-94}$$

式（6-94）为真空系统抽气方程。式中 V 是被抽容器的容积，由于随着抽气时间 t 的增长，容器内的压力 p 降低，所以容器内的压强变化率 dp/dt 是个负值。因而 Vdp/dt 是个负值，它表示容器内气体的减少量。放气流量 Q_f、渗透气流量 Q_s、真空室内的气流量 Q_g 和漏气流量 Q_1 都是使容器内气体量增多的气流量。$S_e p$ 则是真空系统将容器内气体抽出的气流量，所以方程中记为：$-S_e p$。

对于一个设计、加工制造良好的真空系统，抽气方程（6-94）中的放气量 Q_f、渗气量 Q_s、蒸气量 Q_g 和漏气量 Q_1 都是微小的。因此抽气初期（粗真空和低真空阶段）真空系统的气体负荷主要是容器内原有的空间大气；随着容器中压强的降低，原有的大气迅速减少，当抽空至 $10^{-1} \sim 1$ Pa 时，容器中残存的气体主要是漏、放气，而且主要的气体成分是水蒸气。如果用油封式机械泵抽气，则试验表明，在几十至几帕时，还将出现泵油大量返流的现象。

真空室出口的有效抽速：泵或机组对容器的抽气作用受两个因素影响，一是泵或机组本身的抽气能力，该影响可由真空泵的抽气特性曲线表现出来；二是管道对气流的阻碍作用，可由抽气管道流导对抽速的影响体现出来。

最简单的真空系统如图 6-9 所示。真空室内的气体负荷通过流导为 C 的管道被真空机

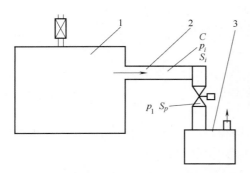

1—真空室；2—真空管路；3—真空泵。

图 6-9　真空系统原理图

组或真空泵抽走。图中 p_j 和 S_e 分别是真空容器出口的压力和真空机组对该口的有效抽速。p_1 和 S_p 分别是真空泵或机组入口的压力和抽速。当管道中气体为稳定流动时，单位时间内流过管道任意截面的气流量都是相等的，可以写出下式：

$$Q = p_j S_e = p_1 S_p = p_i S_i \tag{6-95}$$

式中　p_i、S_i——管道中任一截面处的气体压力和真空泵对该截面的有效抽速。

根据流导的定义，气体流量 Q 又可表示为：

$$Q = C(p_j - p_1) \tag{6-96}$$

故有：

$$Q = p_j S_e = p_1 S_p = p_i S_i = C(p_j - p_1) \tag{6-97}$$

式（6-97）为真空系统内的气流处于稳定流动时的基本方程式，称为真空系统的气体连续性方程。由式（6-97）可得：

$$p_j = \frac{Q}{S_e}, \quad p_i = \frac{Q}{S_p}, \quad p_j - p_1 = \frac{Q}{C} \tag{6-98}$$

故有：

$$\frac{1}{S_e} = \frac{1}{C} + \frac{1}{S_p} \tag{6-99}$$

或：

$$S_e = \frac{S_p C}{S_p + C} = \frac{C}{1 + \dfrac{C}{S_p}} = \frac{S_p}{1 + \dfrac{S_p}{C}} \tag{6-100}$$

式（6-100）称为真空技术的基本方程，它表明：

a. $S < S_p$，$S_e < C$，即真空泵或机组对真空室的有效抽速永远小于机组自身的抽速或管道的流导；

b. 若 $C \gg S_p$ 时，则 $S \approx S_p$，即当管道的流导很大时，真空室出口处的有效抽速只受真空机组本身抽速的限制；

c. 若 $S_p \gg C$，则 $S_e \approx C$，在此情况下，真空室的有效抽速受到抽气管道流导的限制。

由此可见，为了充分发挥真空机组对真空室的抽气作用，必须使管道的流导尽可能增大，因此在真空系统设计时，在可能的情况下，应将真空管道设计得短而粗，使管道的流导尽可能的大。尤其是高真空系统的抽气管道更应如此。在一般情况下，对于高真空抽气管道，真空泵的抽速损失不应大于60%，而对于低真空管道，其损失允许值为5%～10%。

在 S_p 为定值时，真空室出口的有效抽速 S_e 随管道流导 C 变化，三者关系如图 6-10

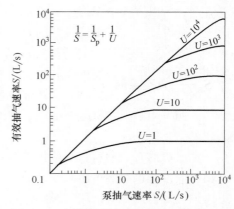

图 6-10　有效抽速、机组抽速与流导的关系

所示。

② 低真空抽气时间的计算　在低真空条件下，真空系统本身内表面的出气量与系统总的气体负荷相比，可以忽略不计。因而，在低真空条件下计算抽气时间可以不考虑表面出气的影响。如图 6-9 所示的简单真空抽气系统，S 为真空泵或机组在真空室出口处的有效抽速；S_p 为真空泵的抽速；p_i 为真空系统开始抽气时的压力；p 为真空室内某一时刻的压力；p_{ult} 为真空室的极限压力；C 为管道流导；V 为真空室的容积。

a. 泵或机组的抽速近似不变，忽略管道流导时抽气时间的计算　忽略管道流阻及漏气、放气影响（$C \gg S_p$；$S \approx S_p$）时抽气时间的计算：油封机械真空泵的入口压力在大气压到 10^2 Pa 范围内抽速近似不变，而且在该抽气压力范围内，系统内的压力较高，排气量较大，系统内的微小漏气和放气对系统的影响很小，可以忽略不计。

当系统内漏气、放气量很小以致极限压力可以忽略时，而且真空泵与被抽容器之间的连接管路很短，其流导影响也可以忽略时，可得真空系统的抽气方程为

$$V \frac{\mathrm{d}p}{\mathrm{d}t} = -Sp = -S_p p \tag{6-101}$$

积分得：

$$t = -\frac{V}{S_p} \ln p + C \tag{6-102}$$

利用边界条件：$t=0$ 时，$p=p_i$，解得积分常数，可得真空容器中的压力从 p_i 降到 p 所需要的抽气时间 t 为：

$$t = \frac{V}{S_p} \ln \frac{p_i}{p} \tag{6-103}$$

式（6-103）为计算低真空抽气时间的基本公式。

由式（6-103）可得出真空容器内压力 p 随抽气时间 t 的变化关系：

$$p = p_0 \mathrm{e}^{-\frac{S_p}{V} \cdot t} = p_0 \mathrm{e}^{-\frac{t}{\tau_1}} \tag{6-104}$$

式中　τ_1——真空容器的抽气时间常数，$\tau_1 = \dfrac{V}{S_p}$，其意义是被抽容器内的压力 p_0 降低至其值的 $1/\mathrm{e}$ 所需要的抽气时间。

忽略管道流导但考虑漏、放气影响时抽气时间的计算：当系统内的漏、放气量较大，以致极限压力不能忽略时，真空室中的压力从 p_i 降到 p 所需要的抽气时间 t 为：

$$t = \frac{V}{S_p} \ln \frac{p_i - p_{ult}}{p - p_{ult}} \tag{6-105}$$

式中　p_{ult}——真空容器的极限压力；

　　　p_i——抽气时真空容器的起始压力；

　　　p——抽气时间为 t 时真空容器的压力；

　　　S_p——真空泵的有效抽速；

　　　V——真空容器的容积。

式（6-104）和式（6-105）既适用于管道中气流为分子流状态，也适用于黏滞流状态，且极限压力是由各种因素产生的恒定气体流量 Q 的贡献所引起的。

b. 考虑抽气管道流导的影响而忽略系统漏气、放气时抽气时间的计算　当管道中气流状态为黏滞流时，管道的流导 C 与气体压力有关，可表示成如下形式：

$$C = k_b \overline{p} = \frac{k_b}{2}(p + p_p) \tag{6-106}$$

式中　$\overline{p}$——管道中气体的平均压力 $\overline{p}=\dfrac{p+p_{\mathrm{p}}}{2}$，Pa；

　　　k_{b}——比例系数。

对于 20℃空气，$k_{\mathrm{b}}=1.34\dfrac{D^4}{L}$

对于其他情况，$k_{\mathrm{b}}=2.45\times10^{-4}\dfrac{D^4}{\eta L}$

式中　D、L——管道的直径和长度，cm；

　　　η——气体的黏性系数，Pa·s。

根据真空技术基本方程，真空泵对容器的有效抽速 S 为：

$$S=\frac{S_{\mathrm{p}}C}{S_{\mathrm{p}}+C}=\frac{S_{\mathrm{p}}k_{\mathrm{b}}\overline{p}}{S_{\mathrm{p}}+k_{\mathrm{b}}\overline{p}} \tag{6-107}$$

则当忽略系统的漏气、放气时，由真空系统抽气方程可得：

$$V\frac{\mathrm{d}p}{\mathrm{d}t}=-\frac{S_{\mathrm{p}}k_{\mathrm{b}}\overline{p}}{S_{\mathrm{p}}+k_{\mathrm{b}}\overline{p}}\,p \tag{6-108}$$

则真空室内的压力从 p_i 降到 p 所需要的抽气时间为：

$$t=\frac{V}{k_{\mathrm{b}}}\left(\frac{1}{p}-\frac{1}{p_i}\right)+\frac{V}{S_{\mathrm{p}}}\left[\left(\frac{N-N_0}{p-p_i}\right)+\ln\left(\frac{N_i+p_i}{N+p}\right)\right] \tag{6-109}$$

式中　$N=\left[\left(\dfrac{S_{\mathrm{p}}}{k_{\mathrm{b}}}\right)^2+p^2\right]^{1/2}$；

　　　$N_i=\left[\left(\dfrac{S_{\mathrm{p}}}{k_{\mathrm{b}}}\right)^2+p_i{}^2\right]^{1/2}$

当管道中气流状态为分子流时，管道的流导 C 与气体压力无关，因而机组或泵对真空室的有效抽速 S 亦与压力无关，有：

$$S=\frac{S_{\mathrm{p}}C}{S_{\mathrm{p}}+C} \tag{6-110}$$

据式（6-108），真空室中的压力从 p_i 降到 p 所需要的抽气时间 t 为：

$$t=\frac{V(S_{\mathrm{p}}+C)}{S_{\mathrm{p}}C}\ln\frac{p_i}{p} \tag{6-111}$$

c. 考虑管道流导的影响且考虑系统的漏、放气的影响时抽气时间的计算　这种情况下，管道中的气流多半处于过渡流态或分子流状态。由于过渡流态的计算比较复杂，所以当管道中气流处于过渡流态时，工程上允许用分子流流导计算代替。

在分子流情况下，$S=\dfrac{S_{\mathrm{p}}C}{S_{\mathrm{p}}+C}$，据式（6-105），真空室中的压力从 p_i 降到 p 所需要的抽气时间 t 为：

$$t=\frac{V(S_{\mathrm{p}}+C)}{S_{\mathrm{p}}\cdot C}\ln\left(\frac{p_i-p_{\mathrm{ult}}}{p-p_{\mathrm{ult}}}\right) \tag{6-112}$$

d. 变抽速时抽气时间的计算　在这种情况下，泵的抽速 S_{p} 是其入口压力 p 的函数，$S_{\mathrm{p}}=f(p)$。设抽气开始时，在体积为 V 的真空室中，压力为 p_0，经过一个微小的时间 $\mathrm{d}t$ 后，压力减小了 $\mathrm{d}p$，在 $\mathrm{d}t$ 时间内泵的抽速 S_{p} 近似为常数，且流入真空泵内的气体量为 $pS_{\mathrm{p}}\mathrm{d}t$，真空室中减少的气体量为 $V(-\mathrm{d}p)$，故有：

$$pS_p dt = -Vdp \qquad (6\text{-}113)$$

或：

$$dt = -\frac{V}{S_p}\frac{dp}{p} \qquad (6\text{-}114)$$

将 $S_p = f(p)$ 代入式（6-113），有：

$$dt = -\frac{V}{f(p)} \cdot \frac{dp}{p} \qquad (6\text{-}115)$$

显然，抽气时间 t 取决于 $S_p = f(p)$ 的性质。

方法一：变抽速时抽气时间的分段计算法。

如图 6-11 所示，在 $S_p = f(p)$ 曲线图上，将抽气的初始压力 p_1 和终止压力 p_{n+1} 之间分成 n 段。段数分得越多，计算的抽气时间越精确。设各段相应的抽气时间为 t_1，t_2，$\cdots$，t_n，取其各段抽速的平均值，看作常数，然后根据不同情况用相应的常抽速公式进行各个阶段的抽气时间计算，然后相加就得总的抽气时间。其一般式可表示为：

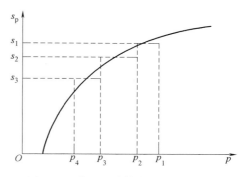

图 6-11　分段法计算抽气时间示意图

$$t = \sum_{i=1}^{n} t_i \qquad (6\text{-}116)$$

式中　n——抽气的初始压力到终止压力之间分成的段数；

　　　t_i——根据第 i 段的情况用相应的常抽速计算公式计算出的第 i 段的抽气时间。

方法二：经验系数计算法。

真空室用机械泵从大气压下开始抽气时，在不同的压力范围内，泵的抽速随压力降低而下降的程度是不同的。

考虑到真空室极限压力的影响，真空室内压力从 p_i 降到 p_{i+1} 所需要的抽气时间 t_i 为：

$$t_i = K_i \frac{V}{S_p} \ln\left(\frac{p_i - p_{jx_0}}{p_{i+1} - p_{jx_0}}\right) \qquad (6\text{-}117)$$

若忽略极限压力 p_{jx_0} 的影响，则有：

$$t_i = K_i \frac{V}{S_p} \ln\frac{p_i}{p_{i+1}} \qquad (6\text{-}118)$$

式中　S_p——机械泵的名义抽速；

　　　V——真空室的体积；

　　　K_i——修正系数，与抽气终止时的压力有关，见表 6-8。

表 6-8　　　　　　　　　　　　　　　　修正系数 K_i

终止压力 p/Pa	$1.33\times10^6 \sim$ 1.33×10^4	$1.33\times10^4 \sim$ 1.33×10^3	$1.33\times10^3 \sim$ 1.33×10^2	$1.33\times10^2 \sim$ 13.3	$13.3\sim1.33$
修正系数 K_i	1	1.25	1.5	2	4

式（6-117）和式（6-118）适用于机械真空泵抽气，且抽气的终止压力高于 1.33Pa 时的抽气时间的计算。

③ 高真空抽气时间的计算

a. 高真空抽气的气体负荷　高真空抽气是指压强在 $10^{-5} \sim 0.5\text{Pa}$ 范围内的抽气。这段抽气通常要经过机械真空泵预抽之后来进行。这时容器中空间的气体已经大大减少了，而其他气源越来越成为主要的气体负荷。其中有：微漏，即大气通过微隙漏入容器的气体流量，以 Q_1 表示，当微隙一定时 Q_1 是常量。渗透，即大气通过容器壁结构材料扩散到容器中的气体流量，以 Q_s 表示。蒸发，空气中水分或工艺中液体在真空中蒸发出来，这是在低真空常常发生的现象。在高真空，特别是在高温装置中，固体和液体都有一定的饱和蒸气压。当温度一定时，材料的饱和蒸气压是一定的，因而蒸气流量 Q_z 就是个常量。表面解吸，也叫作表面释气，即材料吸附和吸收的气体通过暴露在真空中的表面释放出来的气体。如果是容器壁的内表面放出的气流量，那么除了表面解吸的气流量，还包含有渗透的气流量。因此表面解吸和渗透可以统称为表面放气或表面出气，简称放气。总的表面放气流量 Q_{out} 为：

$$Q_{\text{out}} = Q_0 + \sum A_i q_{1i} t^{-\beta_i} = Q_s + \sum A_i q_{1i} t^{-\beta_i} \tag{6-119}$$

式中　A_i——第 i 种材料暴露在真空中的面积；

　　　q_{1i}——第 i 种材料在抽气 1h 后的放气率；

　　　t——以小时表示的抽气时间；

　　　β_i——第 i 种材料的放气时间指数；

　　　Q_0——抽气时间无限长后的放气流量，它实际近似等于渗透的气流量 Q。

通常在室温下抽气，上述 Q_1、Q_s 和 Q_z 等都是常量，只有 $\sum A_i q_{1i} t^{-\beta_i}$ 是抽气时间的函数，将它们代入真空系统的抽气方程，得：

$$V \frac{\mathrm{d}p}{\mathrm{d}t} = -S_e p + Q_1 + Q_s + Q_z + \sum A_i q_{1i} t^{-\beta_i} = -S_e p + Q_c + \sum A_i q_{1i} t^{-\beta_i} \tag{6-120}$$

式中　Q_c——微漏、渗透和蒸发的气流量总和。

对于一个设计良好的高真空系统，Q_c 是个微小的常量，与表面放气流量比较往往可以忽略。

根据这个微分方程可解出 t 与 p 的关系，从而求得高真空的抽气时间。但是严格求解该方程是较困难的，目前采用近似的算法来计算高真空的抽气时间。

b. 高真空的抽气时间解析法近似计算　若不考虑真空室中空间气体负荷对抽气的影响，则可以认为泵或机组对真空室的排气量仅与放气和漏气处于动平衡状态。于是高真空抽气时间可通过求解以下方程求得：

$$Sp = Q_c + \sum A_i q_{1i} t^{-\beta_i} \tag{6-121}$$

式中　S——真空机组对真空室的有效抽速，m^3/s；

　　　p——抽气时某一时刻真空室中的压力，Pa；

　　　Q_c——系统中微漏、渗透和蒸发的气体流量之和，$\text{Pa} \cdot \text{m}^3/\text{s}$；

　　　A_i——第 i 种材料暴露在真空中的面积，cm^2；

　　　q_{1i}——第 i 种材料在抽气 1h 后的放气率，$\text{Pa} \cdot \text{m}^3/(\text{s} \cdot \text{cm}^2)$；

　　　β_i——第 i 种材料的放气时间指数，与材料结构、预处理等条件有关；

　　　t——抽气时间，h。

【例 6-6】　有一直径为 60cm，长度为 90cm 的不锈钢容器，其中装有 4 个有机玻璃圆盘，外径为 60cm，厚度为 1.2cm，中心有孔，孔中装有直径为 15cm、长度为 60cm 的不锈钢圆管。试问用抽速为 2000L/s 的扩散泵通过流导为 6500L/s 的管道，从 10^{-1}Pa 至 10^{-3}Pa 所需抽气时间是多少？

解： 由题知，蒸发和微漏可以不考虑，即 $Q_c=0$。

由相关资料查得有机玻璃及不锈钢的放气率分别为：

$$q_{11}=2.93\times10^{-7}\,\text{Pa}\cdot\text{m}^3/(\text{cm}^2\cdot\text{s}),\ \beta_1=0.5$$

$$q_{12}=3.80\times10^{-9}\,\text{Pa}\cdot\text{m}^3/(\text{cm}^2\cdot\text{s}),\ \beta_2=1$$

由题可算得容器内表面积和其中的不锈钢管表面积之和为：

$$A_2=41846\text{cm}^2$$

有机玻璃盘表面积之和为：

$$A_1=21195\text{cm}^2$$

泵对真空容器的有效抽速为：

$$S=\frac{2000\times6500}{2000+6500}=1530(\text{L/s})$$

将起始压力 10^{-1}Pa 代入式（6-121）得：

$$1.53\times10^{-1}=\frac{21195\times2.93\times10^{-7}}{\sqrt{t'}}+\frac{41846\times3.80\times10^{-9}}{t'}$$

整理并解得：

$$t'=2.41\times10^{-1}\text{h}$$

将终止压力 10^{-3}Pa 代入式（6-121）得：

$$1.53\times10^{-3}=\frac{21195\times2.93\times10^{-7}}{\sqrt{t''}}+\frac{41846\times3.80\times10^{-9}}{t''}$$

整理并解得：

$$t''=2.021\text{h}$$

故达到所要求的真空度所需的抽气时间为：

$$t=t''-t'=2.021-0.241=1.78\ (\text{h})$$

④ 真空室压力计算

a. 真空室的极限压力　真空设备空载运行时，真空室中最终到达的稳定的最低压力，称为真空室的极限压力。真空室能达到的极限压力由下式决定：

$$p_{\text{ult}}=p_{j0}+p_v+\frac{Q_1+Q_f+Q_s}{S} \tag{6-122}$$

式中　p_{ult}——真空室中的极限压力，Pa；

p_{j0}——真空机组（或真空泵）的极限压力，Pa；

p_v——真空室中材料的饱和蒸气压力，Pa；

S——真空室抽气口处真空泵或机组的有效抽速，L/s。

真空室的极限压力一般总是高于真空抽气机组的极限压力。泵或机组的极限压力越低，有效抽速越大，则真空室的极限压力越低。真空室中材料的饱和蒸气压对超高真空系统影响较大，在某些情况下，可能是限制极限压力的重要因素，在一般真空系统设计中该项可忽略不计。

对金属材料的高真空装置，其极限压力可用下式表示：

$$p_{ult} = p_{j0} + \frac{Q_1 + Q_f + Q_s}{S} \tag{6-123}$$

对于中、低真空装置，其极限压力可表示为：

$$p_{ult} = p_{j0} + \frac{Q_1}{S} \tag{6-124}$$

b. 真空室的工作压力　真空室正常工作时所需要的工作压力由下式决定：

$$p_g = p_{j0} + \frac{Q_1 + Q_f + Q_s + Q_g}{S} \tag{6-125}$$

式中　p_g——真空室的工作压力，Pa；

Q_g——工艺过程中真空室中产生的气体流量，Pa·L/s。

对于低真空、中真空系统，则有：

$$p_g = p_{j0} + \frac{Q_l + Q_g}{S} \tag{6-126}$$

一般情况下，所选择的真空室工作压力至少要比极限压力高 1/2 个到 1 个数量级。工作压力选择得越接近于系统的极限真空，则抽气系统的经济效率越低。从经济效果方面考虑，最好在主泵最大抽速或最大排气量附近选择工作压力。

第四节　迁移与扩散的力学问题

前面讨论了气体处于平衡状态，即宏观量如压力、密度、温度等处处一致时，气体的物理特性及规律。当气体的宏观量在空间的分布不均匀时，即处于非平衡态时，将出现气体迁移，如动量迁移、能量迁移和质量迁移，直到达到新的平衡状态为止。

一、气体中的迁移现象

1. 气体的动量迁移——内摩擦现象

流动的气体，当其中存在速度梯度时，相邻流动层之间的气体分子在黏滞摩擦力（内摩擦力）的作用下形成宏观流动，流层间的内摩擦力为：

$$\mathrm{d}f = -\eta \frac{\mathrm{d}u}{\mathrm{d}z} \tag{6-127}$$

$$f = \eta \frac{u - u_0}{d} \tag{6-128}$$

式中　f——内摩擦力，N；

η——内摩擦因数（黏滞系数），Ps·s；

$\dfrac{\mathrm{d}u}{\mathrm{d}z}$——气体的速度梯度；

$u - u_0$——上、下动面的运动速度，m/s；

d——上、下动面间距，m。

由牛顿第二定律可知，流层间单位时间的动量传递量为：

$$\mathrm{d}L = -\eta \frac{\mathrm{d}u}{\mathrm{d}z} \mathrm{d}S \tag{6-129}$$

其中，"—"号表示动量传递的方向与速度梯度方向相反。

气体的内摩擦因数 η 与气体的温度、种类有关，其计算式为：

$$\eta = \frac{1}{3}\rho\bar{v}\bar{\lambda} \tag{6-130}$$

将 $\bar{v} = \sqrt{\dfrac{8kT}{\pi m}}$，$\bar{\lambda} = \dfrac{1}{\sqrt{2}\pi\sigma^2 n}$，$\rho = mn$ 代入上式，并整理可得：

$$\eta = \frac{2}{3\pi\sigma^2}\sqrt{\frac{mkT}{\pi}} \tag{6-131}$$

关于内摩擦因数的讨论：

① 当 $\bar{\lambda} \ll d$ 时，即气体分子平均自由程比容器尺寸小得多的时候，此时气体压力较高，由式（6-130）和式（6-131）可知，η 与 p 无关。这是因为随气体分子密度 n 的增大，虽然分子碰撞的频率增加，参与动量迁移的分子数目增多，但 $\bar{\lambda}$ 减少，每个分子每次碰撞传递的动量亦减少，以上两因素共同作用的结果，使内摩擦因数保持不变。

② 当 $\bar{\lambda} \gg d$ 时，即在真空度较高的时候，气体分子之间的碰撞可忽略，分子在两动板间飞行，并与板碰撞，动量直接从一板传递到另一板上。此时，动量传递量与分子数目有关，即 η 正比于分子密度 n 或压力 p，气体分子在两板间的动量传递现象称为外摩擦。

2. 气体的能量迁移——热传导现象

当气体内各部分的温度不同时，热量将从高温处向低温处传递，这种现象称为气体的热传导现象。通过热传导，最终气体各处温度趋于一致。单位时间和面积传递的热量可由傅里叶定律描述：热传导传递的热量与温度梯度成正比，传递的方向与温度梯度方向相反，即：

$$\mathrm{d}q = -K\frac{\mathrm{d}T}{\mathrm{d}z} \tag{6-132}$$

式中　q——气体传递的热量，W/m^2；

　　　K——气体的热传导系数，$W/(m \cdot K)$；

　　　$\dfrac{\mathrm{d}T}{\mathrm{d}z}$——气体内的温度梯度。

热传导系数与气体的温度有关，与气体的种类有关，其计算式为：

$$K = \frac{1}{3}c_V\rho\bar{v}\bar{\lambda} \tag{6-133}$$

式中　c_V——气体的定容比热容。

将 $\bar{v} = \sqrt{\dfrac{8kT}{\pi m}}$，$\bar{\lambda} = \dfrac{1}{\sqrt{2}\pi\sigma^2 n}$，$\rho = mn$ 代入式（6-133），并整理得：

$$K = \frac{2c_V}{3\pi\sigma^2}\sqrt{\frac{mkT}{\pi}} = \frac{2c_V}{3\pi\sigma^2 N_0}\sqrt{\frac{\mu RT}{\pi}} \tag{6-134}$$

关于热传导系数的讨论：

① 当 $\bar{\lambda} \ll d$ 时，即气体压力较高时，由式（6-133）和式（6-134）可知，气体热传导系数与气体分子数密度或气体压力无关。其原因是，虽然气体分子数密度增加，参与能量迁移的分子数目增多，但气体分子自由程缩短，每个分子迁移的能量减少，两者作用相互抵消。

② 当 $\bar{\lambda} \gg d$ 时，此时真空度较高，气体分子之间的碰撞可忽略，能量的传递是由气体

分子与壁面间的碰撞来完成的。因此，K 正比于气体分子数密度 n 或气体压力 p，此时气体的热传导称为自由分子热传导。关于低压下气体的热传导将在后面讨论。

二、气体的扩散现象

当容器中气体各部分的密度不同时，气体分子将从密度大处向密度小处迁移，最终使得各处密度相等，此即为扩散现象，是气体质量的迁移过程。

扩散分为"自扩散"和"互扩散"两种。"自扩散"发生在单一成分气体存在密度梯度时；"互扩散"发生在多成分气体存在密度梯度时。

1. 自扩散

当单一成分气体内存在密度梯度时，密度大处的气体分子将自发地向密度小处迁移。单位时间通过单位面积迁移的分子数目与分子数密度梯度成正比，可由费克第一定律（Fick's first law）表示：

$$dn = -D\frac{dn}{dz} \tag{6-135}$$

式中　D——扩散系数，m^2/s。

式（6-135）中，"—"号表示扩散方向与分子数密度梯度方向相反。

单位时间内通过单位截面积的气体分子质量迁移量为：

$$dM = m\,dN = -D\frac{d\varrho}{dz} \tag{6-136}$$

扩散系数 D 与气体的种类有关，与气体温度、压力等因素有关，其计算表达式为：

$$D = \frac{1}{3}\bar{v}\bar{\lambda} \tag{6-137}$$

将 $\bar{v} = \sqrt{\dfrac{8kT}{\pi m}}$，$\bar{\lambda} = \dfrac{1}{\sqrt{2}\,\pi\sigma^2 n}$，$n = \dfrac{p}{kT}$ 代入上式，并整理可得：

$$D = \frac{2k}{3\pi\sigma^2}\sqrt{\frac{k}{m\pi}}\frac{T^{\frac{3}{2}}}{p} \tag{6-138}$$

关于扩散系数的讨论：

① 由式（6-138）可见，$D \propto T^{\frac{3}{2}}$，因此，提高温度可提高扩散速率，真空技术中的加热除气和外部烘烤除气即基于此原理。

② 由式（6-138）可见，$D \propto \dfrac{1}{p}$，因此，降低压力（提高真空度）可提高扩散速率，真空脱气、真空干燥、真空浸渍等即基于此原理。

③ 由式（6-138）可见，$D \propto \dfrac{1}{\sqrt{m}}$，因此，小分子的扩散速率大于大分子扩散速率，扩散泵对不同气体抽速不同的原因就在于此。

2. 互扩散

在多成分气体中，当一种或多种气体成分存在密度梯度时，将产生互扩散，直到各成分密度均衡为止。互扩散中，单位时间通过单位面积发生的质量迁移量为：

$$dN_i = -D\frac{dn_i}{dz} \tag{6-139}$$

$$dm_i = -D \frac{d\rho_i}{dz} \tag{6-140}$$

式中　dN_i——第 i 种气体成分单位时间通过单位面积迁移的分子数目；

　　　dm_i——第 i 种气体成分单位时间通过单位面积迁移的气体质量。

互扩散系数与各组成成分的扩散能力以及分子数密度有关，对于两种气体的相互扩散过程，其互扩散系数可表示为：

$$D_{12} = D_{21} = D_{11} \frac{n_2}{n_1 + n_2} + D_{22} \frac{n_1}{n_1 + n_2} \tag{6-141}$$

式中　D_{ii}——第 i 种气体成分的自扩散系数。

关于互扩散的几点说明：

① 在气体成分自扩散系数 D_{ii} 的计算中，平均自由程 $\bar{\lambda}$ 取在混合气体中的平均自由程；

② 互扩散系数的计算式（6-141）是在单纯扩散过程条件下，既不考虑压差引起的压力扩散，也不考虑由温度不均引起的热扩散情况下，得出的结果。

关于互扩散的讨论：

① 若只有一种气体成分，则式（6-141）变为：

$$D = D_1 = \frac{1}{3} \bar{v} \bar{\lambda} \tag{6-142}$$

此与自扩散情况一致。

② 对于两种成分的混合气体，当 $n_2 \gg n_1$ 时，有：

$$D = D_1 = \frac{1}{3} \bar{v}_1 \bar{\lambda}_1 \tag{6-143}$$

式中：$\bar{\lambda}_1 = \dfrac{1}{\sqrt{1 + \dfrac{m_1}{m_2}} \pi \sigma_{12}^2 n_2}$；

$\sigma_{12} = \dfrac{\sigma_1 + \sigma_2}{2}$，是两种气体分子有效直径的平均值。

三、低压下气体的迁移

前节讨论了压力较高（$\bar{\lambda} \ll d$）时，气体的迁移现象。当压力较低（$\bar{\lambda} \gg d$）时，气体分子之间的碰撞可以忽略，气体分子的迁移过程由分子与容器表面的相互作用决定。此时，分子自由程理论不再适用，而要应用分子流状态下的迁移理论。

1. 气体分子与器壁的动量交换——滑动现象

当 $\bar{\lambda} \gg d$ 时，对无限大平行平板间气体的流动，由克努曾提出"吸附层"假设，平板对入射气体分子的反射为漫反射。则气体分子反射出来时，具有与平板相同的定向运动速率。设上、下板的运动速率为 u 和 u_0，则离开上板的分子的流速为 u，离开下板的分子的流速为 u_0。当流动处于稳定状态时，离开上、下板的气体分子数目相同，各占分子总数的 1/2。则气体宏观流动的速率为：$\bar{u} = \dfrac{u + u_0}{2}$。此时，气体的速率与上、下板运动速度不同，即板间的气体流动速率与动板的运动速率之间出现速度跃变，这种现象称为"滑动现象"。

由于气体分子的入射速率（对于上板为 u_0，对于下板为 u）与气体的反射速率（对于上板为 u，对于下板为 u_0）不同，故气体分子与动板间存在动量交换，其动量交换量为：$m(u-u_0)$。单位时间内气体分子与动板的动量交换量为：

$$\frac{1}{4}n\bar{v}m(u-u_0) \tag{6-144}$$

由牛顿第二定律，气体分子与壁面的相互作用力——外摩擦力为：

$$f_{外}=\frac{1}{4}n\bar{v}m(u-u_0) \tag{6-145}$$

将 $\bar{v}=\sqrt{\frac{8kT}{\pi m}}$，$n=\frac{p}{kT}$ 代入上式，并整理可得：

$$f_{外}=p\sqrt{\frac{m}{2\pi kT}}(u-u_0)=\eta_0 p(u-u_0) \tag{6-146}$$

式中：$\eta_0=\sqrt{\frac{m}{2\pi kT}}$，称为自由分子黏滞系数，与气体的种类和温度有关。

从式（6-145）和式（6-146）可见，外摩擦力 $f_{外}$ 与两板间的距离无关，与气体的压力成正比，与两板速率差成正比。

关于中真空下动量交换的讨论：

当 $\bar{\lambda}$ 与 d 相当时，气流与器壁间的动量交换、气流内部分子间的动量交换同时存在。因此，滑动现象和内摩擦现象都要加以考虑。此时，贴板气流与动板间存在速度跃变，其大小与速率梯度成正比：

$$\Delta\zeta=-\zeta\frac{\mathrm{d}u}{\mathrm{d}z} \tag{6-147}$$

式中　ζ——滑动系数，反映动板与贴板气流间的滑动程度。

考察贴板气流薄层的受力，既受到动板对它的作用力——外摩擦力，又受到气体对它的内摩擦力，当气体稳定流动时，内、外摩擦力相等，有：

$$f_{外}=f_{内}=-\eta\frac{\mathrm{d}u}{\mathrm{d}z} \tag{6-148}$$

将式（6-147）、式（6-148）联立，可得：

$$f_{外}=f_{内}=\eta\frac{\Delta\zeta}{\zeta}=\eta_1\Delta\zeta \tag{6-149}$$

式中：$\eta_1=\frac{\eta}{\zeta}$，称为外摩擦因数，数量上相当于单位速度跃变时，动板与贴板气流薄层间的摩擦力。

贴板气流由两种气体分子组成，一种是飞向板面的气体分子，设其速率为 ζ_a，另一种是从板面反射回来的气体分子，设其速率为 ζ_b。处于稳定流动时，上述两种分子各占 1/2。气体的平均速率为：

$$\bar{\zeta}=\frac{\zeta_a+\zeta_b}{2} \tag{6-150}$$

设 $\zeta_a=u$，则：

$$\zeta_b=2\bar{\zeta}-u \tag{6-151}$$

可见，$\bar{\zeta}$ 与动板速率 u 不同，即存在"滑动现象"。而 ζ_b 与 ζ_a 也不同，说明气体与动板间存在动量交换。

因为单位时间、单位面积上碰壁的分子数目为 $\frac{1}{4}n\bar{v}$，所以气体分子与动板碰撞前后的动量交换为：

$$\frac{1}{4}n\bar{v}m(\zeta_a-\zeta_b)=\frac{1}{4}n\bar{v}m2(u-\bar{\zeta})=\frac{1}{2}n\bar{v}m\Delta\zeta \tag{6-152}$$

因为外摩擦力为 $f_{外}=\frac{1}{2}n\bar{v}\cdot m\Delta\zeta=\eta_1\cdot\Delta\zeta$，所以外摩擦因数为：

$$\eta_1=\frac{1}{2}n\bar{v}m \tag{6-153}$$

则滑动系数：

$$\zeta=\frac{\eta}{\eta_1}=\frac{\frac{1}{3}mn\bar{v}\bar{\lambda}}{\frac{1}{2}mn\bar{v}}=\frac{2}{3}\bar{\lambda} \tag{6-154}$$

将 $\bar{v}=\sqrt{\frac{8kT}{\pi m}}$，$n=\frac{p}{kT}$ 代入式（6-153），得：

$$\eta_1=p\sqrt{\frac{2m}{\pi kT}} \tag{6-155}$$

$$\zeta=\frac{\eta}{\eta_1}=\frac{\eta}{p}\sqrt{\frac{\pi kT}{2m}} \tag{6-156}$$

可见，外摩擦因数 η_1 与气体压力成正比，滑动系数 ζ 与气体压力成反比。

当滑动现象存在时，贴近上板的气流速度为 $u-\Delta\zeta_1$，贴近下板的气流速度为 $u_0-\Delta\zeta_2$，其中 $\Delta\zeta_1$、$\Delta\zeta_2$ 为贴板气流与动板的速度跃变量。则气流的速度梯度为：

$$\frac{du}{dz}=\frac{(u-\Delta\zeta_1)-(u_0+\Delta\zeta_2)}{d}=\frac{(u-u_0)-\Delta\zeta_1-\Delta\zeta_2}{d} \tag{6-157}$$

将滑动系数的定义式 $\Delta\zeta_1=\zeta_1\dfrac{du}{dz}$，$\Delta\zeta_2=\zeta_2\dfrac{du}{dz}$ 代入上式，可得：

$$\frac{du}{dz}=\frac{u-u_0}{d+\zeta_1+\zeta_2} \tag{6-158}$$

外摩擦力为：

$$f_{外}=f_{内}=-\eta\frac{du}{dz}=\eta\cdot\frac{u-u_0}{d+\zeta_1+\zeta_2} \tag{6-159}$$

上式与不考虑滑动现象时的计算式（6-128）相比可得，有滑动存在时，相当于将板间距增大了 $\zeta_1+\zeta_2$ 滑动系数，由式（6-154）可知，与气体分子平均自由程 $\bar{\lambda}$ 成正比。而 $\bar{\lambda}$ 与压力成反比，则有：

① 当 p 较大时，$\bar{\lambda}$ 很小，ζ 很小，此时，$d\gg\zeta_1+\zeta_2$，$f_{外}=\eta\dfrac{u-u_0}{d}$，与压力无关；

② 当 p 较小时，$\bar{\lambda}$ 增大，ζ 增大，此时，d 与 $\zeta_1+\zeta_2$ 相当，就必须考虑滑动现象；

③ 当 p 很小时，$\bar{\lambda}$ 很大，ζ 很大，此时，$d\ll\zeta_1+\zeta_2$，则 $f_{外}=\eta\dfrac{u-u_0}{\zeta_1+\zeta_2}$，与板间距无

关。

2. 气体分子与器壁的能量交换——温度骤增现象

在低压下，气体分子间的碰撞减少，气体分子间的能量交换减少，分子与器壁间的能量交换增大，在能量交换中起到决定性的作用。

在压力较高时，可以认为气体与器壁的温度是一致的，在低压下，贴壁气体温度与器壁温度间存在差异，这种现象叫作"温度骤增现象"，温度差 ΔT 称为"温度跃变"。

温度骤增现象与气体和器壁间能量交换充分程度密切相关。气体分子与器壁碰撞过程中能量交换的充分程度可用适应系数描述，其表达式为：

$$\alpha = \frac{T_A - T_B}{T_0 - T_B} \tag{6-160}$$

式中　α——适应系数，与气体种类、壁面材料、表面粗糙程度有关；

T_A、T_B——气体分子碰壁后和碰壁前的温度；

T_0——壁面温度。

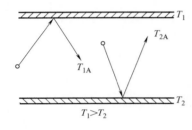

图 6-12　高真空度下
的温度骤增现象

当气体分子与壁面的能量交换充分时，$T_A = T_0$，$\alpha = 1$；当气体分子与壁面间无能量交换时，$T_A = T_B$，$\alpha = 0$。一般情况下，$0 < \alpha < 1$。

低压下气体分子与无限大平板的碰撞如图 6-12 所示。平板间的气体分子由两部分组成：一部分是与上板碰撞后正飞向下板的气体分子，温度为 T_{1A}，另一部分是与下板碰撞后正向上板飞去的气体分子，温度为 T_{2A}，则气体的平均温度为：

$$T = \frac{T_{1A} + T_{2A}}{2} \tag{6-161}$$

由适应系数定义，上下板的适应系数为：

$$\alpha_1 = \frac{T_{1A} - T_{2A}}{T_1 - T_{2A}} \tag{6-162}$$

$$\alpha_2 = \frac{T_{2A} - T_{1A}}{T_2 - T_{1A}} \tag{6-163}$$

由式（6-162）和式（6-163）联立可求得气体分子与上板碰撞后的温度增量为：

$$T_{1A} - T_{2A} = \frac{\alpha_1 \cdot \alpha_2}{\alpha_1 + \alpha_2 - \alpha_1 \cdot \alpha_2}(T_1 - T_2) \tag{6-164}$$

中真空下，当 $\bar{\lambda}$ 与 d 相当时，分子间的相互碰撞和分子与器壁间碰撞频率相当。此时，既要考虑气体的热传导，又要考虑气体分子与器壁间的温度骤增。

若贴近上板的气体温度为 $T_1 - \Delta T_1$，贴近下板的气体温度为 $T_2 + \Delta T_2$，则气体的温度梯度为：

$$\frac{dT}{dz} = \frac{(T_1 - \Delta T_1) - (T_2 + \Delta T_2)}{d} = \frac{(T_1 - T_2) - (\Delta T_1 + \Delta T_2)}{d} \tag{6-165}$$

从上板传给贴板气体的热流密度为：

$$q_1 = K_n \Delta T_1 \tag{6-166}$$

式中　K_n——平板向气体的传热系数。

贴板层气体向气体内部传递的热流密度为：

$$q_i = K \frac{\mathrm{d}T}{\mathrm{d}z} \tag{6-167}$$

式中　K——气体的传热系数。

当气体处于稳态时，有：

$$q_1 = q_i \tag{6-168}$$

则：

$$\Delta T_1 = \frac{q_1}{K_n} = \frac{q_i}{K_n} = \frac{K}{K_n} \frac{\mathrm{d}T}{\mathrm{d}z} = g_1 \frac{\mathrm{d}T}{\mathrm{d}z} \tag{6-169}$$

式中：$g_1 = K/K_n$，称为温度骤增系数。

同理可求得下板的温度骤增量：

$$\Delta T_2 = g_2 \frac{\mathrm{d}T}{\mathrm{d}z} \tag{6-170}$$

将式（6-169）和式（6-170）代入式（6-165），并整理可得：

$$\frac{\mathrm{d}T}{\mathrm{d}z} = \frac{T_1 - T_2}{d + g_1 + g_2} \tag{6-171}$$

从上式可见，考虑温度骤增现象时，相当于两板间的距离增大了 $g_1 + g_2$，使得气体的温度梯度减少，这与中真空下气体的滑动现象有相似之处。当压力较高时，即 $g_1 \ll d$，$g_2 \ll d$，则 $\frac{\mathrm{d}T}{\mathrm{d}z} \approx \frac{T_1 - T_2}{d}$。当压力较低时，即 $g_1 \gg d$，$g_2 \gg d$，则 $\frac{\mathrm{d}T}{\mathrm{d}z} = \frac{T_1 - T_2}{g_1 + g_2}$，此时，$\frac{\mathrm{d}T}{\mathrm{d}z}$ 与板间距无关。

3. 热流逸现象

热流逸现象是气体在低压条件下出现的新物理现象，与常压下有所不同。

如图 6-13 所示，通过小孔 d 将两室 1、2 连通。设平衡时，两室中气体参数分别为 T_1、p_1、n_1、T_2、p_2、n_2。设小孔直径为 d，在 $\bar{\lambda} \ll d$ 时，若两室处于平衡，则两室压力相等，即 $p_1 = p_2$。

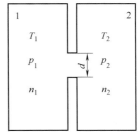

图 6-13　热流逸现象示意图

当 $\bar{\lambda} \gg d$，两室处于平衡时，若两室温度不同，则会出现两室压力不同，并且温度高者压力也高的现象，这种现象称为热流逸。

（1）平衡状态时，压力与温度的关系

① $\bar{\lambda} \ll d$ 时的情况。当 $\bar{\lambda} \ll d$ 时，气体分子碰撞频繁，平均自由程很短，每次碰撞都伴随能量的交换。因此，在小孔两侧形成若干平均自由程厚的气体分子温度过渡层，气体分子经一室通过小孔进入另一室时，经过了充分的能量交换，并不是带着原有速度直接飞过的，即过孔分子的速度并不反映原有室内温度。在平衡状态时，两室之间没有气体的净流动，压力相同，即 $p_1 = p_2$。由气体压力公式 $p = nkT$ 可知，在平衡时 $n_1 k T_1 = n_2 k T_2$，则有：

$$\frac{n_1}{n_2} = \frac{T_2}{T_1} \tag{6-172}$$

从上式可见，压力较高时，两室处于平衡状态，两室的分子密度与温度成反比。

② $\bar{\lambda} \gg d$ 时的情况。当 $\bar{\lambda} \gg d$ 时，尽管气体分子在容器内进行碰撞，进行着能量交换，但在小孔两侧的气体分子则可以不经碰撞直接飞过小孔而进入另一室，在另一室中与气体分子或器壁碰撞，进行热交换，取得热平衡。

两室处于平衡状态时，其间的气体净流量为零，即单位时间从小孔两侧飞过小孔的气体分子数目相等，由气体分子入射率公式可得：

$$\frac{1}{4} n_1 \bar{v}_1 A = \frac{1}{4} n_2 \bar{v}_2 A \tag{6-173}$$

$$n_1 \bar{v}_1 = n_2 \bar{v}_2 \tag{6-174}$$

式中　A——小孔的面积。

将 $\bar{v} = \sqrt{\dfrac{8kT}{\pi m}}$ 代入式（6-174）中，经整理可得：

$$\frac{n_1}{n_2} = \sqrt{\frac{T_2}{T_1}} \tag{6-175}$$

将气体压力公式 $p = nkT$ 代入上式，可得：

$$\frac{p_1}{p_2} = \sqrt{\frac{T_1}{T_2}} \tag{6-176}$$

从式（6-176）可见，处于平衡状态下的两室，在低压下，两室压力并不相等，并且压力比与温度比的开方成正比，分子数密度与温度开方成反比。

由于压力与温度的上述关系，将影响到真空度的测量结果。特别是在低温条件下（真空冷冻干燥，冷凝泵，冷阱）或高温环境（真空炉等）中，由于真空计常常设置在室温环境中，测得的真空度与实际值会有一定的误差，必要时要对测量结果进行修正。

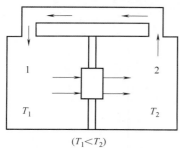

图 6-14　热流逸装置示意图

（2）气体经小孔的迁移　如图 6-14 所示，用多孔材料制成的塞子将两容器相连，两室维持恒定的温度 T_1 和 T_2，并且 $T_1 < T_2$。处于平衡状态时，两室的压力比 $p_1/p_2 = \sqrt{T_1/T_2}$。若用一根粗管从外侧连通两室，并且粗管直径大于气体分子平均自由程，分子在其中有频繁的相互碰撞。由于两室压力不同，$p_1 < p_2$（$T_1 < T_2$），则气体将经过粗管从压力高处（2 室）流向压力低处（1 室）。由于 1 室内分子数目的增加，破坏了小孔两侧分子交换的平衡，1 室内的气体分子将通过小孔流进 2 室，从而产生净流量。若保持两室的温度不变，则上述气体的流动将得到维持，形成质量迁移。值得注意的是，气体经小孔的流动是从低温处流向高温处，这种现象即为"热流逸"现象。经过小孔气体分子的净流量为：

$$\Gamma = \frac{1}{4}(n_1 \bar{v}_1 - n_2 \bar{v}_2)A = \frac{1}{4}\left[\frac{p_1}{kT_1}\sqrt{\frac{8kT}{\pi m}} - \frac{p_2}{kT_2}\sqrt{\frac{8kT}{\pi m}}\right]A \tag{6-177}$$

式中　A——小孔截面积总和。

若忽略粗管中的气体阻力，则 $p_1 = p_2 = p$，那么：

$$\Gamma = \sqrt{\frac{1}{2\pi mk}} Ap\left(\frac{1}{\sqrt{T_1}} - \frac{1}{\sqrt{T_2}}\right) \tag{6-178}$$

式中　p——粗管中的气体压力。

4. 分子辐射力现象

如图 6-15 所示，容器中有两个平行平板，板 1 的温度等于容器器壁的温度 T_1，板 2 的温度为 T_2，并设 $T_1 < T_2$。当气体分子平均自由程大于两板间距时，分子间的碰撞可忽略，气体分子能带着相当于板面温度的能量，直接从一板飞到另一板上，并且会在两板之间产生压力差，这种现象称为"分子辐射力现象"。

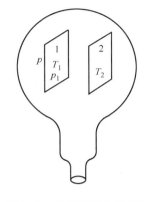

两板间的气体由两部分组成：一部分是温度为 T_1、平均速率为 $\overline{v}_1$ 的分子，另一部分是温度为 T_2、平均速率为 $\overline{v}_2$ 的分子。若这两种气体分子的分子数密度分别为 n_1 和 n_2，则两板间气体作用于板 1 上的压力等于两部分气体分子共同作用的结果。

$$p_1 = \frac{1}{3}mn_1\overline{v}_1^2 + \frac{1}{3}mn_2\overline{v}_2^2 = \frac{p}{8}m[n_1 \times (\overline{v}_1)^2 + n_2 \times (\overline{v}_2)^2]$$

(6-179)

图 6-15　分子辐射力示意图

设两板之外容器内空间的分子数密度为 n，分子平均热运动速率为 $\overline{v}_1$，作用于板的背面，则对板的压力为：

$$p = \frac{\pi}{8}mn(\overline{v}_1)^2$$

(6-180)

当空间内气体处于平衡状态时，两板间与板外空间内的气体单位时间、单位面积交换的气体数应相等，即：

$$\frac{1}{4}n_1\overline{v}_1 + \frac{1}{4}n_2\overline{v}_2 = \frac{1}{4}n\overline{v}_1$$

(6-181)

同时两板间任一截面单位时间、单位面积通过的分子数也应相等，即

$$\frac{1}{4}n_1\overline{v}_1 = \frac{1}{4}n_2\overline{v}_2$$

(6-182)

将式（6-181）和式（6-182）联立可得：

$$n_1\overline{v}_1 = n_2\overline{v}_2 = \frac{1}{2}n\overline{v}_1$$

(6-183)

将式（6-179）和式（6-180）代入上式，整理得：

$$p_1 = \frac{p}{2}\left(1 + \sqrt{\frac{T_2}{T_1}}\right)$$

(6-184)

板 1 两边所受压力差为：

$$\Delta p = p_1 - p = \frac{p}{2}\left(\sqrt{\frac{T_2}{T_1}} - 1\right)$$

(6-185)

式（6-185）表明，当 $T_1 \neq T_2$ 时，作用在板 1 两侧的力不同。若 $T_1 < T_2$，板 1 离开板 2；若 $T_1 > T_2$，板 1 靠近板 2。压力差与容器内压力 p 成正比，这种力称为分子辐射力。

练习思考题

1. 试从力学的角度，比较流体与固体的差别。

2. 气体和液体的物理力学特性有何差别？

3. 何为连续介质？流体力学中为何需要引入连续介质假设？

4. 密度、重度和比重的定义以及它们之间的关系如何？

5. 流体的动力黏滞系数与运动黏滞系数有何不同？

6. 流体的动力黏性与哪些因素有关？它们随温度是如何变化的？

7. 为什么通常把水看作是不可压缩流体？

8. 为什么玻璃上一滴油总是近似呈球形？

9. 流体静压力有哪些特性？如何证明？

10. 流体静力学基本方程有什么意义？

11. 绝对压强与表压强的关系是什么？什么是真空度？

12. 伯努利方程的物理意义是什么？

13. 管内流动沿程损失和局部损失的形成原因有哪些？

14. 影响沿程损失的因素有哪些？

15. 层流的沿程损失系数？

16. 为何可以用水利半径表示断面对阻力的影响？

17. 试说明传递现象所遵循的基本原理和基本研究方法。

18. 列表说明分子传递现象的数学模型及其通量表达式。

19. 阐述普朗特数、施密特数和路易斯数的物理意义。

20. 分析理想气体的热力过程要解决哪些问题？用什么方法解决？试以理想气体的定压过程为例说明。

21. 定温过程是等热力学能和等焓过程，这一结论是否适用任意工质？

22. 为什么说定容、定压、定温和定熵过程是多变过程的特殊情况？

23. 何为真空、绝对真空及相对真空？

24. 真空区域是如何划分的？

25. 阐述真空各区域的气体分子运动规律。

26. 何为分子辐射力现象？

27. 何为气体热流逸现象、温度骤升现象、滑动现象、扩散现象？

28. 有一台等压法灌装机，其最大生产能力 $Q_{max}=15000pcs/h$，每瓶的液料质量 $m=0.5kg/pcs$，液料密度 $\rho=0.996\times10^3kg/m^3$，输液管采用无缝钢管，流速 u 控制在 3m/s，试求输液管内径？

29. 有一台等压法灌装机，其最大生产能力 $Q_{max}=15000pcs/h$，每瓶的液料质量 $m=0.5kg/pcs$，液料密度 $\rho=0.996\times10^3kg/m^3$，黏度为 $\mu=0.894\times10^{-3}Pa\cdot s$，储液箱内的气体表压压强 $p_2=98.0665kPa$，输液管采用无缝钢管 $\phi38mm\times4mm$，截面积 $A=707mm^2$，总长 $L=20m$，管路上需安装 2～3 个标准弯头，2 个球心阀，为了保证灌装机正常工作，试确定：

① 若采用高位槽供料，该槽对储液箱进液管出口截面的安装高度。

② 若采用输液泵供料，而且储液池液面低于储液箱进液管出口截面 $z_2=3m$，该泵所需的轴功率。（效率 $\eta=0.7$）

30. 某台等压法灌装机，用来瓶装 640mL（空瓶容积为 670mL）啤酒时，若采用盘式旋转阀及短管的阀端结构。已知阀端孔口处气管为 $\phi 9mm \times 3mm$，液道内径为 $\phi 13mm$；储液箱内气体压力为 2.5 表压；空气常压状态下的密度为 $1.183kg/m^3$；啤酒的密度为 $1.013 \times 10^3 kg/m^3$，黏度为 $1.448 \times 10^{-3} Pa \cdot s$。求灌液时间。

31. 某台等压法灌装机，用来瓶装 640mL（空瓶容积为 670mL）啤酒时，若采用盘式旋转阀及短管的阀端结构。已知阀端孔口处气管为 $\phi 9mm \times 3mm$；贮液箱内气体压力为 2.5 表压；空气常压状态下的密度为 $1.183kg/m^3$。求充气时间。

32. 某真空灌装机的灌装头数为 30，要求在 0.5s 内对 0.5L 的瓶子抽气达到真空度 $0.5mH_2O$。若每瓶的灌装时间为 8.5s，灌装机的生产能力为 6000pcs/h，已知在标准气压（约等于 $10mH_2O$）下，空气密度为 $1.183kg/m^3$，试求真空泵的抽气量。

33. 氧气由 $T_1 = 40℃$、$p_1 = 0.1MPa$，被定温压缩到 $p_2 = 0.4MPa$，求压缩终了的比体积、压缩功及放出热量。

34. 一个体积为 $0.1m^3$ 的刚性封闭容器中盛有温度为 15℃，压力为 0.1MPa 的氢气，问在加入 20kJ 的热量后，其压力及温度将上升至多少？气体的熵变化量是多少？设氢气 $c_V = 10.22kJ/(kg \cdot K)$，$R = 4214.4J/(kg \cdot K)$。

35. 在某柴油机气缸中，空气沿可逆绝热线压缩，设初压 $p_1 = 0.15MPa$，初温 $T_1 = 50℃$，压缩终点 $V_2 = V_1/15$。试求压缩终点的压力，温度和压缩功以及比热力学能的变化量。

36. 有一台空气压缩机，压缩前空气的温度为 27℃，压力为 0.1MPa，这时气缸的体积为 $0.005m^3$，经压缩后空气的温度为 213℃，已知压缩过程消耗的功为 1.166kJ，试求压缩过程多变指数 n。

37. 某柴油机气缸中，空气按一多变过程进行压缩。设初态压力 $p_1 = 0.1MPa$，温度 $t_1 = 60℃$，体积 $V_1 = 0.032m^3$；终态压力 $p_2 = 3.2MPa$，体积 $V_2 = 0.00213m^3$。试求：

① 多变指数 p；

② 热力学能的变化量、放出的热量和压缩功。

38. 有 10 层厚为 $200\mu m$、直径为 4cm 的圆塑料膜包裹在不锈钢丝上，将其放入盛有 100mL 溶剂的玻璃瓶中。24h 后，塑料中的添加剂会有多少迁移到液体中（$D_p = 2.10 \times 10^{-10} cm^2/s$）？在这里，塑料的添加剂易溶于溶剂，溶剂的黏度很低，并不会使塑料膨胀。

39. 食物油存放在塑料桶中，桶的外径为 10cm，桶壁厚 2cm。在放置：①100 天；②2 年后，有多少塑料桶中抗氧化剂迁移到食物油或溶解到油中？抗氧化剂的扩散系数为 $D_p = 1 \times 10^{-11} cm^2/s$。

第七章　包装系统传质传热中的力学问题

内 容 提 要

根据包装工程中的防潮、保鲜、防霉、防锈、无菌等需求，以及包装物品在流通环境中的热量、水分、气体、光、力等传递需求，将包装系统传质传热中的力学问题主要归纳为包装系统中的传质传热现象、问题及分析。本章主要包括：包装系统中的存在的传质与传热现象、传质形式及基础理论、热量传递基本方式、传热微分方程的求解、相变传热。

基本要求、重点和难点

基本要求：了解包装系统中传质传热现象，理解包装系统中的传质传热的力学问题，掌握传质传热基本理论。

重点：掌握传质传热的形式、传质基础理论、案例分析。

难点：传热问题的求解。

第一节　包装系统中的传质、传热现象

包装系统的传质与传热是指内容物、包装材料（制品）与外部环境三者间的质量转移和热量的交换。在包装系统中，活性包装、缓释抗菌包装以及包装材料的迁移都属于包装系统中的传质现象；低温冷藏冷链产品及快餐保温运输等阻热性能良好，均属于包装系统中的传热现象。在包装系统中传质与传热现象很普遍，往往同时存在传质与传热两种现象，且很有可能这两种现象相互作用、互相影响，进而影响包装及产品的性能，比如果蔬保鲜气调包装等。

为了更加直观地认识包装系统中的传质、传热现象，下面将用几个实例来进行剖析。

一、果蔬保鲜气调包装的传质传热现象

气调保鲜技术是果蔬包装较为常见的保鲜技术之一，运用该技术可以较好地实现果蔬保鲜。在气调保鲜包装（Modified Atmosphere Packaging，MAP）的低氧和高二氧化碳的储藏条件下，果蔬的有氧呼吸强度很低，从而延缓果蔬的衰老，有效延长果蔬的贮藏和货架期。果蔬保鲜气调包装传质传热过程如图7-1所示。果蔬呼吸产生二氧化碳和水，并产生大量热。在包装内部环境中，果蔬表面的传质阻力层可以假设由一层很薄的气体组成，在传质过程中会阻碍表面水分蒸发。传质阻力层分为上、下两部分，果蔬表面的下层气体中水蒸气的分压近似等于其表面溶液的饱和压力，靠近环境的上层气体中水蒸气分压力近似等于内部环境中的水蒸气压力。上层的水蒸气分压力小于下层的水蒸气分压力，水蒸气的扩散方向由高分压到低分压，即由下至上。在传质阻力层中，水蒸气由果蔬表面向环境中扩散，而高浓度的二氧化碳从包装的内部环境向果蔬表面扩散，这一过程是气调包装内果蔬表面的传质。果蔬表面水分蒸发所吸收的热量来自于果蔬内部，而非内部环境提

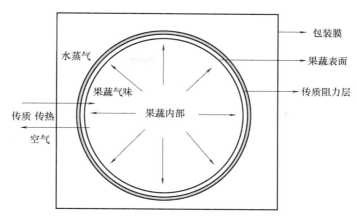

图 7-1　果蔬保鲜气调包装传质传热示意图

供的，因此果蔬表面的温度和含水量快速下降，使得果蔬内部的温度和水分含量与外部之间呈阶梯形分布，因而果蔬内部存在热量传递与质量传递现象。在果蔬表面与包装内部环境之间，随着水蒸气、二氧化碳及氧气浓度梯度变小，扩散越来越慢，将导致热量、水分、二氧化碳的传递也越来越少（即传质传热耦合），可能会形成一个稳定的平衡状态，即平衡气调包装（EMAP），有助于抑制果蔬呼吸作用，起到果蔬保鲜的作用。在包装膜内外，由于保护气、水蒸气等浓度不同，也存在膜内外气体相互渗透作用，在这种传质过程中，同样伴随着热量交换。

由此可见，在果蔬保鲜气调包装中，在果蔬内部、果蔬表面及包装内外均存在传质传热两种现象。另外，如果外部是高热环境，则传热过程将加剧，从而促进传质的进行。

二、冷链运输温控包装的传热现象

冷链运输中的温控包装是保证冷链产品质量的关键。由产品、蓄冷剂和温控箱（保温箱）组成的保温系统是一个非绝热系统，外界热量通过保温箱箱壁、箱盖缝隙等与保温箱内部进行热量交换，保温箱内部也存在热传递现象。当然，由于保温箱内部温度会产生变化，也会导致产品、空气及蓄冷剂相互存在极少量的传质过程。

冷链运输温控包装系统中，热量交换存在热传导、热对流及热辐射 3 种热交换形式，可以将该包装系统的热交换过程分解为保温箱内和保温箱外两部分进行分析，如图 7-2 所示。在该包装系统中，只要各组件及相互之间存在温度差，就会有热传导和热辐射现象。当产品和蓄冷剂放入保温箱后，保温箱内壁、蓄冷剂、产品和箱内空气的温度不一致，四者在相互接触部位主要以热传导方式传热；不接触部位主要通过空气热对流进行热交换；箱内空气中，靠近蓄冷剂、产品与保温箱附近的空气温度与其他部分不一样，导致箱内空气之间存在温度梯度，形成不同密度的空

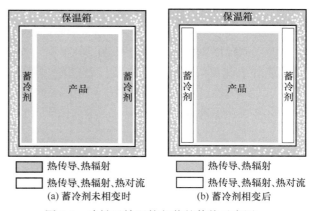

图 7-2　冷链运输温控包装的传热示意图

167

气，因而冷空气下沉，热空气上升，空气发生流动，即形成一种自然对流现象，产生热对流。当温控箱内温度低于外界环境温度时，外界环境中的热量通过热传导和热辐射将热量传递给保温箱箱壁外表面，再通过热传导、热辐射与热对流将热量传递到箱壁内表面，热传导占主导作用。由箱壁外表面利用热对流将热量传递到内表面的现象是由组成保温箱的隔热多孔材料中的气体决定的；当有温度差存在时，箱壁内空气就会通过热对流传递多孔材料壁间的热量。随着时间的推移，外界环境进入箱体内部的热量越来越多，此时蓄冷剂就会发生相变，在一段时间内持续释放冷量，使得箱体内产品的温度相对恒定，进而达到了保护产品的目的。

在该包装系统的热交换过程中，由于一般的物流外环境温度与冷链控温包装内的温度均属于低温，热辐射的换热量是三种传热方式里最少的；但为了减少热辐射，部分控温包装系统的隔热多孔材料表面会附一层铝箔用来反射热辐射。另外，产品的外表面积的大小与热交换的速度有着直接联系，箱体外表面面积越大，进行热传导、热对流的面积也越大，箱体内产品与该包装系统其他组件之间交换的热量也越多，在其他条件相同的情况下，保温时间越短。

第二节　包装系统传质问题及其分析

传质是体系中由于物质浓度不均匀而发生的质量转移过程，物质通过相界面（或一相内）的转移过程称质量传递（传质）。传质是自然界的一种普遍现象，包装系统中的传质现象也是普遍存在的，例如食品包装内外的气体、水、风味化合物的渗透和交换，包装材料中的有害物质向食品中的迁移，密封包装从低海拔地区运送至高海拔地区的体积膨胀或内外压差增大等。

一、传 质 形 式

总体上，传质形式包括分子传质、对流传质两种。

1. 分子传质

分子的随机运动而引起质量转移行为的主要形式是分子扩散。分子扩散是在一相内部有浓度差异的条件下，依靠分子的微观热运动从高浓度处向低浓度处扩散转移的过程。

2. 对流传质

在运动流体和固体壁面之间，或两种不相溶的流体之间发生的质量传递。

包装系统传质包含了内容物、包装材料（制品）与外部环境三者间的质量交换。有组分穿过相界面进入另相中，形成两相间的质量传递，也有单相内的传质。分子传质（如包装内外气体交换、被动气调包装、包装内活性物质释放等）、对流传质（如真空包装、主动气调包装、无菌包装过程等）这两种传质形式在不同包装系统中呈现。

二、传质基础理论

包装系统中的传质现象涉及物质渗透理论［菲克（Fick）扩散定律、亨利（Henry）定律］、光渗透理论［朗伯比尔（Lambert-Beer）定律］、气体定律（理想气体状态方程）等基础理论。下面将分别进行介绍。

1. 物质渗透理论

包装系统中物质传递是引起包装产品质量变化、安全问题的重要原因，其中渗透是主要传质类型之一。下面将以气体在包装膜中的质量传递为例介绍有关渗透理论。

气体在包装薄膜中的渗透是由气体分子的随机运动引起的，而化学势是推动气体分子在包装薄膜中渗透的基本驱动力。渗透过程会使包装薄膜内外气体分子的化学势均衡，气体分子趋向从化学势较高的一侧转移到化学势较低的一侧。

气体渗透是一个复杂的过程（图7-3），当包装膜两侧存在着某种气体的浓度差时，活化的气体分子先在分压高的一侧溶解于薄膜，在由浓度差不同而引起的自分压差的驱动下，气体分子不断地抢占膜内大分子链段剧烈运动出现的"瞬间空穴"，以此作为通道逐步通过，最后通过的气体分子在膜的低压一侧解吸。在传统的研究方法中，空气中气体分子和溶解在整个膜界面材料中气体分子的平衡被假定为迅速达到，且表面吸附的热力学抵抗可

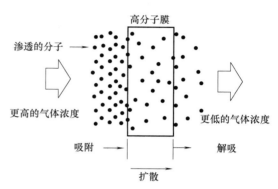

图 7-3　气体渗透包装薄膜过程示意图

以忽略。因此，塑料薄膜气体渗透机理一般简化为溶解（亨利定律）和扩散（菲克扩散定律）两个过程。

（1）渗透系数　气体分子在包装薄膜中的溶解及解吸主要取决于它在塑料薄膜中的溶解度。溶解度的大小通常由溶解度系数来衡量，它是一个由所用包装薄膜和溶解介质（即气体分子）共同决定的常数。气体分子在包装薄膜中的扩散主要取决于两方面因素，一是气体分子尺寸相对于包装薄膜中自由空间尺寸的大小；二是气体分子在塑料薄膜分子网链中的可迁移性。工程中一般用扩散系数来表示气体分子在材料中扩散速率的大小，它也是一个由包装薄膜和气体分子共同决定的常数。

单一的溶解、扩散过程并不能全面反映渗透过程，且溶解度系数难以测定，为了综合反映渗透过程，通常采用渗透系数作为气体分子在包装薄膜中渗透的指标，其综合了溶解度系数和扩散系数的作用。

渗透系数由气体渗透物分子在薄膜中的溶解度系数和气体分子在薄膜中的扩散系数决定。薄膜渗透系数可表示为：

$$P = DS \tag{7-1}$$

式中　P——气体在薄膜中的渗透系数，$cm^3 \cdot cm/(cm^2 \cdot s \cdot Pa)$；

D——气体在薄膜中的扩散系数，cm^2/s；

S——气体在薄膜中的溶解度系数，Pa^{-1}。

渗透系数是表征材料渗透能力的主要参数，它随着气体渗透物、材料及环境条件的变化而变化。

（2）扩散通量　气体分子在包装薄膜中以一定浓度梯度扩散的过程中，通常将经历一个短暂的非稳态时期再进入稳态时期。在无反应条件下，包装薄膜的瞬态扩散发生在非常短的时间内。短暂的非稳态状态后，会再进入稳态。对于稳态，材料厚度方向上任意时刻

的浓度梯度趋于稳定。假设扩散在各向均匀的介质中进行并且扩散的浓度不随时间而变化，则扩散过程可用菲克第一定律表示，即温度、总压一定，某一气体组分在扩散方向上任一点处的扩散通量与该处气体组分的浓度梯度成正比。

$$J = -D \frac{\partial C}{\partial x} \qquad (7\text{-}2)$$

式中　J——扩散通量，表示单位时间内通过垂直于扩散方向的单位截面积扩散的物质量，$\mathrm{mol/(cm^2 \cdot s)}$；

　　　D——扩散系数，$\mathrm{cm^2/s}$；

　　　C——气体扩散路径的单位长度，cm；

　　$\dfrac{\partial C}{\partial x}$——组分在扩散方向上的浓度梯度。

负号表示扩散方向与浓度梯度方向相反，扩散沿着浓度降低的方向进行。

（3）溶解和解吸　吸附（溶解）和解吸与包装膜中渗透分子的溶液或吸附行为有关，其吸附行为受渗透分子之间、渗透分子和包装膜聚合物之间以及聚合物之间的相对强度约束。

最简单的或"理想的"吸附（溶解）可以用亨利定律表示：

$$C_S = Sp \qquad (7\text{-}3)$$

式中　C_S——固相膜表面的渗透物浓度，$\mathrm{mol/cm^3}$；

　　　p——渗透分压，atm；

　　　S——溶解度系数，$\mathrm{mol/(cm^3 \cdot atm)}$。

若溶解度系数 S 与浓度无关，则式（7-3）表示一个线性关系——这个理想的行为适用于常压下的永久气体的吸附和解吸，其中渗透物/渗透物和渗透物/聚合物相互作用比聚合物/聚合物相互作用弱。一旦 p 和 S 已知，亨利定律为估计 C_S 提供了一种方便的方法。用气相色谱仪或便携式气体分析仪测量膜表面的渗透物浓度（C_S）是比较困难的，但测量渗透分压（p）是比较容易的。

（4）渗透过程推导　渗透机制中吸附、扩散、解吸的各个步骤可以利用质量平衡原理进行整合，因为渗透涉及渗透分子从一个地方到另一个地方的运输。通过运用质量平衡，以及菲克第一定律和亨利定律，可以得到有用的公式来指导包装的设计。

位于包装薄膜（图 7-4）内的薄层 Δx 周围的质量平衡可以写成：

$$v_x - v_{x+\Delta x} = v_{层间} \qquad (7\text{-}4)$$

式中　v_x——在 x 处渗透扩散到平面的速率；

　　$v_{x+\Delta x}$——在 $x+\Delta x$ 处向外渗透扩散的速率；

　　$v_{层间}$——x 处与 $x+\Delta x$ 处之间的 Δx 层的渗透积累速率。

在扩散通量方面，质量平衡方程表示为：

$$J_x A - J_{x+\Delta x} = \frac{\mathrm{d}(cA\Delta x)}{\mathrm{d}t} \qquad (7\text{-}5)$$

其中，c 是渗透物浓度，A 是薄膜的表面积。$cA\Delta x$ 是

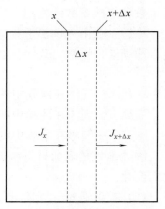

图 7-4　聚合物薄膜中
Δx 薄层的分析

任意时刻 $t\Delta x$ 层的渗透物量，方程（7-5）右边的一项表示该层内渗透物的变化率。式（7-4）除以 $A\Delta x$，取 Δx 趋近于 0 时的极限。

$$\lim_{\Delta x \to 0} \frac{J_x A - J_{x+\Delta x}}{\Delta x} = -\frac{\partial J}{\partial x} = \frac{\partial c}{\partial t} \tag{7-6}$$

将 J 代入式（7-2），并设 D 为常数：

$$\frac{\partial}{\partial x}\left(D \frac{\partial c}{\partial x}\right) = \frac{\partial c}{\partial t} \tag{7-7}$$

这被称为菲克第二定律，这是一个用来描述膜的非稳态条件下的渗透扩散方程。对于非稳态状态，扩散物质的浓度将会随时间发生变化（图 7-5）。

如图 7-5 所示，膜在 p_A 和 p_B 的压差作用下，会经历一个渗透物浓度随时间变化的瞬态过程。假设在时间为 t_0（0）时薄膜内的渗透浓度最初是 C_L，在薄膜两侧施加恒定的渗透物浓度 C_0 和 C_L。在 t_0 和 t_s 之间，浓度分布逐渐自我调整，直到达到稳定状态。

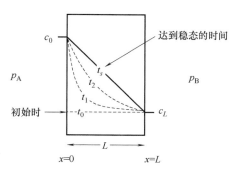

图 7-5　渗透物浓度随时间的变化曲线

在时间 t_s 及以上时，当浓度分布为线性且膜上扩散通量恒定时，达到稳态。对于质量平衡方程，稳态意味着在膜中没有渗透物的持续积累（即 $\frac{\partial c}{\partial t} = 0$ 项），因此，式（7-7）可写为：

$$D \frac{\mathrm{d}^2 C}{\mathrm{d}x^2} = 0 \tag{7-8}$$

如果对薄膜施加条件（图 7-3）：当 $x=0$，$C=C_0$，$x=L$，$C=C_L$，其中 L 为薄膜厚度，则方程的解为：

$$C = C_0 - \frac{C_0 - C_L}{L}x \tag{7-9}$$

这证实了稳态（$t \geqslant t_s$）的浓度曲线是线性的，如图 7-5 所示。

从 t_0 到 t_s 的过渡周期通常在几个小时内，这通常比产品的保质期短得多。因此，有时可以假定这一过渡时期很小或可以忽略不计。在解决实际问题时，通常只考虑达到稳定状态后的一段时间就足够了。

（5）渗透速率　一个可以描述稳态渗透速率的有用方程可以按照以下顺序导出。回顾一下渗透过程包括 3 个步骤：吸附、扩散和解吸。推导首先用菲克第一定律描述扩散步骤，然后用亨利定律描述吸附和解吸步骤。根据菲克第一定律，扩散速率可以表示为：

$$扩散速率 = JA = -DA \frac{\mathrm{d}C}{\mathrm{d}t} \tag{7-10}$$

在稳态下，浓度梯度 $\frac{\mathrm{d}C}{\mathrm{d}x}$ 可由式（7-9）对 x 求导得到：

$$\frac{\mathrm{d}C}{\mathrm{d}x} = \frac{C_L - C_0}{L} \tag{7-11}$$

稳态条件还意味着扩散速率等于渗透速率。因此，式（7-10）为：

$$Q=DA\frac{C_0-C_L}{L} \tag{7-12}$$

式中　Q——稳态渗透速率。

根据式（7-3）中的亨利定律，$C_0=p_A S$，$C_L=p_B S$。将它们代入上述方程，得到：

$$Q=DA\frac{p_A S-p_B S}{L}=DSA\frac{p_A-p_B}{L} \tag{7-13}$$

其中 p_A 和 p_B 是薄膜两侧的分压（图 7-5）。这个公式假定薄膜截面方向达到瞬间平衡。为了方便方程表达，引入渗透系数这一概念，它定义为扩散系数和溶解度系数的乘积，即式（7-1）。

因此式（7-13）变为：

$$Q=pA\frac{p_A-p_B}{L}=\frac{pA\Delta p}{L} \tag{7-14}$$

这是稳态下的渗透速率方程。其中 Δp 是渗透的驱动力，L/p_A 则是渗透的抵抗力。

渗透速率方程简洁地描述了渗透速率作为包装和环境变量的函数。包装变量包括渗透率 P 和包装尺寸（A 和 L）。环境变量包括 p_A 和 p_B；温度和相对湿度隐含包含在渗透系数中。P 是温度的函数，对于一些聚合物，如 EVOH，也是相对湿度的函数。

2. 光渗透理论

光穿过包装膜发生透射现象，强度降低，当单色光的光束照射在包装膜上时，部分光线被反射，部分被吸收，部分被传输。

照射在包装膜上的入射光遵循朗伯-比尔定律：

$$I=I_0 e^{-kL} \tag{7-15}$$

式中　I——光的强度；

　　　I_0——入射光强度；

　　　k——特征常数；

　　　L——包装膜厚度。

若不考虑光在包装膜和产品上的反射，针对给定波长的入射光，产品表面及产品内任一平面的光强度可表示为：

$$I_i=I_0 e^{-k_p L} \tag{7-16}$$

$$I_x=I_0 e^{-k_f L_f} \tag{7-17}$$

式中　I_i——产品表面的光强度；

　　　I_x——产品内给定平面吸收的光强度；

　　　k_p——包装膜的任一波长的吸光度；

　　　k_f——产品的任一波长的吸光度；

　　　L_f——从产品表面传递给产品内部一特定平面的距离。

包装膜在储运过程中会因光的作用发生内部结构的变化，引发自动氧化反应，导致降解或交联，性能变差，逐渐失去应用价值。包装膜能有效阻隔高能量紫外光线直接照射包装内产品，起到保护包装内产品的作用。减少或阻断光线对产品品质影响的方式通常有两种，一种是物理方式，即直接遮挡光，避免光射入包装膜而破坏产品品质；另一种是化学方式，即在包装膜中添加特定物质，使包装膜具有抵制或吸收光的性能，阻断或减少照射在包装膜上的光。

3. 气体定律

包装产品在流通运输过程中要经历不同温度、不同海拔的地区，包装件会受到来自外部变化大气压的作用，这是因为不同温度、不同海拔有不同的大气压力。当外界大气压大于包装件内部的压力时，包装就有被压缩的倾向，反之，包装就有膨胀的倾向。

为了表征大气的压力变化情况，人们对实际气体简化而建立了一种理想模型，即理想气体。理想气体具有如下两个特点：①分子本身不占有体积；②分子间无相互作用力。实际应用中把温度不太低（即高温，超过物质的沸点）、压强不太高（即低压）条件下的气体可近似看作理想气体，而且温度越高、压强越低，越接近于理想气体。

描述理想气体在处于平衡态时，压强、体积、温度间关系可以用理想气体状态方程表示。

$$pV = nRT \tag{7-18}$$

式中　p——压强，Pa；

　　　V——气体体积，m^3；

　　　T——热力学温度，K；

　　　n——气体的物质的量，mol；

　　　R——摩尔气体常数，$8.314J/(mol \cdot K)$。

大气压压力与海拔之间的关系可以用经验公式来表示：

$$p_a = 101.3 \times \left[1 - 0.0255 \times \frac{H}{1000} \left(\frac{6357}{6357 + \frac{H}{1000}} \right) \right]^{5.256} \tag{7-19}$$

式中　p_a——当地平均大气压，kPa；

　　　H——当地海拔，m。

三、包装系统中的传质案例

1. 传质扩散

【例7-1】　首先用氮气冲洗一个圆柱形 HDPE 容器（$r = 7.6cm$，$h = 15cm$，$L = 0.05cm$）。冲洗后，残余氧体积分数为 1.0%，容器存放在空气中。假设 HDPE 的氧气渗透率为 $6.746 \times 10^{-14} cm^3 \cdot cm/(cm^2 \cdot s \cdot Pa)$。容器内的氧浓度随时间变化的浓度是多少？

解：可以使用质量平衡将容器内的氧气积累速率与容器壁的氧气渗透速率等同起来。

$$\frac{V dC}{dt} = pA \frac{p_o - p_i}{L} \tag{7-20}$$

其中 C 为容器内任何时刻的氧气浓度（$cm^3 O_2/cm^3$ 容器体积），p_i 和 p_o 分别为容器内外的氧分压。由于空气中含有 21% 的氧气，$p_o = 0.21 p_a$，其中 $p_a = 1atm$；p_i 与 C 的关系是 $p_i = C p_a$。因此式（7-20）变为：

$$\frac{V dC}{dt} = pA \frac{0.21 - C}{L} p_a \tag{7-21}$$

分离方程中的变量可以得到：

$$\frac{dC}{0.21 - C} = \frac{pA p_a}{VL} dt \tag{7-22}$$

两边积分并施加上限和下限：

$$\int_{c_0}^{c}\frac{\mathrm{d}C}{0.21-C}=\frac{pAp_a}{VL}\int_0^t\mathrm{d}t \tag{7-23}$$

其中 C_0 是初始氧浓度，最终得到的方程为：

$$C=0.21-(0.21-C_0)\exp\left(-\frac{pAp_a}{VL}t\right) \tag{7-24}$$

由该式可知，通过测量 C 值，可了解包装容器的渗透情况，对于实际生产具有很重要的指导意义。实际上，浓度的求解是一个非稳态问题，因为容器内的氧浓度随时间变化。然而，由于 $(pA/L)(p_0-p_i)$ 用于式（7-20）中的质量平衡，因此可以假定容器壁面内的氧浓度分布已达到"准稳态"。这种准稳态假设，与容器内部相比，容器壁面内氧浓度变化所造成的影响可以忽略不计。这个假设大大简化了原本非常复杂的数学方程。

对于本问题中的圆柱形容器，$C_0=0.01$，且：

$$A=2\pi rh+2\pi r^2=2\pi\times(7.6\times15)+2\pi\times(7.6)^2=1079\ (\mathrm{cm}^2)$$
$$V=\pi r^2h=\pi\times(7.6)^2\times15=2720\ (\mathrm{cm}^3)$$

将这些值代入式（7-24）：

$$C=0.21-(0.21-0.01)\exp\left(-\frac{6.746\times10^{-14}\times1079\times101325}{2720\times0.05}t\right)$$
$$C=0.21-0.20\exp(-5.42\times10^{-8}t)$$

时间 t 的单位为 s。由于本例中使用了不同的单位，因此需要格外小心。本例中 p 的单位要求 A 和 V 的单位分别是 cm^2 和 cm^3。

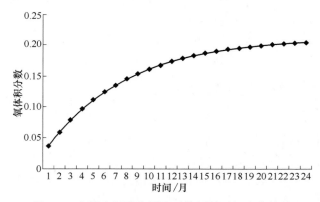

图 7-6　容器内氧浓度因渗透作用随时间变化情况

根据上述公式计算，$t=0.5$，1，2 年时，C 分别为 0.124，0.174，0.203，即容器内氧浓度分别为 12.4%、17.4%、20.3%（图 7-6）。

2. 压力传递

【例 7-2】　假如 400g 奶粉在 40℃、1atm（101325 Pa）下被充填在马口铁三片罐中，并用易撕拉铝箔封罐，罐内气体为 100% N_2，顶空体积 $6.6\times10^{-4}\ \mathrm{m}^3$。随后奶粉经物流运输到拉萨市，请问奶粉在拉萨的罐内外压力差是多少？（已知：拉萨温度为 23℃，海拔为 3658m，不考虑奶粉罐变形和顶空体积变化。）

解：首先根据理想气体状态方程求出充填时 N_2 的摩尔数：

$$n=\frac{p_1V}{RT_1}=\frac{101325\times6.6\times10^{-4}}{8.314\times(273+40)}$$
$$=0.026\ (\mathrm{mol})$$

由于包装在流通中 N_2 的摩尔数不变（奶粉罐密封），再次根据理想气体状态方程求出奶粉罐在拉萨时的罐内压力：

$$p_2=\frac{nRT_2}{V}=\frac{0.026\times8.314\times(273+23)}{6.6\times10^{-4}}=102514\ (\mathrm{Pa})$$

由经验公式可以算出罐外压力为：

$$p_a = 101.3 \times \left[1 - 0.0255 \times \frac{H}{1000} \left(\frac{6357}{6357 + \frac{H}{1000}} \right) \right]^{5.256} = 60566 \text{（Pa）}$$

则奶粉罐内外压力差为：

$$\Delta p = p_2 - p_a = 102514 - 60566 = 41948 \text{（Pa）}$$

计算结果显示罐内压力比罐外气压大 35kPa，奶粉罐有胀罐的风险。

第三节 包装系统传热问题及其分析

传热是通过粒子振荡、移动或电磁波等能量转移形式，使体系中温度趋于均衡的过程。传热在包装系统中也广泛存在，例如包装材料加工成型、包装体系灭菌及冷/热食品储运等。

一、热量传递的基本方式

热传递有三种基本方式，即热传导、热对流与热辐射。热传导是通过物质（主要针对固体）内部的分子、原子及自由电子等微观粒子的热运动来实现热能传递，传热期间物质不发生位移；热对流是由于流体的宏观运动而引起的流体各部分之间发生位移，冷、热流体互相掺混所导致的热传递；热辐射则是通过电磁波来传递能量。区别于以上两种传递方式，热辐射传热无需介质，即使在真空中也能传播。下面对这三种热传递方式展开具体介绍。

1. 热传导

如图 7-7 所示，现有一块表面温度均匀的平板，热量仅在 x 轴方向传递。根据傅里叶（Fourier）导热定律，在 x 轴方向上单位时间、单位面积内穿过任意厚度的 $\mathrm{d}x$ 微元层的热量（即热流密度）与微元层两侧的温度梯度呈正比，其比例系数 k 称为导热系数，即：

$$q = -k \frac{\mathrm{d}T}{\mathrm{d}x} \tag{7-25}$$

导热系数是用于表征材料导热性能的重要参数，该系数表示了热量在材料中传递的难易程度，导热系数越小，热量越难在材料中传递。一般来说金属材料的导热系数最高，液体次之，气体最低。

傅里叶导热定律决定了温度变化和热流密度之间的关系，若要获得导热过程中温度场变化的数学表达式还需要结合能量守恒定律，建立传热微分方程：

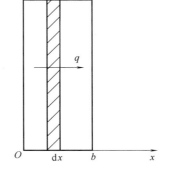

图 7-7 一维平板中的热传导

笛卡尔坐标系：

$$\rho c \frac{\partial T}{\partial t} = \frac{\partial}{\partial x}\left(k \frac{\partial T}{\partial x}\right) + \frac{\partial}{\partial y}\left(k \frac{\partial T}{\partial y}\right) + \frac{\partial}{\partial z}\left(k \frac{\partial T}{\partial z}\right) + \Phi \tag{7-26}$$

圆柱坐标系：

$$\rho c \frac{\partial T}{\partial t} = \frac{1}{r} \frac{\partial}{\partial r}\left(kr \frac{\partial T}{\partial r}\right) + \frac{1}{r^2} \frac{\partial}{\partial \varphi}\left(k \frac{\partial T}{\partial \varphi}\right) + \frac{\partial}{\partial z}\left(k \frac{\partial T}{\partial z}\right) + \Phi \tag{7-27}$$

球坐标系：

$$\rho c \frac{\partial T}{\partial t} = \frac{1}{r^2} \frac{\partial}{\partial r}\left(kr^2 \frac{\partial T}{\partial r}\right) + \frac{1}{r^2 \sin^2\theta} \frac{\partial}{\partial \varphi}\left(k \frac{\partial T}{\partial \varphi}\right) + \frac{1}{r^2 \sin\theta} \frac{\partial}{\partial \theta}\left(k \sin\theta \frac{\partial T}{\partial \theta}\right) + \Phi \tag{7-28}$$

上述微分方程为传热微分方程的一般形式，在大多数工程条件下可进行简化。

以笛卡尔坐标系下的传热微分方程为例，当导热介质为均匀物质，其导热系数为常数时，式（7-26）可简化成：

$$\frac{\partial T}{\partial t} = a\left(\frac{\partial^2 T}{\partial x^2} + \frac{\partial^2 T}{\partial y^2} + \frac{\partial^2 T}{\partial z^2}\right) + \frac{\Phi}{\rho c} \tag{7-29}$$

式中，$a = k/\rho c$，称为热扩散系数。

当导热介质中无内热源时，式（7-29）可进一步简化为：

$$\frac{\partial T}{\partial t} = a\left(\frac{\partial^2 T}{\partial x^2} + \frac{\partial^2 T}{\partial y^2} + \frac{\partial^2 T}{\partial z^2}\right) \tag{7-30}$$

若传热过程为稳态传热，则式（7-30）可简化为：

$$\frac{\partial^2 T}{\partial x^2} + \frac{\partial^2 T}{\partial y^2} + \frac{\partial^2 T}{\partial z^2} = 0 \tag{7-31}$$

若仅考虑一维方向上的稳态热传递，则可最终简化为：

$$\frac{\partial^2 T}{\partial x^2} = 0 \tag{7-32}$$

2. 热对流

流体内部的传热微分方程除了热传导外还包含对流项。以笛卡尔坐标系为例，流体内的传热微分方程的一般表达式应为：

$$\rho c\left[\frac{\partial T}{\partial t} + v\left(\frac{\partial T}{\partial x} + \frac{\partial T}{\partial y} + \frac{\partial T}{\partial z}\right)\right] = \frac{\partial}{\partial x}\left(k \frac{\partial T}{\partial x}\right) + \frac{\partial}{\partial y}\left(k \frac{\partial T}{\partial y}\right) + \frac{\partial}{\partial z}\left(k \frac{\partial T}{\partial z}\right) + \Phi \tag{7-33}$$

流体与固体表面之间的对流换热可由牛顿冷却公式计算，其换热热流密度与流体温度与换热面温度之间的温度差成正比，其比例系数 h 称为表面换热系数：

$$q = h\Delta T \tag{7-34}$$

表面换热系数的大小与换热面形状、换热面方位、流体特性等均有密切关系，在工程中可用 Nu（Nusselt 数）描述，即

$$h = Nuk_a/l \tag{7-35}$$

其中 Nu 可由如下表达式确定：

$$\begin{cases} Nu = C(\mathrm{Gr}.Pr)^n \\ \mathrm{Gr}.Pr = \dfrac{g\alpha_a(T_o - T_w)l^3}{v_a^2} \\ Pr = v_a/\alpha_a \end{cases} \tag{7-36}$$

式中　C、n——试验参数，不同工况下的取值见表 7-1。

表 7-1　　　　　　　　　不同条件下的试验参数 C 和 n 取值

换热面位置	Gr 数适用范围	C	n	换热面位置	Ra 数适用范围 $(Ra = GrPr)$	C	n
垂直	$1.43\times10^4 \sim 3\times10^9$	0.59	1/4	热面向上或冷面向下	$10^5 \sim 10^7$	0.54	1/4
					$10^7 \sim 10^{11}$	0.15	1/3
	$3\times10^9 \sim 2\times10^{10}$	0.0292	0.39	热面向下或冷面向上	$10^5 \sim 10^{11}$	0.27	1/4
	$>2\times10^{10}$	0.11	1/3				

特征长度 l 的取值与换热面位置有关，当换热面垂直时 l 等于换热面高，当换热面水平时 l 等于换热面表面积与周长的比值。

定性温度 T_c 取环境温度与换热面温度的均值：

$$T_c = \frac{T_0 + T_w}{2} \tag{7-37}$$

3. 热辐射

物体热辐射的强度与其温度有关，相同温度下物体的吸收和放出辐射的大小也不同。

在辐射传热过程中一种称为"黑体"的理想物体具有重要意义。黑体是指能够吸收所有投射到其表面的热辐射能量的物体，其单位时间内的热辐射量由斯特藩-玻尔兹曼定律决定：

$$\Phi = A\sigma T^4 \tag{7-38}$$

黑体是一种理想物体，实际情况下物体的辐射能力均小于同温度下的黑体。因此，实际情况下物体的辐射量是由黑体辐射与物体发射率 ε 的乘积计算的，即：

$$\Phi = \varepsilon A\sigma T^4 \tag{7-39}$$

式（7-39）表示的是物体放出辐射的热流量，要计算物体的辐射传热量需要同时考虑物体吸收和放出的总辐射量。例如，当一个表面积为 A_1、表面温度为 T_1、发射率为 ε_1 的物体包容在一个很大的表面温度为 T_2 的空腔内时，该物体与空腔表面间的辐射热流量为：

$$\Phi = \varepsilon_1 A_1 \sigma (T_1^4 - T_2^4) \tag{7-40}$$

由于热辐射传热与物体的温度密切相关，随着温度的降低辐射量会显著减小。研究表明，在温度低于 300℃时，热辐射的作用远低于热传导和热对流。

二、传热微分方程的定解条件

要求解传热微分方程必须要确定其初始条件和边界条件。

初始条件是指在热传递发生前体系中的温度场分布情况，可根据实际情况进行定义。

传热问题中常见的边界条件可归纳为表 7-2 所示的 3 种情况。第一类边界条件指的是换热边界上温度为某一常数，例如包装材料的热封过程；第二类边界条件指的是换热边界上的热流密度为常数，例如包装材料加热熔融过程；第三类边界是指规定了换热边界与换热流体间的表面换热系数以及周围流体与换热边界温度差的情况，例如包装食品的蒸煮、冷却过程。

表 7-2　　　　　　　　　　　　　　　　3 种边界条件

模型	边界条件
第一类	$T = A$
第二类	$\dfrac{\partial T}{\partial x} = A$
第三类	$-k\dfrac{\partial T}{\partial x} = h(T_0 - T)$ 或 $-k\dfrac{\partial T}{\partial x} = h(T - T_0)$

此外，多层材料之间也存在换热边界。假设两种材料间的接触良好、没有间隙，则在材料 I 和材料 II 的界面上应满足温度连续条件和热流密度连续条件，即：

$$\begin{cases} T_{\mathrm{I}} = T_{\mathrm{II}} \\ k_{\mathrm{I}} \dfrac{\partial T_{\mathrm{I}}}{\vec{n}} = k_{\mathrm{II}} \dfrac{\partial T_{\mathrm{II}}}{\vec{n}} \end{cases} \tag{7-41}$$

三、相 变 传 热

在某些特殊工况下，热量传递过程会伴随着相变的发生（例如控温包装中蓄冷剂的融化、包装食品冷冻过程），在相变过程中存在一个随时间移动的相变界面（固-液界面、固-气界面或液-气界面），在该界面上大量的热量通过相变过程吸收或释放。与此同时，由于相变界面会随时间推移而移动，该界面又被称为移动边界。包装工程中的相变传热现象以固-液相变最为普遍，下面就纯物质固-液相变过程中的相变传热问题进行详细介绍。

当纯物质发生熔化或凝固时，物质存在液相和固相两种状态，两相之间被一个明显的界面分离。因此纯物质相变传热的数学描述分为 3 个部分：固相区域、液相区域和界面。

对于固相区域而言，热量主要以热传导的方式进行传递，其传热方程可由式（7-26）描述。

对于液相区域而言，热量传递由热传导和热对流共同完成，其传热方程可由式（7-33）描述。当液体的黏度较大不容易流动，或者液体中温度差不大难以形成自然对流时，液相区的热量传递可忽略流动项，将其简化为和固相区相同的传热方程。

对于固-液界面上的热量传递则首先要满足固-液边界上的温度连续条件，即：

$$T_{\mathrm{s}}(sf,t) = T_{\mathrm{l}}(sf,t) = T_{\mathrm{sf}} = T_{\mathrm{m}} \tag{7-42}$$

同时也要满足热流密度连续条件。但由于固-液边界上存在相变吸热的过程，根据能量守恒定律，其热流密度连续条件可表述为：

$$k_{\mathrm{s}} \frac{\partial T_{\mathrm{s}}}{\partial \vec{n}} - k_{\mathrm{l}} \frac{\partial T_{\mathrm{l}}}{\partial \vec{n}} = \rho L \frac{\partial sf}{\partial t} \tag{7-43}$$

四、传热问题的求解

1. 典型一维非稳态传热

（1）一维平板　如图 7-8 所示的一维平板，平板厚度为 $2b$，初始温度为 T_{i}，导热系数为 k，两侧分别有表面换热系数为 h、温度为 T_0 的流体对其进行冷却。由于平板结构对称且两边均匀受热，因此板内的温度分布必然关于其中心线对称。因此，只要分析 $x \geqslant 0$ 的半平板区域即可。

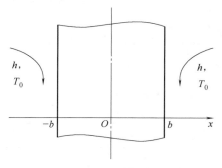

图 7-8　第三类边界条件下的
一维平板非稳态传热

根据傅里叶导热定律和能量守恒定律可得一维平板非稳态传热条件下的传热方程：

$$\frac{\partial T}{\partial t} = a \frac{\partial^2 T}{\partial x^2}, \quad (0 < x < b, \ t > 0) \tag{7-44}$$

其定解条件为：

$$\begin{cases} \dfrac{\partial T(0,t)}{\partial x} = 0 \\ -k \dfrac{\partial T(b,t)}{\partial x} = h\big[T_0 - T(b,t)\big] \\ T(x,0) = T_{\mathrm{i}} \end{cases} \tag{7-45}$$

做如下参数变换：

$$\theta = T_0 - T(x, t) \tag{7-46}$$

其中，θ 称为过余温度，表示平板温度与环境温度之间的差值。

则式（7-44）和式（7-45）可写成：

$$\frac{\partial \theta}{\partial t} = a \frac{\partial^2 \theta}{\partial x^2}, \, (0 < x < b, \, t > 0) \tag{7-47}$$

$$\begin{cases} \dfrac{\partial \theta(0, t)}{\partial x} = 0 \\ -k \dfrac{\partial \theta(b, t)}{\partial x} = h\theta(b, t) \\ \theta(x, 0) = \theta_i \end{cases} \tag{7-48}$$

式（7-47）和式（7-48）表述的偏微分方程可采用分离变量法获得其解析解：

$$\frac{\theta(\eta, t)}{\theta_i} = \sum_{n=1}^{\infty} C_n \exp(-\mu_n^2 Fo) \cos(\mu_n \eta) \tag{7-49}$$

式中　Fo——傅里叶数，$Fo = \dfrac{at}{b^2}$；

η——无量纲距离，$\eta = \dfrac{x}{b}$；

$C_n = \dfrac{2\sin\mu_n}{\mu_n + \cos\mu_n \sin\mu_n}$。

特征值 μ_n 是满足以下超越方程的根：

$$\tan\mu_n = \frac{Bi}{\mu_n}, \, n = 1, 2, 3, \cdots \tag{7-50}$$

式中　Bi——比奥数，$Bi = \dfrac{hb}{k}$。

（2）实心圆柱和实心球　用类似方法可分别获得无限长实心圆柱和实心球在流体中冷却/加热情况下其内部不同时间时的温度分布：

无限长实心圆柱：

$$\frac{\theta(\eta, t)}{\theta_i} = \sum_{i=1}^{\infty} C_n \exp(-\mu_n^2 Fo) J_0(\mu_n \eta) \tag{7-51}$$

其中，$Fo = \dfrac{at}{r^2}, \eta = \dfrac{x}{r}, C_n = \dfrac{2}{\mu_n} \dfrac{J_1(\mu_n)}{J_0^2(\mu_n) + J_1^2(\mu_n)}$。

特征值 μ_n 是满足以下超越方程的根：

$$\mu_n \frac{J_1(\mu_n)}{J_0(\mu_n)} = Bi, \, n = 1, 2, 3, \cdots \tag{7-52}$$

式中　$Bi = \dfrac{hr}{k}$。

上述表达式中，函数 $J_m(x)$ 表示 m 阶贝塞尔函数。

实心球：

$$\frac{\theta(\eta, t)}{\theta_i} = \sum_{n=1}^{\infty} C_n \exp(-\mu_n^2 Fo) \frac{1}{\mu_n \eta} \sin(\mu_n \eta) \tag{7-53}$$

式中　$C_n = 2 \dfrac{\sin(\mu_n) - \mu_n \cos(\mu_n)}{\mu_n - \sin(\mu_n)\cos(\mu_n)}$。

特征值 μ_n 是满足以下超越方程的根：

$$1-\mu_n\cos(\mu_n)=Bi，n=1,2,3,\cdots \tag{7-54}$$

（3）半无限大物体　半无限大物体的非稳态传热是一维平板的一种特殊情况。如图7-9所示，半无限大物体是指从 $x=0$ 的边界开始向 x 轴正向或负向（包括上下方向）无限延伸，热量由壁面向物体内部传递，物体与 x 轴垂直的任意截面上物体的温度均相等。

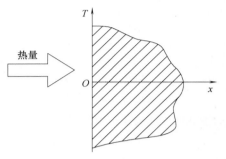

图 7-9　半无限大物体的一维非稳态传热

在表 7-2 所示的 3 种边界条件下，半无限大模型的解析解分别为：

第一类边界：

$$\frac{T(x,t)-T_w}{T_i-T_w}=\mathrm{erf}\left(\frac{x}{2\sqrt{at}}\right) \tag{7-55}$$

第二类边界：

$$T(x,t)-T_i=\frac{2q_0\sqrt{at/\pi}}{k}\mathrm{erf}\left(-\frac{x^2}{4at}\right)-\frac{q_0 x}{k}\mathrm{erfc}\left(\frac{x}{2\sqrt{at}}\right) \tag{7-56}$$

第三类边界：

$$\frac{T(x,t)-T_i}{T_0-T_i}=\mathrm{erf}\left(\frac{x}{2\sqrt{at}}\right)-\exp\left(\frac{hx}{k}+\frac{h^2 at}{k^2}\right)\mathrm{erfc}\left(\frac{x}{2\sqrt{at}}+\frac{h\sqrt{at}}{k}\right) \tag{7-57}$$

式（7-55）～式（7-57）中的 $\mathrm{erf}(x)$ 和 $\mathrm{erfc}(x)$ 分别为误差函数和余误差函数。

上述算例虽然进行了诸多简化，但在实际工程中依然有很多情况下能够近似处理成上述理想模型。例如流延法制备包装薄膜的冷却过程可近似处理成一维平板模型；瓶装饮料的巴氏灭菌和冷却过程，在不考虑内装物料对流（例如番茄酱、蚝油等高黏度物料）且包装材料厚度远小于瓶子半径情况下，可近似处理成实心圆柱模型；罐头食品的蒸煮、冷却过程可近似为实心球模型；大容量包装产品加热或冷却过程的早期，热量还没有深入到产品中心时，可用半无限大模型近似。

2. 半无限大相变传热

假设存在一个半无限区域（如图 7-10 所示）充满相变材料，其相变温度为 T_m，相变熔为 L，初始时整个区域为固态（熔化问题）或者液态（凝固问题），温度为 T_i。在 $x=0$ 处的边界上施加一个温度 T_0，使其发生熔化或凝固，相变过程中固-液界面 sf 的位置随时间移动。

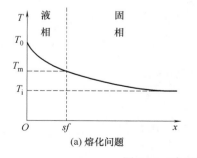
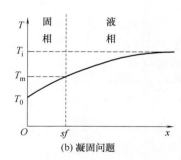

(a) 熔化问题　　　　　　　　　　(b) 凝固问题

图 7-10　半无限大相变传热问题

对于半无限大相变传热问题的数学描述为：

传热方程：

$$\begin{cases} \dfrac{\partial T_1}{\partial t} = a_1 \dfrac{\partial^2 T_1}{\partial x^2} \\ \dfrac{\partial T_s}{\partial t} = a_s \dfrac{\partial^2 T_s}{\partial x^2} \end{cases}, (0 < x < sf, t > 0) \tag{7-58}$$

边界条件：

$$\begin{cases} T_1(0,t) = T_0, T_s(\infty,t) = T_i, 熔化 \\ T_s(0,t) = T_0, T_1(\infty,t) = T_i, 凝固 \\ T_1(sf,t) = T_s(sf,t) = T_m \\ k_s \dfrac{\partial T_s}{\partial x}\bigg|_{x=sf} - k_1 \dfrac{\partial T_1}{\partial x}\bigg|_{x=sf} = \rho L \dfrac{\mathrm{d}sf}{\mathrm{d}t} \end{cases} \tag{7-59}$$

初始条件：

$$\begin{cases} T_s(x,0) = T_i, 熔化 \\ T_1(x,0) = T_i, 凝固 \end{cases} \tag{7-60}$$

其解析解由诺依曼（Neumann）获得，因此也称其为诺依曼解。熔化问题的解析解为：

$$\begin{cases} \dfrac{T_1(x,t) - T_0}{T_m - T_0} = \dfrac{\mathrm{erf}\left[\dfrac{x}{2(a_1 t)^{1/2}}\right]}{\mathrm{erf}(\lambda)} \\ \dfrac{T_s(x,t) - T_i}{T_m - T_i} = \dfrac{\mathrm{erfc}(x/2\sqrt{a_s t})}{\mathrm{erfc}(\lambda\sqrt{a_1/a_s})} \end{cases} \tag{7-61}$$

式中特征值 λ 可由下列超越方程求得：

$$\dfrac{e^{-\lambda^2}}{\mathrm{erf}(\lambda)} + \dfrac{k_s}{k_1}\sqrt{\dfrac{a_1}{a_s}}\dfrac{T_m - T_i}{T_m - T_0}\dfrac{e^{-\lambda^2(a_1/a_s)}}{\mathrm{erfc}(\lambda\sqrt{a_1/a_s})} = \dfrac{\lambda L\sqrt{\pi}}{C_s(T_0 - T_m)} \tag{7-62}$$

类似的，凝固过程的解析解为：

$$\begin{cases} \dfrac{T_s(x,t) - T_0}{T_m - T_0} = \dfrac{\mathrm{erf}\left[\dfrac{x}{2(a_s t)^{1/2}}\right]}{\mathrm{erf}(\lambda)} \\ \dfrac{T_1(x,t) - T_i}{T_m - T_i} = \dfrac{\mathrm{erfc}(x/2\sqrt{a_1 t})}{\mathrm{erfc}(\lambda\sqrt{a_s/a_1})} \end{cases} \tag{7-63}$$

式中特征值 λ 可由下列超越方程求得：

$$\dfrac{e^{-\lambda^2}}{\mathrm{erf}(\lambda)} + \dfrac{k_1}{k_s}\sqrt{\dfrac{a_s}{a_1}}\dfrac{T_m - T_i}{T_m - T_0}\dfrac{e^{-\lambda^2(a_1/a_s)}}{\mathrm{erfc}(\lambda\sqrt{a_s/a_1})} = \dfrac{\lambda L\sqrt{\pi}}{C_s(T_m - T_0)} \tag{7-64}$$

食品的冷冻和解冻过程往往可以用上述半无限区域相变传热问题进行描述。

3. 包含隔热壁的半无限大相变传热

在某特定情况下，在相变材料的外围会覆盖一层保温材料以减缓其相变过程。冷链物流中的控温包装系统就是典型例子。控温包装的结构如图 7-11 所示，产品周围被蓄冷剂包围，并放置于保温容器内。此处，蓄冷剂就是相变材料，保温容器就是隔热壁。控温包装的功能特点决定了其内的温度在蓄冷剂完全融化之前始终等于蓄冷剂相变温度，外部热量无法影响到未融化区域的蓄冷剂。因此，对于保温容器壁面局部的传热过程可近似成图 7-12 所示的包含隔热壁的半无限大相变传热模型。

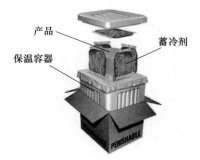

图 7-11 典型控温包装结构

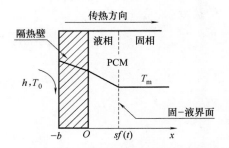

图 7-12 包含隔热壁的半无限大相变传热

结合一维平板的非稳态传热方程和半无限大相变传热方程，可以建立以下传热方程：

$$\begin{cases} T_s = T_m, & sf < x < \infty \\ a_1 \dfrac{\partial^2 T_1}{\partial x^2} = \dfrac{\partial T_1}{\partial t}, & 0 < x < sf, t > 0 \\ a_w \dfrac{\partial^2 T_w}{\partial x^2} = \dfrac{\partial T_w}{\partial t}, & -b < x < 0 \end{cases} \tag{7-65}$$

其边界条件为：

$$\begin{cases} T_1(sf, t) = T_m \\ -k_1 \dfrac{\partial T_1}{\partial x}\Big|_{x=sf} = \rho_l L \dfrac{\mathrm{d}sf}{\mathrm{d}t} \\ T_1(0, t) = T_w(0, t) \\ k_1 \dfrac{\partial T_1}{\partial x}\Big|_{x=0} = k_w \dfrac{\partial T_w}{\partial x}\Big|_{x=0} \\ -k_w \dfrac{\partial T_w}{\partial x}\Big|_{x=-b} = h[T_0 - T_w(-b, t)] \end{cases} , t > 0 \tag{7-66}$$

初始条件为：

$$\begin{cases} T_w = T_m, & -b < x < 0 \\ T_s = T_m, & 0 < x < \infty, t = 0 \\ sf = 0 \end{cases} \tag{7-67}$$

为求解式（7-65）的传热方程需要对其进行 Laplace 变换，并做如下参数量变换：

$$\theta_j = \frac{T_j - T_m}{T_0 - T_m}, \ j = w, l, s, 0 \tag{7-68}$$

则式（7-65）~式（7-67）可表示为：

$$\begin{cases} \theta_s = 0, sf < x < \infty \\ a_1 \dfrac{\partial^2 \theta_1}{\partial x^2} = \dfrac{\partial \theta_1}{\partial t}, 0 < x < sf, t > 0 \\ a_w \dfrac{\partial^2 \theta_w}{\partial x^2} = \dfrac{\partial \theta_w}{\partial t}, -b < x < 0 \end{cases} \tag{7-69}$$

$$\begin{cases} \theta_1(sf, t) = 0 \\ -k_1 \dfrac{\partial \theta_1}{\partial x}\Big|_{x=sf} = \dfrac{\rho_l L}{T_0 - T_m} \dfrac{\mathrm{d}sf}{\mathrm{d}t} \\ \theta_1(0, t) = \theta_w(0, t) \\ k_1 \dfrac{\partial \theta_1}{\partial x}\Big|_{x=0} = k_w \dfrac{\partial \theta_w}{\partial x}\Big|_{x=0} \\ -k_w \dfrac{\partial \theta_w}{\partial x}\Big|_{x=-b} = h[1 - \theta_w(-b, t)] \end{cases} , t > 0 \tag{7-70}$$

$$\begin{cases} \theta_w = 0, -b < x < 0 \\ \theta_s = 0, 0 < x < \infty, t = 0 \\ sf = 0 \end{cases} \tag{7-71}$$

在式（7-69）和式（7-70）中 $sf(t)$ 为随时间变化的移动边界。当热传递的速度远大于移动界面 $sf(t)$ 的移动速度时，可将移动界面在极短的时间内假设为固定不动，则 $sf(t)$ 在 Laplace 变换中可作为常数处理。

$$L[sf(t)] = SF(s) = \frac{sf}{s} \tag{7-72}$$

经 Laplace 变换后式（7-69）和式（7-70）可变化为：

$$\begin{cases} a_w \dfrac{\partial^2 \Theta_w}{\partial x^2} - s\Theta_w(x,s) = 0, -b < x < 0 \\ a_1 \dfrac{\partial^2 \Theta_1}{\partial x^2} - s\Theta_1(x,s) = 0, 0 < x < sf \end{cases} \tag{7-73}$$

$$\begin{cases} \Theta_1(sf,s) = 0 \\ -k_1 \dfrac{\partial \Theta_1}{\partial x}\bigg|_{x=sf} = \dfrac{\rho_1 L}{T_0 - T_m} sf \\ \Theta_1(0,s) = \Theta_w(0,s) \\ k_1 \dfrac{\partial \Theta_1}{\partial x}\bigg|_{x=0} = k_w \dfrac{\partial \Theta_w}{\partial x}\bigg|_{x=0} \\ -k_w \dfrac{\partial \Theta_w}{\partial x}\bigg|_{x=-b} = h\left[\dfrac{1}{s} - \Theta_w(-b,s)\right] \end{cases} \tag{7-74}$$

由此可得 Laplace 变换域内的解析解：

$$\begin{cases} \Theta_w(x,s) = \dfrac{h}{s} \dfrac{\begin{array}{l} \sinh(sf\sqrt{s/a_1})\cosh(x\sqrt{s/a_w}) \\ -\dfrac{k_1}{k_w}\sqrt{a_w/a_1}\cosh(sf\sqrt{s/a_1})\sinh(x\sqrt{s/a_w}) \end{array}}{\begin{array}{l} \sinh(sf\sqrt{s/a_1})[k_w\sqrt{s/a_w}\sinh(b\sqrt{s/a_w}) + h\cosh(b\sqrt{s/a_w})] \\ +\cosh(sf\sqrt{s/a_1})\left[k_1\sqrt{s/a_1}\cosh(b\sqrt{s/a_w}) + h\dfrac{k_1}{k_w}\sqrt{a_w/a_1}\sinh(b\sqrt{s/a_w})\right] \end{array}} \\ \\ \Theta_1(x,s) = \dfrac{h}{s} \dfrac{\begin{array}{l} \sinh(sf\sqrt{s/a_1})\cosh(x\sqrt{s/a_1}) \\ -\cosh(sf\sqrt{s/a_1})\sinh(x\sqrt{s/a_1}) \end{array}}{\begin{array}{l} \sinh(sf\sqrt{s/a_1})[k_w\sqrt{s/a_w}\sinh(b\sqrt{s/a_w}) + h\cosh(b\sqrt{s/a_w})] \\ +\cosh(sf\sqrt{s/a_1})\left[k_1\sqrt{s/a_1}\cosh(b\sqrt{s/a_w}) + h\dfrac{k_1}{k_w}\sqrt{a_w/a_1}\sinh(b\sqrt{s/a_w})\right] \end{array}} \end{cases} \tag{7-75}$$

其中，sf 可由下式确定：

$$\frac{h}{s} \frac{k_1\sqrt{s/a_1}}{\sinh(sf\sqrt{s/a_1})[k_w\sqrt{s/a_w}\sinh(b\sqrt{s/a_w}) + h\cosh(b\sqrt{s/a_w})]}$$

$$= \frac{\rho_1 L}{T_0 - T_m} sf + \cosh(sf\sqrt{s/a_1})\left[k_1\sqrt{s/a_1}\cosh(b\sqrt{s/a_w}) + h\frac{k_1}{k_w}\sqrt{a_w/a_1}\sinh(b\sqrt{s/a_w})\right] \tag{7-76}$$

对式（7-75）进行 Laplace 数值逆变换可得包含隔热壁的半无限大相变传热模型的温

度场分布（图 7-13）。

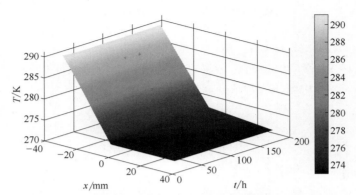

图 7-13　包含隔热壁的半无限大相变传热模型的温度场分布

练习思考题

1. 包装系统中的传质和传热基本方式有哪些？
2. 请举出至少 2 例说明包装系统中适用于菲克扩散定律的例子，并说明理由。
3. 典型控温包装在储运过程中包装内哪个位置升温最快？为什么？
4. 请查阅一篇关于活性包装传质传热方面的论文，分析该包装系统的传质与传热现象，并附上论文。

第八章　包装件损伤失效的力学分析

内 容 提 要

各类包装件在各种激励下呈现多种形式的损伤，包装工程专业设计人员需要了解包装件常见的损伤形式、掌握主要损伤机理、并会运用现代数学和力学的基本理论分析典型包装件的损伤失效问题。据此，本章主要内容包括：包装件损伤失效形式、易损度、冲击谱理论、典型包装致损的力学分析四节内容。主要讲授包装件失效、易损度、冲击谱等基本概念，产品强度及其评定、包装件损伤失效分析的基本原理和方法。

基本要求、重点和难点

基本要求：熟悉包装件失效、易损度、冲击谱等基本概念，掌握包装件损伤失效应力分析知识，掌握典型包装件损伤失效分析的基本原理和方法。

重点：重点掌握失效、易损度、冲击谱等基本概念，以及包装件损伤失效应力分析的基本知识。

难点：典型包装件损伤失效分析的基本原理和方法。

第一节　包装件损伤失效形式

在外载或环境作用下，由细观结构缺陷（如微裂纹、微孔隙等）萌生、扩展等不可逆变化引起的材料或结构宏观力学性能的劣化称为损伤。

损伤力学认为，材料内部存在着分布的微缺陷，如位错、微裂纹、微空洞等，这些不同尺度的微细结构是损伤的典型表现。损伤在热力学中视为不可逆的耗散过程。材料或构件中的损伤有多种，如脆性损伤、塑性损伤、蠕变损伤、疲劳损伤等。

损伤会引起材料微观结构和某些宏观物理性能的变化，所以损伤变量可从微观和宏观这两个方面选择。微观方面，可以选择裂纹数目、长度、面积和体积等；宏观方面，可以选择弹性模量、屈服应力、拉伸强度、密度等。不同的损伤过程，可以选择不同的损伤变量，即使是同一损伤过程，也可以选择不同的损伤变量。

包装件在运输流通过程中发生的损伤形式是多种多样的，也是十分复杂的。据初步统计，经常出现的产品或其零件的损伤形式包括：元件裂纹或断裂、紧固件松开或脱开、金属件表面局部塌陷、零件表面磨损或印刷模糊、封严处脱开或泄漏，印刷电路板裂开或脱落底座、接头处脱落、导线断开固定位置、片材发生断裂、支撑压垮、座板疲劳破裂，以及托盘载品位移和衬垫物及涂料的剥落等。从力学观点看，上面列举的各种损伤现象，都是产品结构或零件的材料在受外载荷作用后的响应参数值（应力、变形、加速度或位移等）超过了其容许极限值所致。可以根据这一原理把各种损伤形式归结为下述几类。

一、弹性失效和弹性失稳

弹性失效准则即把容器元件上远离结构或载荷不连续处在外加机械载荷作用下可能出

现的最大相当应力限制在所用材料的弹性范围，即近似地取限制于所用材料的 σ_s 以下，如果考虑安全系数，则限制在许用应力 $[\sigma]^t$ 以下。最大相当应力一旦超过这一限制则会使容器总体产生过大的变形直至爆破，或者使材料晶粒产生滑移而不能经受正常的操作条件，各有关国家的容器规范都是按照这一失效准则而且由最大主应力理论确定相当应力的强度校核条件的。

对于像软钢、铜、铝和软塑料一类塑性材料而言，材料可在简单的轴向拉力下发生弹性变形（符合胡克定律），直至应力达到屈服强度为止。从屈服点开始，表明材料发生塑性变形，胡克定律已经不再适合，永久变形已经存在，这就是弹性失效。如果应力达到极限强度，则材料就会发生断裂。

当一个结构元件所承受的最大载荷由元件的刚度决定而不是由其强度来决定时，外载荷的增加可能引起弹性不稳定或翘曲失效。欧拉杆就是弹性失稳的一个著名例子，当一根细长直杆仅仅受到轴向压力时，它可以只发生弹性变形而缩短些，但此时在杆子中间作用一个横向力时，它就产生弯曲。而如果将横向力去掉的话，则又回到杆件原来位置。若当此杆子上轴向压力达到某一极限值（临界压力）时，那么即使去掉横向力，它也不会回到原来位置，这就是杆件弹性失稳的损伤现象，当由其强度来决定时，外载荷的增加可能引起弹性不稳定或翘曲失效。

二、脆性失效和脆性断裂

像铸铁、陶瓷、玻璃和硬塑料等一类脆性材料，很少量的变形就会导致裂纹产生。但是，脆性材料的抗压强度往往大于抗拉强度，这与塑性材料恰好相反。脆性材料失效理论可以应用材料力学中的强度理论来分析。

所谓脆性断裂，通常指材料在没有明显的塑性变形时发生的断裂现象。脆性断裂一般是由循环应力引起的，其应力幅值低于产生塑性变形的应力，这是由于材料上存在的疵缝扩展成裂纹而发生断裂的。

三、疲 劳 失 效

如果产品结构内某元件经受的应力循环次数足够大，即使此应力值低于弹性失效应力值也可能发生失效，即称为疲劳失效。产生疲劳断裂的原因各不相同，归纳起来可以从内因（材料的化学成分、组织、内部缺陷、材料强韧化、材料的选择及热处理状况等）和外因（零件几何形状及表面状态、装配与连接、使用环境因素、结构设计、载荷特性等）两个方面来考虑。

四、过 度 变 形

在一个产品结构元件中，由应力产生的变形也可能导致一个系统发生失效或故障，即使此应力水平的数值在容许范围内也会如此。这种情况往往是由结构元件的位移和变形超过了结构设计中允许的间隙造成的。因此，在不同应力或载荷条件下计算出结构元件的变形量是十分重要的。例如在电子产品中，印刷电路板的变形量如果超过设计间隙的话，可能造成电路板上的元器件与邻近的电路板或结构元件相碰，这会导致敏感性电子元件的短路或击穿损伤。

由上述分析可知，尽管产品结构系统类别各异，但是根据这样几种失效模式，就可以用一定的模拟结构来表示，那么承受动力载荷后发生的效应就可以根据这些不同模式的特性参数表示。如果研究的产品结构系统具有易损的薄弱环节，就可以作为一种破损准则来考虑。根据以上介绍的几种损伤模式，可得到下述几种可能的破损准则：①结构系统承受外界动态载荷时，由于应力或应变超过允许值而造成结构元件破裂或者永久变形，以致产品损伤，这样，最大应力就是一种破坏准则；②结构系统承受外界动态载荷时，由于系统中某结构元件或子系统的位移超过最大许可位移，造成产品损伤，此时的最大相对位移就是一个破坏准则；③结构系统承受动态载荷属于周期性或准周期性重复作用力时，在结构元件中如果产生的应力足够大，由于多种循环作用后致使产品损伤，此时的破坏准则属于疲劳损伤。

包装件在装卸、搬运、运输、储存、销售等各个流通环节中都不可避免地受到机械环境条件的影响，如冲击、振动、跌落等，其失效形式由外部运输环境条件、内装物材料与结构形式、包装材料与结构特性等综合确定。

所谓失效，主要指机械构件由于尺寸、形状或材料的组织与性能发生变化而引起机械构件不能圆满地完成指定的功能，亦可称为故障或事故。失效是一个复杂的概念，特定的失效机理取决于材料或结构缺陷、制造或组装过程中导致的损伤、存储和现场使用环境等。

一般认为失效是一种二元状态，即某件东西坏了或没坏，然而大多数实际失效要比这复杂得多。失效是以下两者的交互作用综合的结果：①作用在系统上或系统内的应力；②系统的材料/组件。交互作用涉及的每个变量通常认为是随机的，因此，要正确地理解系统可靠性，就需要充分理解材料/组件对应力的响应，以及每个变量的可变性。

第二节　易　损　度

一、易损度的概念

1. 产品易损度

产品在物流过程中经常受到冲击激励，因此人们较早就提出了冲击易损度（Fragility）的概念。冲击易损度是指产品受冲击激励后不产生物理损伤或功能失效所允许的最大加速度值，之后的研究扩展到关于振动状态下产品的易损度问题。由于冲击防护问题的研究比较成熟且应用面较广，大多数场合提出的易损度是指冲击易损度，通常用允许最大加速度和重力加速度之比 G_m 来表示。

上述定义中包含了下列含义：①易损度是产品的一个固有特性，表征了该产品抵抗冲击激励的能力，是产品保持自身功能的一种强度参数描述。②产品的物理损伤或功能失效是广义的，并不仅仅是指被包装物直观意义上的损坏，而且包括产品过载后的破断、疲劳损伤、应力裂纹、表面局部塌陷、表面的摩擦擦伤、元器件装配松动等导致的品质下降或失效、长期堆码形成的整体性蠕变等。此外，外包装和缓冲衬垫的明显损伤也被看作评判产品易损度的一类标志。在此意义上，Fragility 译为易损度，应具有广义和确切性。

必须说明，在早期国内的相关译著中，Fragility 被译为"脆值"，之后许多文献乃至标准均沿用此名称。读者在学习和应用研究中只需理解其内涵即可。

2. 影响易损度的主要因素

影响易损度的主要因素是产品特性和冲击激励形式。

（1）产品特性　产品的下列特性是影响其易损度的本质因素：①材料特性，主要指材料的物理力学性能，如强度等；②结构特性，各零部件（元器件）的结构特征，如结构形状（细长件、薄片等）及其在产品（或系统）中的安装定位方式，如悬吊安装，刚性安装等；③脆弱零部件的力学性能，如脆弱零部件的固有频率、强度等。

（2）冲击激励形式　冲击过程中的速度增量随其波形的变化而变化。因此，在相同的最大加速度和脉冲持续时间条件下，冲击激励形式对冲击响应谱有显著的影响。流通过程中常见的典型激励形式为矩形波、半正弦波和锯齿形波。

二、易损度的理论描述

传统易损度理论是基于包装件的破坏性试验规律来描述的。图 8-1 是为了研究易损度而建立的包装件跌落冲击模型。

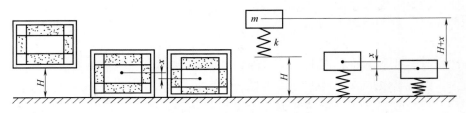

图 8-1　包装件跌落冲击模型

现做以下假设：①被包装的产品是连续均匀的刚体，全部动能可转化为缓冲衬垫的变形能；②弹性件的质量很小，其惯性影响可以忽略不计；③弹性件的变形在弹性极限范围内；④阻尼忽略不计。

根据能量守恒定律，质量为 m 的产品从高 H 处开始跌落，到弹簧受压发生最大变形 x_m 为止，产品具有的位能将全部转化为弹簧的弹性势能，其大小等于产品克服弹簧力所做的功，即：

$$mg(H + x_m) = \int_0^{x_m} F(x)\mathrm{d}x \tag{8-1}$$

由于弹簧是线性的，弹簧力学特性满足胡克定律，故 $F(x) = kx$。由于 x_m 很小，$(H + x_m) \approx H$，代入式（8-1），得：

$$mgH = \frac{1}{2}kx^2 \tag{8-2}$$

即：

$$F(x) = \frac{2mgH}{x} \tag{8-3}$$

根据牛顿第二定律，产品在弹簧力作用下的加速度 $a = \dfrac{F(x)}{m}$，代入式（8-3），得：

$$a = \frac{2H}{x}g \tag{8-4}$$

令 $2H/x = G$，则：

$$a = Gg \qquad (8\text{-}5)$$

显然，$2H \gg x$，故 $G \gg 1$；式（8-5）表明，产品在跌落冲击时产生的加速度，通常表现为重力加速度的倍数；在冲击问题上，常常用 G 来表示加速度的大小，又称为 G 因子。由式（8-3），可得：

$$F = GW \qquad (8\text{-}6)$$

式中　W——产品自身重量。

上式表明：产品跌落时所受冲击力的大小，等于其重量和 G 因子的乘积。当冲击超过产品结构所允许的极限时，产品即发生破损。由于 G 表示的是 $2H/x$，显然，G 量纲为 1。

在实际产品包装设计中，常用到许用易损度值，其定义为根据产品的易损度，考虑到产品的价值、强度偏差、重要程度等而规定的产品的许用最大加速度，以 $[G]$ 表示，有：

$$[G] = \frac{G_{\mathrm{m}}}{n} \quad n > 1 \qquad (8\text{-}7)$$

式中　n——安全系数。安全系数的选择涉及正确处理安全与经济的关系。

所以：

$$G < [G] < G_{\mathrm{m}} \qquad (8\text{-}8)$$

三、易损度的确定

易损度是产品质量标准的一项指标，也是缓冲包装设计中一项重要的基本参数。确定产品易损度的方法目前主要有试验法、经验估算法和查表类比法等。

1. 试验法

根据易损度的理论描述，产品的易损度可以通过试验手段进行测定。机械冲击易损度的测定通常为两种基本类型，即利用冲击试验机进行试验和使用缓冲材料进行试验。

（1）冲击试验机法

① 冲击试验机　产品冲击易损度试验要求试验机能顺利释放试件，使其自由跌落而产生预定的冲击。冲击速度可以调节，最大跌落高度可达 1500mm。要求被冲击面保持坚硬和平整，其质量至少是被测样件质量的 50 倍，测试系统由加速度传感器、信号放大器和显示记录器等组成，要求在试验中能显示并记录产品所承受冲击脉冲的加速度-时间历程。测试系统要有适当的加速度量程，试验中不得出现过载现象，其最低截止频率应不小于 0.5Hz，最高截止频率应不大于 1kHz。

目前，测试产品冲击易损度的冲击跌落试验机有多种，例如，美国 MTS 公司的 MTS845/886 型冲击试验机，美国 Lansmont 公司的 PDT-56E 型精密跌落试验机，日本吉田精机株式会社的 DT-100 型跌落试验机，国产的 Y5212 型垂直冲击跌落试验机等。

冲击试验机测试系统应具有以下主要功能：

测算产品冲击易损度并绘制产品破损边界曲线；对运输包装件进行可控冲击试验；评价包装件的可靠程度是否符合运输规范的条件；对缓冲垫材料进行动态压缩试验；模拟严酷的粗野装卸状态的试验；具有良好的重复性，从而保证实验精度；具有良好的可控性，且冲击台面高度低，便于操作人员使用；具有产生矩形波、半正弦波和锯齿波等冲击波形

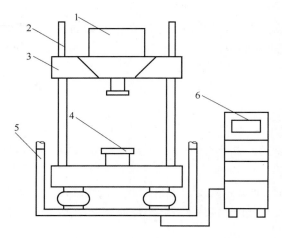

1—试验样件；2—移动导轨；3—冲击台面（上置被试
包装件）；4—程序器；5—升降装置；6—测试系统。

图 8-2　MTS886 型冲击跌落试验机的结构示意图

的程序装置；使用同步双液压升降装置，使冲击台面平稳升降；有低噪音结构设计，减少试验时的干扰；配有先进测量装置以及波型分析仪和数字绘图仪等。

② 试验准备　产品受到冲击时，冲击力作用点不同，会导致测试结果差别很大。不同冲击方向会产生不同的易损度。因而，产品易损度大小的测定受其安装方式或固定方式的影响，试验中试件在冲击台上的固定状态必须与实际情况相一致。

产品在实际运输过程中受到的冲击是通过包装件内衬垫或支撑等传递到产品上的，衬垫支撑与产品接触位置不同，传递的冲击程度及对产品的影响也不同。试验时要特别注意样件在冲击台面上的固定方式，尽可能使样件状态与实际情况相符合。

考察产品在运输状态下的冲击程度，那么，支撑夹具与样品接触部分的形状及位置与真实产品在实际工作状态中所实施的固定方式相一致。一般情况下，产品在试验工作状态下受到的冲击强度将会远小于在实际运输中受到的冲击强度。

支撑夹具必须具有一定刚性，使传递到试件的脉冲不失真。支撑夹具一般由铝合金、硬塑料或硬木制成。其作用是防止试件在冲击时跳离冲击台。一般将支撑夹具压在试件顶部、刚性较好或面积较大的部位，不应对试件产生预应力。

传感器的固定位置不同，有可能影响到测试结果的精度。一般情况下，加速度传感器应牢固地安装在产品基础部位或夹具上。如果支撑夹具本身有很好的刚性，那么，加速度传感器也可以装在台面上。正确安装加速度传感器的原则，就是要使安装好的传感器能真实地反映传递到产品上的冲击脉冲激励。传感器的正确安装及固定方法，应遵照传感器制造厂提供的产品说明书或性能手册的规定。

③ 试验步骤

a. 临界速度增量的测定　首先，调节试验设备，使产生的冲击脉冲形成低于预期临界速度增量值。由于临界速度增量边界线与波形无关，试验可使用矩形波，也可以使用半正弦波或其他波形。半正弦易于调节，因而常使用半正弦波形。但脉冲持续时间应不大于3ms。若试验样品为刚性较大的小型产品时，其脉冲持续时间还应适当缩小，以便使其冲击加速度足够大。

进行一次冲击试验后，检查或测定试件的性能，确定试样是否损伤。如果发生损伤，则应判断是否由于本次冲击造成。如果不发生损伤，则调整冲击试验机，使其产生更大的速度变化，其方法是提高试验机冲击台面高度或调节程序器，依此重复进行冲击试验。一次速度变化的幅度应视产品的特性而定。对于一般产品而言，每次速度增量幅度可为0.15m/s，对于较贵重的产品，应适当降低增量幅度。

重复上述过程，逐渐增加速度变化值，直至试件发生损伤。

　　b. 临界加速度的测定　临界加速度为产品受到冲击时即将发生损伤时的最大加速度，即产品的冲击易损度。

　　首先，调整试验机的程序器，使其产生梯形冲击脉冲。梯形波曲线上升及下降的时间应小于1.8ms，目的在于尽量使梯形波接近于矩形波。冲击速度变化为临界速度变化的2倍以上，首次冲击加速度应低于预计的产品损伤时最大加速度值。

　　进行一次冲击试验后，检查或测量被试样品的性能，确定样品是否损坏。若发生损伤，确定是否由于此次冲击所致，若没有发生损伤，调整冲击试验机以获得更大的加速度值，这通常利用调节程序器（相当于改变冲击砧）的方法来实现，并核定冲击速度变化值是否符合要求。加速度增加的幅度应根据产品本身的特性而定。重复上述试验过程，逐渐增加冲击加速度直至试样发生损伤。

　　④ 测试数据的处理　选取临界值时通常有两种方法：一是将试样未发生损伤的最后一次试验数值和试样发生损伤时的试验数值的平均值作为试样的临界值；另一种方法是，将试样未发生损伤的最后一次试验数据作为其临界值。大多数试验采用后者。

　　（2）缓冲材料试验法　该方法主要依据国家标准GB/T 8171—2008《使用缓冲包装材料进行的产品机械冲击脆值试验方法》。

　　此试验方法是将被测样件进行缓冲包装结构以后，使其自由跌落产生冲击。自由跌落通常在可以使试验件自由落下的试验机上进行。一种方式是以同一包装在试验中逐渐增加跌落高度，使作用到试件上的冲击加速度逐次提高，另一方式是跌落高度保持不变，然后改变其缓冲条件（例如改变缓冲材料厚度），以便增加冲击加速度。

　　通常规定流通环境中所能预测到的跌落高度（或最大冲击加速度）作为一个常数，例如，美国ASTM D3331—84标准中为460～900mm，中国GB/T 8171—2008《使用缓冲包装材料进行的产品机械冲击脆值试验方法》中为450～900mm，然后，使用不会造成产品损坏的某一厚度的缓冲材料试件先做试验，接着依次减少缓冲材料衬垫的厚度，使冲击加速度增加。这些方法可以获得试验样品损坏时的最大冲击加速度，即产品的冲击易损度。

　　① 试验设备　这种试验方法可以使用普通的跌落试验机，例如，吊钩式跌落试验机、转臂式跌落试验机等。图8-3所示为转臂式跌落试验机示意图。

　　该类跌落试验机的基本要求就是只要能达到顺畅释放试件，发生自由跌落而达到预期的冲击状态即可。例如，上述转臂式跌落机在试验中，转臂能快速向下转动，使试件自由落下，在这里绝不能使转臂与试件之间产生摩擦而影响自由跌落姿态。

　　与跌落试验机相配的测试系统，可根据试验的目的、测试的参数和试验的精度要求而定。一般情况下，测试系统由加速度传感器、信号放大器和显示记录仪等组

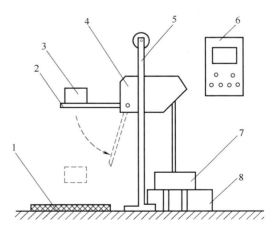

1—冲击平台；2—转臂；3—试验件；4—升降装置；
5—支柱；6—测试系统；7—控制器；8—动力传动机构。

图8-3　转臂式跌落试验机示意图

191

成，应能显示并记录产品所承受的冲击脉冲加速度数据。

② 试验准备工作

a. 包装容器与缓冲材料　一般情况下采用实际运输时使用的外包装容器及缓冲衬垫材料，也可以采用任何一种适合的包装容器和缓冲材料。包装容器应能容纳试验样品及缓冲垫。试验中常采用弹性或弹塑材料作缓冲垫，如果是塑性材料，则应在每次冲击试验后更新缓冲材料。

b. 试验样品与传感器的固定　试验样品和缓冲材料按使用状态放置在选定的容器中，在试验样品的冲击方向上应有较厚的衬垫，以避免在第一次冲击试验时就发生损伤，将加速度传感器紧固在靠近缓冲垫支撑面上，且必须使测量轴线处在冲击方向上。最理想的状态是将加速度传感器放置在产品的重心附近，且是较牢固的部位上，或者紧固在最容易发生损坏的部位上。固定位置不适当，往往会带来十分明显的测量误差，试验结束后应进行数据误差分析。

③ 试验步骤　缓冲包装的被试样品置于跌落试验机上，进行一次冲击跌落试验，并记录加速度-时间数据。冲击跌落后拆开包装，对试验样品进行检查或性能测量，确定其产品是否发生损坏。如果试验样品未发生损伤，则逐渐加大冲击强度，直至样品损坏，试验数据的取值方法同上述使用冲击试验机测定产品易损度时的取值方法相同。

增加试验中冲击强度的两种方法同上。

一般的长方体形包装件都具有六个冲击面，如果对试验样品的尺寸、形状以及在运输过程中可能遭受的冲击方向有足够了解，可在试验件最敏感或最薄弱的冲击方向上进行试验。一般情况下，正常储运条件下的垂直跌落方向都要进行冲击试验，作为评价试验样品抗冲击能力的基本性能参考。

2. 经验估算法

对于产品易损度，比较准确的是通过试验来测定。然而，试验方法也有其局限性，例如试验需对试样进行破坏。这对于批量小、价格昂贵的产品来说是不合适的，有时是不允许的。而且试验本身需要一系列的设备及仪器，会给实际工作带来困难。因此，工程上常常采用与一组经验数据对比的方法来确定产品的易损度；另外，利用已掌握的相类似产品的易损度情况进行估算。

经验估算的基础是对流通现场的监察和对大量破损事故的调查和分析。调查某一包装产品在装卸或搬运操作中破损事故，常常能找到该产品的某些极限的运动学或动力学特征（如跌落高度、振动频率、脉冲作用时间等），只要掌握该产品包装材料的特性，这些运动学或动力学参数就可粗略推算出产品允许的加速度值。

例如，对图 8-1 所示的缓冲包装结构，其理想的运动状态是在接受第一次冲击后作简谐振动，由式（3-54）得最大加速度 $G_{\max}$ 为：

$$G_{\max} = \sqrt{\frac{2kH}{\omega}} = 2\pi f_0 \sqrt{\frac{2H}{g}} \tag{8-9}$$

上式表明，对于已知的包装件，即已知质量 m（或重量 W）和刚度系数 k，跌落高度 H 和冲击加速度 $G_{\max}$ 呈线性比例关系，以 H-$G_{\max}$ 为坐标，对不同的频率 f_0 取值，可以作出图 8-4 所示曲线。利用这组曲线，可以根据破损事故的跌落高度，评定该产品允许的最大加速度——易损度。例如，已知一包装件的固有频率 $f_0 = 20\text{Hz}$，则可以从对应的曲线中查得：跌落高度为 0.8m 时，加速度为 55m/s²。这种评估是以线性模型为基础的。保守一些，有利于提高设计的可靠程度。

易损度还可以采用脉冲作用时间来评估，这是一般的、非线性产品包装常用的方法。根据振动理论和振动测试的结论，跌落高度和脉冲波形、脉冲作用时间存在着一定的函数关系。以半正弦波为例，其函数关系为：

$$G_{max} = 0.0325Ht^{-2} \qquad (8\text{-}10)$$

式中　G_{max}——最大加速度，m/s²；

H——跌落高度，m；

t——脉冲上升时间，s。

利用式（8-16），根据正弦脉冲上升时间和破损事故的跌落高度，对产品的易损度做出评价。各种缓冲包装结构的脉冲上升时间按表 8-1 选取。

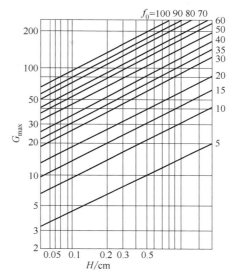

图 8-4　按 f_0 计算的 H-G_{max} 曲线

表 8-1　几种包装条件下脉冲上升时间（半正弦波）

包装条件	上升时间/s
金属容器	0.002
木箱	0.004
纸板、瓦楞纸箱	0.006
橡胶纤维（25mm 厚）	0.008
橡胶纤维（75mm 厚）	0.015

3. 查表类比法

目前，国内外对产品的易损度都进行了广泛的研究并积累了大量的实测数据，在分析研究国内外有关资料及试验验证的基础上，采取同类合并的方法给出了部分产品 G_m 值参考表（表 8-2），供设计者在估算产品易损度时参考。使用下表时应注意以下几个问题：

表 8-2　部分产品易损度参考表

产品易损度（g）	产品种类
＜10	大型电子计算机、精密标准仪器、大型变压器
≥10 且＜25	高级电子仪器、晶体振荡器、精密测量仪、航空测量仪、导弹跟踪装置、陀螺、惯性导航平台、复印机、导弹制导系统、精密电子仪器
≥25 且＜40	大型电子管、变频装置、一般电子仪器、一般精密仪器、精密显示仪、录像机、机械振动测试仪表、真空管、电子仪表、雷达及其控制系统、瞄准器、大型精密机器
≥40 且＜60	飞机精密零件、微型计算机、自动记录仪、大型电讯装置、电子打字机、现金出纳机、其他办公电子设备、大型磁带录音机、一般仪器仪表、航空附属仪表、电子记录装置、一般电器装置、示波器、精密机械零件、制动陀螺、马赫表、钟表、彩色电视机
≥60 且＜90	黑白电视机、磁带录音机、照相机、大型可移式无线电装置、光学仪器、热水瓶、鸡蛋、油量计、压力计、荧光灯、音响、冰箱
≥90 且＜120	洗衣机、钟表、阴极射线管、打字机、收音机、计算器、携带式无线电装置、啤酒瓶、热交换器、油冷却器、取暖电炉、散热器
＞120	陶瓷器、机械类、小型真空管、一般器材、飞机零件、液压传动装置

① 表中产品名称为产品的种类名称，即相同种类但规格不同、型号不同的产品，其 G_m 值亦可能有些差异，初次设计时宜取其下限值。

② 表中没有列出的产品，如与表中所列产品具有相同脆弱部件，可参考表中产品的 G_m 值范围。如表中彩电的 G_m 值为 40~60，而彩色电视的脆弱部件为彩色显像管，则在估算带有彩色显像管部件的产品且彩色显像管在该产品上的部件中为脆弱部件时，则可估计产品的易损度范围为 40~60（如监视器，计算机显示器等）。

③ 在对产品的材料结构、性能不是十分了解的情况下，不可轻易估算产品的 G_m 值。即使是具有相同元器件的产品，如果其安装、固定方法不同，也可能影响到产品的 G_m 值。

④ 根据经验法确定的产品 G_m 值进行缓冲包装设计时，设计完之后，必须要进行试验验证。

第三节　冲击谱理论

实验表明，产品的破损不仅取决于产品的最大加速度，还依赖于作用在产品上的脉冲波形和持续作用时间，这三个参数称为脉冲三要素。在研究产品易损零件在脉冲激励的响应之前，需掌握脉冲激励波形的数学描述。

一、冲击脉冲激励

冲击过程经历的时间很短，而产品加速度的变化却很大，这种激励称为脉冲激励，脉冲激励历经的时间称为脉冲时间，用 τ 表示。脉冲激励的最大值称为脉冲峰值，用 $\ddot{y}_m$ 表示。脉冲激励在脉冲时间内的变化规律称为脉冲波形。产品冲击试验中常用的波形有矩形、半正弦波形和后峰锯齿波形等，如图 8-5 所示。

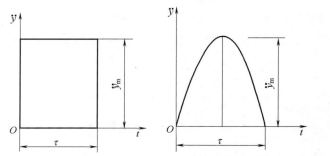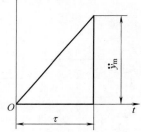

图 8-5　常见的三种脉冲激励波形

1. 矩形脉冲激励

输入的脉冲激励为矩形时，产品加速度随时间变化规律为：

$$\ddot{y}(t) = \begin{cases} \ddot{y}_m & (0 \leqslant t \leqslant \tau) \\ 0 & (t > \tau) \end{cases} \tag{8-11}$$

产品加速度在脉冲时间内的累积称为脉冲量，用 Δv 表示，即：

$$\Delta v = \int_0^\tau \ddot{y}(t) \mathrm{d}t \tag{8-12}$$

上式的几何意义是：Δv 等于 $\ddot{y}(t)$ 曲线与 t 轴所包围图形面积，所以对于矩形脉冲激励，上式可以写为如下形式：

$$\Delta v = \ddot{y}_{\mathrm{m}} \tau \tag{8-13}$$

式中　Δv——产品在脉冲时间内的速度变化，又称为速度改变量。

不计冲击自由下落时的能量损失，冲击过程开始（$t=0$）时，产品的初始位移与速度为：$y_0 = 0$，$v_0 = -\sqrt{2gH}$。

产品在脉冲时间内匀加速运动，在脉冲时间内产品的速度为：

$$\dot{y} = -\sqrt{2gH} + \ddot{y}_{\mathrm{m}} t \tag{8-14}$$

产品位移随时间的变化规律为：

$$y = -\sqrt{2gH t} + \frac{1}{2} \ddot{y}_{\mathrm{m}} t^2 \tag{8-15}$$

冲击过程结束，即 $t = \tau$ 时，$y = 0$，产品的脉冲持续时间为：

$$\tau = \frac{2\sqrt{2gH}}{\ddot{y}_{\mathrm{m}}} \tag{8-16}$$

产品在冲击结束时的末速度为：

$$t = \tau, \quad v_{\tau} = \sqrt{2gH} \tag{8-17}$$

产品在冲击时间内的速度变化量为：

$$\Delta v = v_{\tau} - v_0 = 2\sqrt{2gH} \tag{8-18}$$

2. 半正弦波形脉冲激励

输入脉冲激励为半正弦波形时，产品加速度随时间的变化规律为：

$$\ddot{y}(t) = \begin{cases} \ddot{y}_{\mathrm{m}} \sin\pi\left(\dfrac{t}{\tau}\right) & (0 \leqslant t \leqslant \tau) \\ 0 & (t > \tau) \end{cases} \tag{8-19}$$

同理：脉冲时间及速度变化量与冲击跌落高度的关系分别为：

$$\tau = \frac{\pi\sqrt{2gH}}{\ddot{y}_{\mathrm{m}}} \tag{8-20}$$

$$\Delta v = 2\sqrt{2gH} \tag{8-21}$$

3. 后峰锯齿形脉冲激励

输入的脉冲激励为后峰锯齿形波时，产品加速度随时间的变化规律为：

$$\ddot{y}(t) = \begin{cases} \ddot{y}_{\mathrm{m}} \dfrac{t}{\tau} & (0 \leqslant t \leqslant \tau) \\ 0 & (t > \tau) \end{cases} \tag{8-22}$$

同理：脉冲时间及速度改变量与冲击跌落高度的关系分别为：

$$\tau = \frac{4\sqrt{2gH}}{\ddot{y}_{\mathrm{m}}} \tag{8-23}$$

$$\Delta v = 2\sqrt{2gH} \tag{8-24}$$

纵观以上各式，不难发现：对于同一种冲击脉冲激励，不同的产品（即不同的固有频率）其冲击响应是不同的；而对于同一产品，施以不同的冲击脉冲时，其响应也是不同的。影响产品响应的因素，除了产品本身的固有频率以外，主要是冲击脉冲的波形、加速度值和脉冲持续时间，这种特性可以用下述的冲击谱来加以概括。

二、冲 击 谱

描述单自由度振动系统受冲击时的响应最大值与振动系统的固有频率或者固有周期的关系，称为冲击谱或者响应谱。

按照振动理论，冲击谱分为最大冲击响应谱（也称为冲击初始谱）和冲击余谱两种。在包装动力学中，常常用最大冲击响应谱来描述环境冲击和产品响应之间的关系，产品包装的力学模型如图 8-6 所示，冲击机对产品 M 的激励迫使易损零件 m 运动，易损零件在脉冲激励下的加速度随时间而变化，变化规律就是易损零件对脉冲激励的响应。

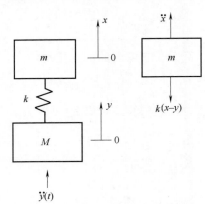

以产品的平衡位置为坐标原点，分别对产品和易损零件取 y 轴和 x 轴，$x-y$ 是易损零件对产品的相对位移，$k(x-y)$ 是作用在易损零件上的重力与弹性力的合力，因重力很小，忽略不计，故易损零件的运动微分方程为：

$$m\ddot{x}=-k(x-y) \tag{8-25}$$

式中 m——易损件的质量，kg；

图 8-6 产品冲击试验的力学模型简图

k——易损件的刚度系数，N/m。

则易损零件的固有频率 ω 为：

$$\omega=\sqrt{\frac{k}{m}}$$

运动微分方程改写为：

$$\ddot{x}+\omega^2 x=\omega^2 y \tag{8-26}$$

在初始条件为 0，即 $x(0)=\dot{x}(0)=0$ 的情况下，方程（8-26）的求解有多种方法：如利用杜哈美尔（Duhamel）积分法求得通解，用拉普拉斯（Laplace）变换法求解，直接利用上式对时间 t 求导两次，并将激励代入方程进行求解。

1. 矩形脉冲冲击谱

采用直接积分方法，对式（8-26）直接求导两次，可得：

$$\frac{\mathrm{d}^2\ddot{x}}{\mathrm{d}t^2}+\omega^2\ddot{x}=\omega^2\ddot{y}(t) \tag{8-27}$$

将式（8-11）代入式（8-27）得到易损零件加速度响应的微分方程：

$$\frac{\mathrm{d}^2\ddot{x}}{\mathrm{d}t^2}+\omega^2\ddot{x}=\begin{cases}\omega^2\ddot{y}_{\mathrm{m}} & (0\leqslant t\leqslant\tau)\\ 0 & (t>\tau)\end{cases} \tag{8-28}$$

在 $0\leqslant t\leqslant\tau$ 时式（8-27）的通解为：

$$\ddot{x}=c_1\sin\omega t+c_2\cos\omega t+\ddot{y}_{\mathrm{m}} \tag{8-29}$$

对式（8-29）求导：

$$\frac{\mathrm{d}\ddot{x}}{\mathrm{d}t}=c_1\omega\cos\omega t-c_2\omega\sin\omega t \tag{8-30}$$

式（8-26）的初始条件为：$\ddot{x}(0)=\dfrac{\mathrm{d}\ddot{x}}{\mathrm{d}t}\bigg|_{t=0}=0$

故得：

$$c_1 = 0, \quad c_2 = -\ddot{y}_m \tag{8-31}$$

所以：

$$\ddot{x} = \ddot{y}_m (1 - \cos\omega t) \qquad 0 \leqslant t \leqslant \tau \tag{8-32}$$

在 $t = \tau$ 时：

$$\ddot{x}(\tau) = \ddot{y}_m (1 - \cos\omega\tau), \quad \left.\frac{d\ddot{x}}{dt}\right|_{t=\tau} = \ddot{y}_m \omega \sin\omega\tau \tag{8-33}$$

对式（8-31）求导得：

$$\frac{d\ddot{x}}{dt} = \ddot{y}_m \omega \sin\omega t \tag{8-34}$$

当 $\tau < \dfrac{\pi}{\omega} = \dfrac{T}{2}$，式（8-33）没有驻点，在 $0 \leqslant t \leqslant \tau$ 区间单调递增，结合式（8-34），得到式（8-32）的最大值为：

$$\ddot{x}_m = \ddot{y}_m (1 - \cos\omega\tau) \tag{8-35}$$

当 $\tau \geqslant \dfrac{T}{2}$，式（8-32）至少有一个极值点，求得式（8-31）的最大值为：

$$\ddot{x}_m = 2\ddot{y}_m \tag{8-36}$$

当 $t > \tau$，式（8-28）变为：

$$\frac{d^2\ddot{x}}{dt^2} + \omega^2 \ddot{x} = 0 \tag{8-37}$$

上式的通解为：

$$\ddot{x} = c_3 \cos(t - \tau) + c_4 \sin(t - \tau) \tag{8-38}$$

把式（8-33）代入式（8-38）得：

$$c_3 = \ddot{y}_m \sin\omega\tau, \quad c_4 = \ddot{y}_m (1 - \cos\omega\tau) \tag{8-39}$$

则得：

$$\begin{aligned}\ddot{x} &= \ddot{y}_m \sin\omega\tau \sin\omega(t - \tau) + \ddot{y}_m (1 - \cos\omega\tau)\cos\omega(t - \tau)\\ &= \ddot{y}_m \sqrt{2(1 - \cos\omega\tau)} \sin[\omega(t - \tau) + \varphi]\end{aligned} \tag{8-40}$$

上式中：

$$\varphi = \arctan\frac{1 - \cos\omega\tau}{\sin\omega\tau} \tag{8-41}$$

容易得式（8-40）的最大值：

$$\ddot{x}_m = \ddot{y}_m \sqrt{2(1 - \cos\omega\tau)} \tag{8-42}$$

由式（8-34）、式（8-35）得到在 $0 \leqslant t \leqslant \tau$ 时间段内矩形脉冲冲击下的冲击谱公式为：

$$\ddot{x}_m = \begin{cases} \ddot{y}_m (1 - \cos\omega\tau) & \left(0 \leqslant \tau < \dfrac{T}{2}\right) \\ 2\ddot{y}_m & \left(\tau \geqslant \dfrac{T}{2}\right) \end{cases} \tag{8-43}$$

设 $\beta = \dfrac{\ddot{x}_m}{\ddot{y}_m}$，为响应加速度幅值 $\ddot{x}_m$ 与激励加速度幅值 $\ddot{y}_m$ 之比；$\gamma = \dfrac{\tau}{T}$，为激励时间 τ 与产品包装固有周期 T 之比，代入式（8-43）、式（8-42）得：

$$\beta = \begin{cases} 1 - \cos(2\pi\gamma) & (0 \leqslant \gamma < 0.5) \\ 2 & (\gamma \geqslant 0.5) \end{cases} \tag{8-44}$$

及：

$$\beta = \sqrt{2[1-\cos(2\pi\gamma)]} \qquad (\gamma > 0) \tag{8-45}$$

由式（8-44）、式（8-45）得矩形脉冲作用下的冲击谱如图8-7所示。

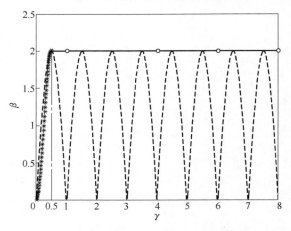

图8-7 矩形脉冲作用下的最大冲击谱和剩余冲击谱

在图8-7中，虚线由式（8-45）决定，带 * 与 o 符号的冲击谱曲线由式（8-44）决定；当 $\gamma \leqslant 0.5$ 时，虚线大于带 * 的曲线，冲击谱曲线由式（8-45）决定；$\gamma > 0.5$ 时，冲击谱曲线为数值2的水平线，所以矩形脉冲冲击下的冲击谱曲线表达式为：

$$\beta = \begin{cases} 2\sin\pi\gamma & 0 < \gamma \leqslant 0.5 \\ 2 & \gamma > 0.5 \end{cases} \tag{8-46}$$

根据式（8-45）矩形脉冲加速度激励时的最大冲击谱曲线如图8-8所示。

2. 半正弦波冲击谱

采用杜哈美尔积分方法求解。

设输入到产品主体上的激励如图8-6所示，对易损零件的运动微分方程（8-25）求二次导数，并将式（8-19）代入可得：

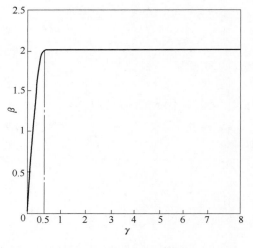

图8-8 矩形脉冲作用下的最大冲击谱

$$mx^{(4)} + k\ddot{x} = \begin{cases} k\ddot{y}_m \sin\dfrac{\pi t}{\tau} & (0 \leqslant t \leqslant \tau) \\ 0 & (t > \tau) \end{cases} \tag{8-47}$$

设 $\omega_1 = \dfrac{\pi}{\tau}$，当 $t < \dfrac{\pi}{\omega_1}$ 用杜哈梅尔积分求上式的 $\ddot{x}$ 为：

$$\begin{aligned}
\ddot{x} &= \frac{1}{m\omega} \int_0^t k\ddot{y}_m \sin\omega_1\tau \sin[\omega(t-\tau)]\mathrm{d}\tau \\
&= \frac{k\ddot{y}_m}{m\omega} \int_0^t \sin\omega_1\tau \sin[\omega(t-\tau)]\mathrm{d}\tau \\
&= \frac{k\ddot{y}_m}{2m\omega} \int_0^t \{\cos[(\omega_1+\omega)\tau - \omega t] - \cos[(\omega_1-\omega)\tau + \omega t]\}\mathrm{d}\tau
\end{aligned} \tag{8-48}$$

当 $\omega \neq \omega_1$ 时，式（8-48）为：

$$\ddot{x} = \frac{k\ddot{y}_m}{2m\omega}\left\{\frac{1}{\omega_1+\omega}\sin[(\omega_1+\omega)\tau-\omega t]\Big|_0^t - \frac{1}{\omega_1-\omega}\sin[(\omega_1+\omega)\tau+\omega t]\Big|_0^t\right\}$$

$$= \ddot{y}_m\frac{1}{1-(\omega_1/\omega)^2}\left(\sin\omega_1 t - \frac{\omega_1}{\omega}\sin\omega t\right) \tag{8-49}$$

当 $\omega = \omega_1$ 时，式（8-48）为：

$$\ddot{x} = \frac{k\ddot{y}_m}{2m\omega}\int_0^t\{\cos[(\omega_1+\omega)\tau-\omega t]-\cos[(\omega_1-\omega)\tau+\omega t]\}\mathrm{d}\tau$$

$$= \frac{k\ddot{y}_m}{2m\omega}\int_0^t[\cos(2\omega\tau-\omega t)-\cos\omega t]\mathrm{d}\tau$$

$$= \frac{k\ddot{y}_m}{2m\omega}\left[\frac{1}{2\omega}\sin(2\omega\tau-\omega t)\Big|_0^t - \tau\cos\omega t\Big|_0^t\right] \tag{8-50}$$

$$= \frac{k\ddot{y}_m}{2m\omega}\left(\frac{1}{\omega}\sin\omega t - t\cos\omega t\right)$$

$$= \frac{\ddot{y}_m}{2}(\sin\omega t - t\omega\cos\omega t)$$

对式（8-49）进行求导：

$$\frac{\mathrm{d}\ddot{x}}{\mathrm{d}t} = \ddot{y}_m\frac{\omega_1}{1-(\omega_1/\omega)^2}(\cos\omega_1 t - \cos\omega t) \tag{8-51}$$

令上式等于 0，有：

$$\sin\frac{\omega_1+\omega}{2}t\sin\frac{\omega_1-\omega}{2}t = 0 \tag{8-52}$$

解得极值点为：

$$t_1 = \frac{2n\pi}{\omega_1+\omega},\ t_2 = \frac{2n\pi}{\omega-\omega_1},\ (n=1,2,3,\cdots) \tag{8-53}$$

把式（8-53）的值分别代入式（8-49）得：

$$\ddot{x}(t_1) = \left|\frac{\ddot{y}_m\omega/\omega_1}{\omega/\omega_1-1}\sin\frac{2n\pi}{1+\omega/\omega_1}\right| \tag{8-54}$$

$$\ddot{x}(t_2) = \left|\frac{\ddot{y}_m\omega/\omega_1}{1+\omega/\omega_1}\sin\frac{2n\pi}{\omega_1/\omega-1}\right| \tag{8-55}$$

t_1、t_2 应满足：

$$0 < t_1 < \frac{\pi}{\omega_1}\ \text{或}\ 0 < t_2 < \frac{\pi}{\omega_1} \tag{8-56}$$

将式（8-53）代入上式，得到：

$$0 < n < \frac{1}{2}\left(1+\frac{\omega}{\omega_1}\right)\ \text{或}\ 0 < n < \frac{1}{2}\left(\frac{\omega}{\omega_1}-1\right) \tag{8-57}$$

设 $\ddot{x}_m$ 为式（8-54）、式（8-55）两者之中的最大幅值，可以证明式（8-54）得最大幅值总大于式（8-55）得最大幅值，所以由式（8-54）得到最大幅值 $\ddot{x}_m$ 为：

$$\ddot{x}_m = \frac{\ddot{y}_m\omega/\omega_1}{\omega/\omega_1-1}\sin\frac{2n\pi}{1+\omega/\omega_1} \tag{8-58}$$

上式的满足条件为：

$$0 < n < \frac{1}{2}\left(1+\frac{\omega}{\omega_1}\right) \tag{8-59}$$

设 $\beta = \dfrac{\ddot{x}_m}{\ddot{y}_m}$，$\gamma = \dfrac{\tau}{T} = \dfrac{\omega}{2\omega_1}$，则式（8-58）、式（8-59）分别变形为：

$$\beta = \frac{2\gamma}{2\gamma - 1} \left| \sin\frac{2n\pi}{1 + 2\gamma} \right| \tag{8-60}$$

$$0 < n < \frac{1}{2}(1 + 2\gamma) \tag{8-61}$$

当 $0.5 < \gamma \leqslant 2.5$，$n = 1$ 或 $n = 2$ 时，式（8-60）为：

$$\beta = \frac{2\gamma}{2\gamma - 1}\sin\frac{2\pi}{1 + 2\gamma} \qquad (0.5 < \gamma \leqslant 2.5) \tag{8-62}$$

同理得：

$$\beta = \begin{cases} \dfrac{2\gamma}{1 - 4\gamma^2}\sin2\pi\gamma & 0 < \gamma < 0.5 \\[2mm] \dfrac{2\gamma}{2\gamma - 1}\sin\dfrac{4\pi}{1 + 2\gamma} & 2.5 < \gamma \leqslant 4.5 \\[2mm] \dfrac{2\gamma}{2\gamma - 1}\sin\dfrac{6\pi}{1 + 2\gamma} & 4.5 < \gamma \leqslant 6.5 \\[2mm] \dfrac{2\gamma}{2\gamma - 1}\sin\dfrac{8\pi}{1 + 2\gamma} & 6.5 < \gamma \leqslant 8.5 \\ \cdots\cdots \end{cases} \tag{8-63}$$

同样的方法得到式（8-50）为：

$$\beta = 0.5\pi \tag{8-64}$$

综合以上公式，当 $0 < t < \tau$ 时的冲击谱方程为：

$$\beta = \begin{cases} \dfrac{2\gamma}{1 - 4\gamma^2}\sin2\pi\gamma & 0 < \gamma < 0.5 \\[2mm] 0.5\pi & \gamma = 0.5 \\[2mm] \dfrac{2\gamma}{2\gamma - 1}\sin\dfrac{2\pi}{1 + 2\gamma} & 0.5 < \gamma \leqslant 2.5 \\[2mm] \dfrac{2\gamma}{2\gamma - 1}\sin\dfrac{4\pi}{1 + 2\gamma} & 2.5 < \gamma \leqslant 4.5 \\[2mm] \dfrac{2\gamma}{2\gamma - 1}\sin\dfrac{6\pi}{1 + 2\gamma} & 4.5 < \gamma \leqslant 6.5 \\[2mm] \dfrac{2\gamma}{2\gamma - 1}\sin\dfrac{8\pi}{1 + 2\gamma} & 6.5 < \gamma \leqslant 8.5 \\ \cdots\cdots \end{cases} \tag{8-65}$$

在脉冲冲击时间内，当 $0 < \gamma < 0.5$ 时，函数没有极值点，函数单调递增，把 τ 直接代入式（8-49）得：

$$\beta = \frac{2\gamma}{1 - 4\gamma^2}\sin2\pi\gamma \tag{8-66}$$

当 $t > \dfrac{\pi}{\omega_1}$ 时，

$$\begin{aligned} \ddot{x} &= \frac{1}{m\omega}\int_0^\tau k\ddot{y}_m\sin\omega_1\tau\sin[\omega(t - \tau)]\,\mathrm{d}\tau \\ &= \frac{k\ddot{y}_m}{m\omega}\int_0^\tau \sin\omega_1\tau\sin[\omega(t - \tau)]\,\mathrm{d}\tau \\ &= \frac{k\ddot{y}_m}{2m\omega}\int_0^\tau \{\cos[(\omega_1 + \omega)\tau - \omega t] - \cos[(\omega_1 - \omega)\tau + \omega t]\}\,\mathrm{d}\tau \\ &= \frac{k\ddot{y}_m}{2m\omega}\left\{\frac{1}{\omega_1 + \omega}\sin[(\omega_1 + \omega)\tau - \omega t]\Big|_0^\tau - \frac{1}{\omega_1 - \omega}\sin[(\omega_1 - \omega)\tau + \omega t]\Big|_0^\tau\right\} \\ &= \ddot{y}_m\frac{\omega/\omega_1}{1 - (\omega/\omega_1)^2}[\sin\omega t + \sin\omega(t + \tau)] \end{aligned} \tag{8-67}$$

式（8-67）的最大值为：

$$\ddot{x}_m = \frac{2\ddot{y}_m\omega/\omega_1}{1-(\omega/\omega_1)^2}\cos\left(\frac{\pi}{2}\omega/\omega_1\right) \tag{8-68}$$

简化为：

$$\beta = \left|\frac{4\gamma}{1-4\gamma^2}\cos\pi\gamma\right| \tag{8-69}$$

冲击谱如图 8-9 所示。

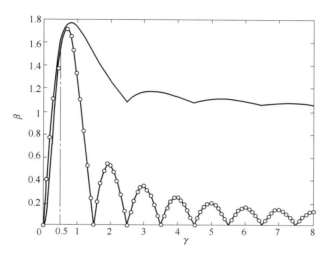

图 8-9　半正弦脉冲的最大冲击谱和剩余冲击谱

由图 8-9 可以看出，带 o 号曲线由式（8-69）给出，带实线由式（8-65）决定，当 γ ＜0.5 时，冲击响应的最大峰值由式（8-69）给出；当 γ ＞0.5 时，冲击响应的最大峰值由式（8-65）给出。半正弦脉冲作用下的冲击谱公式为：

$$\beta = \begin{cases} \dfrac{4\gamma}{1-4\gamma^2}\cos\pi\gamma & 0<\gamma<0.5 \\[2mm] 0.5\pi & \gamma=0.5 \\[2mm] \dfrac{2\gamma}{2\gamma-1}\sin\dfrac{2\pi}{1+2\gamma} & 0.5<\gamma\leqslant2.5 \\[2mm] \dfrac{2\gamma}{2\gamma-1}\sin\dfrac{4\pi}{1+2\gamma} & 2.5<\gamma\leqslant4.5 \\[2mm] \dfrac{2\gamma}{2\gamma-1}\sin\dfrac{6\pi}{1+2\gamma} & 4.5<\gamma\leqslant6.5 \\[2mm] \dfrac{2\gamma}{2\gamma-1}\sin\dfrac{8\pi}{1+2\gamma} & 6.5<\gamma\leqslant8.5 \\[2mm] \cdots\cdots \end{cases} \tag{8-70}$$

半正弦最大冲击谱曲线如图 8-10 所示。

3. 后峰锯齿波脉冲冲击谱曲线

后峰锯齿波加速度激励 $\ddot{y}(t)$ 的波形为：

$$\ddot{y}(t) = \begin{cases} \ddot{y}_m\dfrac{t}{\tau} & 0\leqslant t\leqslant\tau \\[2mm] 0 & t>\tau \end{cases} \tag{8-71}$$

201

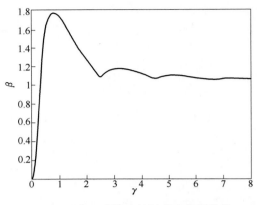

图 8-10 半正弦脉冲的最大冲击谱曲线

对易损零件运动微分方程（8-25）求二次导数得到：

$$mx^{(4)}+k\ddot{x}=\begin{cases}\dfrac{k\ddot{y}_m t}{\tau} & 0\leqslant t\leqslant\tau\\[2mm] 0 & t>\tau\end{cases} \tag{8-72}$$

用拉普拉斯变换求解 $0\leqslant t\leqslant\tau$ 时的加速度响应，由于拉普拉斯变换使用条件比较苛刻，所以先扩展脉冲的区间为无穷大，求解后，再取区间 $0\leqslant T\leqslant\tau$ 的解，这样不影响结果。

对式（8-72）进行拉普拉斯变换（这里已不再按脉冲去计算），得：

$$\begin{aligned}(ms^2+k)X(s)&=\frac{k\ddot{y}_m}{\tau}\int_0^\infty t\mathrm{e}^{-st}\mathrm{d}t\\&=\frac{k\ddot{y}_m}{-s\tau}\int_0^\infty t\mathrm{d}(\mathrm{e}^{-st})\\&=\frac{k\ddot{y}_m}{-s\tau}\left[t\mathrm{e}^{-st}\Big|_0^\infty-\int_0^\infty \mathrm{e}^{-st}\mathrm{d}t\right]\\&=\frac{k\ddot{y}_m}{s^2\tau}\end{aligned} \tag{8-73}$$

式中　$X(s)$——$\ddot{x}$ 的拉普拉斯变换函数。

由式（8-73）得：

$$X(s)=\frac{\ddot{y}_m}{\tau}\frac{\omega^2}{s^2+\omega^2}\frac{1}{s^2}=\frac{\ddot{y}_m}{\tau}\left(\frac{1}{s^2}-\frac{1}{s^2+\omega^2}\right) \tag{8-74}$$

式中　$\omega^2=\dfrac{k}{m}$。

当 $t>\tau$，由拉普拉斯变换简表查得：

$$L(t)=\frac{1}{s^2},\ L(\sin\omega t)=\frac{\omega}{\omega^2+s^2} \tag{8-75}$$

所以对式（8-74）求拉普拉斯的逆变换，得：

$$\ddot{x}=\frac{\ddot{y}_m}{\tau}\left(t-\frac{\sin\omega t}{\omega}\right) \tag{8-76}$$

当 $t>\tau$，对式（8-72）进行拉普拉斯变换（注意：此积分下限必须为 0）

$$\begin{aligned}(ms^2+k)X(s)&=\frac{k\ddot{y}_m}{\tau}\int_0^\infty t\mathrm{e}^{-st}\mathrm{d}t\\&=\frac{k\ddot{y}_m}{-s\tau}\int_0^\tau t\mathrm{d}(\mathrm{e}^{-st})\\&=\frac{k\ddot{y}_m}{-s\tau}\left[t\mathrm{e}^{-st}\Big|_0^\tau-\int_0^\tau \mathrm{e}^{-st}\mathrm{d}t\right]\\&=\frac{k\ddot{y}_m}{\tau}\left[-\frac{\tau\mathrm{e}^{-s\tau}}{s}-\frac{\mathrm{e}^{-s\tau}}{s^2}+\frac{1}{s^2}\right]\end{aligned} \tag{8-77}$$

由式（8-77）求得：

$$X(s) = \frac{\ddot{y}_m}{\tau}\left(-\frac{\tau e^{-s\tau}}{s} + \frac{s\tau e^{-s\tau}}{s^2+\omega^2} - \frac{e^{-s\tau}}{s^2} + \frac{e^{-s\tau}}{s^2+\omega^2} + \frac{1}{s^2} - \frac{1}{s^2+\omega^2}\right)$$

(8-78)

因为 $L(t) = \frac{1}{s^2}$，$L(\sin\omega t) = \frac{\omega}{\omega^2+s^2}$，$L(\cos\omega t) = \frac{s}{\omega^2+s^2}$，$L[u(t)] = \frac{1}{s}[u(t)$ 为单位阶跃函数$]$，$L[f(t-a)] = F(s)e^{-as}$（拉普拉斯变换的延迟性质）。

对式（8-78）进行拉普拉斯的逆变换：

$$\ddot{x} = \frac{\ddot{y}_m}{\tau}\left[\tau\cos\omega(t-\tau) + \frac{\sin\omega(t-\tau)}{\omega} - \frac{\sin\omega t}{\omega}\right]$$
$$= \frac{\ddot{y}_m}{\omega\tau}[\omega\tau\cos\omega(t-\tau) + \sin\omega(t-\tau) - \sin\omega t]$$

(8-79)

由式（8-76）、式（8-79）得：

$$\ddot{x} = \begin{cases} \dfrac{\ddot{y}_m}{\tau}\left(t - \dfrac{\sin\omega t}{\omega}\right) & 0 \leqslant t \leqslant \tau \\[3mm] \dfrac{\ddot{y}_m}{\omega\tau}[\omega\tau\cos\omega(t-\tau) + \sin\omega(t-\tau) - \sin\omega t] & t > \tau \end{cases}$$

(8-80)

对式（8-80）的第一式求导，令其等于 0，得：

$$\frac{d\ddot{x}}{dt} = \frac{\ddot{y}_m}{\tau}(1 - \cos\omega t)$$

(8-81)

因为：

$$1 - \cos\omega t \geqslant 0$$

(8-82)

所以式（8-80）的第一式的最大值为：

$$\ddot{x}_m = \frac{\ddot{y}_m}{\tau}\left(\tau - \frac{\sin\omega\tau}{\omega}\right)$$

(8-83)

设：

$$\beta = \frac{\ddot{x}_m}{\ddot{y}_m}, \quad \gamma = \frac{\tau}{T}$$

(8-84)

则式（8-83）变为：

$$\beta = 1 - \frac{\sin 2\pi\gamma}{2\pi\gamma}$$

(8-85)

令 $t' = t - \tau$，则式（8-80）的第二式中：

$$\sin\omega(t-\tau) - \sin\omega t$$
$$= \sin\omega t' - \sin\omega(t'+\tau)$$
$$= \sin\omega t' - [\sin\omega t'\cos\omega\tau + \cos\omega t'\sin\omega\tau]$$
$$= \sin\omega t'(1 - \cos\omega\tau) - \cos\omega t'\sin\omega\tau$$

(8-86)

因此式（8-80）的第二式为：

$$\ddot{x} = \frac{\ddot{y}_m}{\omega\tau}[\omega\tau\cos\omega t' + \sin\omega t'(1-\cos\omega\tau) - \cos\omega t'\sin\omega\tau]$$
$$= \frac{\ddot{y}_m}{\omega\tau}[(\omega\tau - \sin\omega\tau)\cos\omega t' + (1-\cos\omega\tau)\sin\omega t']$$
$$= \ddot{y}_m[\beta\sin\varphi\cos\omega t' + \beta\cos\varphi\sin\omega t']$$
$$= \ddot{x}_m\sin(\omega t' + \varphi)$$
$$= A_m\sin(\omega t' + \varphi)$$

(8-87)

式中

$$\beta\ddot{y}_m = \ddot{x}_m = A_m$$

(8-88)

$$\frac{1}{\omega\tau}(\omega\tau-\sin\omega\tau)=\beta\sin\varphi \tag{8-89}$$

$$\frac{1}{\omega\tau}(1-\cos\omega\tau)=\beta\cos\varphi \tag{8-90}$$

$$\beta=\frac{1}{\omega\tau}\sqrt{(\omega\tau-\sin\omega\tau)^2+(1-\cos\omega\tau)^2} \tag{8-91}$$

将 $\gamma=\dfrac{\tau}{T}=\dfrac{\omega\tau}{2\pi}$ 代入式（8-91），得到：

$$
\begin{aligned}
\beta &=\frac{T}{2\pi\tau}\sqrt{(\omega\tau-\sin\omega\tau)^2+(1-\cos\omega\tau)^2}\\
&=\frac{1}{2\pi\gamma}\sqrt{\omega^2\tau^2-2\omega\tau\sin\omega\tau+\sin^2\omega\tau+1-2\cos\omega\tau+\cos^2\omega\tau}\\
&=\frac{1}{2\pi\gamma}\sqrt{\omega^2\tau^2-2\omega\tau\sin\omega\tau+2-2\cos\omega\tau}\\
&=\frac{1}{2\pi\gamma}\sqrt{(2\pi\gamma)^2-4\pi\gamma\sin2\pi\gamma+2-2\cos2\pi\gamma}
\end{aligned} \tag{8-92}
$$

则：

$$\beta=\frac{1}{2\pi\gamma}\sqrt{(2\pi\gamma-\sin2\pi\gamma)^2+(1-\cos2\pi\gamma)^2} \tag{8-93}$$

根据式（8-85）、式（8-93），以 β 为纵坐标，以 γ 为横坐标画后峰锯齿波的冲击谱，如图 8-11 所示。

由图 8-11 可以看出，虚线由式（8-93）决定，实线由式（8-85）决定，最大冲击谱由两者的最大值决定，虚线所决定的值总大于由实线所决定的值，所以式（8-93）就是后峰锯齿冲击下的最大冲击谱。

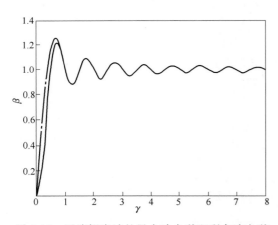

图 8-11 后峰锯齿波的最大冲击谱和剩余冲击谱

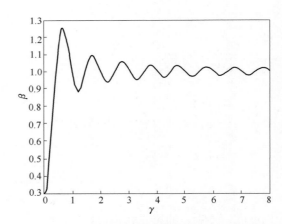

图 8-12 后峰锯齿波脉冲激励下的最大冲击谱

4. 三种冲击谱的比较

为了便于比较，在同一坐标系中给出矩形、半正弦波和后峰锯齿波等三种脉冲激励的冲击谱，如图 8-13 所示。可以看出，在脉冲峰值和脉冲时间比相同的条件下，三种脉冲激励的结果是不同的，矩形脉冲下响应最为强烈，其次是半正弦波，而后峰锯齿脉冲的结果比较弱，脉冲激励下的响应与脉冲波形有关，因此冲击谱综合地反映了脉冲激励（波形、峰值、脉冲时间）和易损零件的振动特性（质量、弹性常数）对响应最大加速度的影响。

【**例 8-1**】 某产品中易损零件的固有频率 $\omega=628\mathrm{rad/s}$，将该产品固定在冲击砧上分别采用矩形、半正弦波和后峰锯齿脉冲对产品进行冲击试验，3 次试验的跌落高度为 0.3m，脉冲峰值均为 $50g$，试求易损零件在这 3 次试验中的最大加速度。

解：易损零件的固有周期：

$$T=\frac{2\pi}{\omega}=\frac{2\times3.14}{628}=0.01\,(\mathrm{s})$$

（1）矩形脉冲

$$\tau=\frac{2\sqrt{2gH}}{\ddot{y}_\mathrm{m}}=\frac{2\times\sqrt{2\times9.8\times0.3}}{50\times9.8}=0.01\,(\mathrm{s})$$

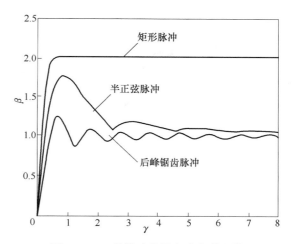

图 8-13 三种脉冲的最大冲击谱比较

$$\gamma=\frac{\tau}{T}=1,\ \beta=2$$

$$\ddot{x}_\mathrm{m}=\beta\ddot{y}_\mathrm{m}=2\times50g=100g$$

（2）半正弦波脉冲

同理：

$$\tau=\frac{\pi\sqrt{2gH}}{\ddot{y}_\mathrm{m}}=\frac{3.14\times\sqrt{2\times9.8\times0.3}}{50\times9.8}=0.016\,(\mathrm{s})$$

$$\gamma=\frac{\tau}{T}=1.6$$

$$\beta=\frac{2\gamma}{2\gamma-1}\sin\frac{2\pi}{1+2\gamma}=\frac{2\times1.6}{2\times1.6-1}\sin\frac{2\pi}{4.2}=1.45$$

$$\ddot{x}_\mathrm{m}=\beta\ddot{y}_\mathrm{m}=1.45\times50g=72.52g$$

（3）后峰锯齿波脉冲

同理：

$$\tau=\frac{4\sqrt{2gH}}{\ddot{y}_\mathrm{m}}=\frac{4\times\sqrt{2\times9.8\times0.3}}{50\times9.8}=0.02\,(\mathrm{s})$$

$$\gamma=\frac{\tau}{T}=2.0$$

$$\beta=\frac{1}{2\pi\gamma}\sqrt{(2\pi\gamma-\sin2\pi\gamma)^2+(1-\cos2\pi\gamma)^2}$$

$$=\frac{1}{2\pi\times2}\sqrt{(2\pi\times2-0)^2+(1-1)^2}=1$$

$$\ddot{x}_\mathrm{m}=\beta\ddot{y}_\mathrm{m}=1\times50g=50g$$

计算结果表明：三种波形冲击激励加速度幅值及跌落高度相同，脉冲时间比不同，矩形脉冲下响应值大于半正弦波脉冲，半正弦波脉冲下响应值又大于后峰锯齿波脉冲。

第四节 典型包装致损的力学分析

一、包装箱、盒类的破损

1. 包装盒的静态受力分析

折叠纸盒的抗压强度随着挺度、环压强度和厚度的增加而增大；结构不同，抗压强度不同；而结构参数的影响作用表现为：抗压强度与高度成反比关系，与周边长成正比关系，与长宽比近似成二次函数关系。

将纸盒材纸的抗压强度以及一系列参数作为已知量，再通过实验拟合能够得到计算纸盒极限静载荷的经验公式。目前研究者已经得出了很多这种经验公式，其中美国纸盒纸板研究开发协会（BRDA）提出一种折叠纸盒抗压强度的经验公式：

$$P = \frac{a\left(1 + \dfrac{D_x}{D_y}\right)(D_x D_y)^{0.5}}{d} \tag{8-94}$$

式中　　P——折叠纸盒抗压强度，N；

　　　　a——常数；

　　　　D_x——纸板的纵向挺度，mN·m；

　　　　D_y——纸板的横向挺度，mN·m；

　　　　d——纸板厚度，mm。

由于 BRDA 公式仅考虑了纸板纵横向挺度和厚度的影响，其最大误差达到了 21%，故可对其进行优化，找出较为精确的折叠纸盒抗压强度数学模型。

锁底式纸盒是各个体板以每两个相邻体板的交线（即高度方向压痕线）为轴，顺次旋转一定角度而成型的。在载荷作用下，4 个侧板都是纵向承载，根据管式折叠纸盒的结构及其受力状态，可知纸板的环压强度也是抗压强度的影响因素。由于侧板是纵向承载，因而在公式中加入纵向环压强度，根据 BRDA 式，加入纸盒结构影响因子，并考虑到纸板的纵横向挺度有一定关系，$\dfrac{D_x}{D_y}$ 可以看成常数，建立数学模型如下：

$$P = a_1 P_m^{b_1}(D_x D_y)^{0.5} t^{-1} L^{e_1} H^{f_1}(g_1 A^2 + g_2 A + g_3) \tag{8-95}$$

式中　a_1、b_1、e_1、f_1、g_1、g_2、g_3——常数；

　　　　　　　　　　L——纸盒周边长，mm；

　　　　　　　　　　H——纸盒高度，mm；

　　　　　　　　　　A——纸盒长宽比；

　　　　　　　　　　P_m——纸板的纵向环压强度，N/m。

通过实验及数据分析，在考虑纸板性能和结构参数的共同影响时，锁底式折叠纸盒的抗压强度计算经验公式为：

$$P = 0.145 p_m^{0.44}(D_x D_y)^{0.5} t^{-1} L^{-0.06} H^{-0.06}(-0.17 A^2 + 0.49 A + 0.64) \tag{8-96}$$

通过比较，模型的拟合度很好，最大误差仅为 3%。

在静载情况下，若不考虑包装件刚度对纸盒抗压强度的影响，只要纸盒实际所承受的压力 $P_0 < P$，就不会有失效破损发生。

2. 包装箱的静态受力分析

瓦楞纸箱的抗压强度是指箱体破坏时的最大荷重，可用破坏时的变形量来表示。实际测量时是在空箱条件下单个测定的，它代表了最稳定的强度。也可用计算法评价瓦楞纸箱的抗压强度，计算法有堆码计算和经验公式计算法。

所谓堆码法是把纸箱进行多层堆叠，直至最底层纸箱压溃时，记录所堆叠的层数和高度，然后用以下公式计算瓦楞纸箱的抗压强度：

$$P = WK\left(\frac{H}{h} - 1\right) \tag{8-97}$$

式中　P——瓦楞纸箱的抗压强度，N；

　　　K——安全系数；

　　　H——堆码高度，mm；

　　　h——瓦楞纸箱单体高度，mm；

　　　W——瓦楞纸箱的单体重量，N。

安全系数 $K = K_1 K_2$，其中 K_1 是制造中的条件系数，$K_1 = k_1 k_2$；K_2 是流通中的条件系数，$K_2 = k_3 k_4 k_5 k_6 k_7$。这里，$k_1$ 为原纸的质量波动系数；k_2 为制造工艺低劣系数；k_3 为长久保存引起的强度下降系数；k_4 是由湿度引起的强度下降系数；k_5 为由堆放引起的强度下降系数；k_6 为由运输引起的强度下降系数；k_7 为由装卸引起的强度下降系数。由式（8-97）可知，堆码计算法的因素很全面，但此法一是要做实验，二是要精确确定每项系数。这使堆码法的使用受到一定程度的限制。

瓦楞纸箱设计的主要依据是抗压强度，如果能根据事先已知的条件，计算出箱的抗压强度，而不必一个个去测定，那就非常方便了。其经典的预测公式为凯里卡特公式：

$$P = P_X \left(\frac{4aX_z}{Z}\right)^{\frac{2}{3}} ZJ \tag{8-98}$$

式中　P——瓦楞纸箱抗压强度，N；

　　　P_X——瓦楞纸板原纸的综合环压强度，N/cm；

　　aX_z——瓦楞常数；

　　　L——纸盒周边长，cm；

　　　Z——瓦楞纸箱周边长，cm；

　　　J——纸箱常数。

其中瓦楞纸板原纸的综合环压强度计算公式如下：

$$P_X = \frac{\sum R_n + \sum C_n R_{mn}}{1.52} \tag{8-99}$$

式中　R_n——面纸环压强度测试值，N/0.152m；

　　R_{mn}——瓦楞芯纸环压强度测试值，N/0.152m；

　　　C_n——瓦楞收缩率，即瓦楞芯纸原长度与面纸长度之比。

式（8-98）中 $Z = 2(L_0 + B_0)$，其中 L_0、B_0 分别代表纸箱长宽外尺寸。

多瓦楞纸板的 aX_z、J 值计算公式如下：

$$aX_{z(\sum n)} = \sum aX_z(n) \tag{8-100}$$

$$J_{\sum n} = \frac{(n + 1 + \sum C_n) \sum J_n}{(2n + \sum C_n)n} \tag{8-101}$$

式中　$aX_{z(\sum n)}$——多瓦楞纸板的瓦楞常数；

　　$aX_z(n)$——单瓦楞纸板的瓦楞常数；

　　　$J_{\sum n}$——多瓦楞纸板的纸箱常数；

　　　n——瓦楞层数；

　　　C_n——瓦楞收缩率；

　　　J_n——单瓦楞纸板的纸箱常数。

aX_z 和 J 的值如表 8-3 所示。

实践证明，用凯里卡特公式计算所得的纸箱抗压强度值总小于纸箱的实际测量值，两者之差约为 5%。为了减少这一误差，寻求出一个更加合理的计算公式，可先分析瓦楞纸箱 3 个主要结构因素与纸箱抗压强度之间的关系。

表 8-3　　　　　　　　　　　　　　　瓦楞常数与纸箱常数

楞型	A	B	E	AB
aX_z	8.36	5.00	6.10	13.36
J	1.10	1.27	1.27	1.01

纸箱高度在 25cm 以下，高度对其抗压强度影响较大；当超过 25cm 时，则几乎没有影响；纸箱纵横比（即长、宽比）对抗压强度的影响较大，纵横比与抗压强度成二次函数关系；纸箱抗压强度与其周长近似成正比例关系，即随着纸箱周长的增大，纸箱的抗压强度也增大。

凯里卡特公式采用的箱形系数 J，反映了周长的影响因素，但它作为常数，不能反映高度和纵横比的影响。假定所研究的纸箱高度大于 25cm，高度的影响可以忽略，则影响凯里卡特公式计算精度的另一主要因素便是纵横比。

沃福公式是以瓦楞纸板的变压强度和厚度作为瓦楞纸板的参数，以箱体周边长、长宽比和高度作为纸箱结构的因素来计算瓦楞纸箱抗压强度，公式如下：

$$P = \frac{10772 P_m \sqrt{TZ}(0.3228 R_L - 0.1217 R_L^2 + 1)}{100 H_0^{0.041}} \tag{8-102}$$

式中　　P——纸箱抗压强度，N；

　　　　Z——纸箱周长，mm；

　　　　T——纸箱厚度，mm；

　　　　P_m——瓦楞纸板的边压强度，N/m；

　　　　H_0——纸箱的高度，mm；

　　　　R_L——纸箱的长宽比。

沃福公式引入了一个因子 $0.3228 R_L - 0.1217 R_L^2 + 1$，这个因子近似地反映了纵横比与抗压强度的二次函数关系。

可以采用沃福公式中二次式因子的曲线形状，并根据纸箱最大抗压强度来确定修正因子的常数项，达到修正凯里卡特公式的目的。考虑到凯里卡特公式总是比实测值小 5%，可以在修正因子中加入 5%，化简后的修正因子为：

$$k = 0.3228 R_L - 0.1217 R_L^2 + 0.856 \tag{8-103}$$

即可得到修正后的凯里卡特公式：

$$P = P_X \left(\frac{4aX_z}{Z}\right)^{\frac{2}{3}} ZJ(0.3228 R_L - 0.1217 R_L^2 + 0.856) \tag{8-104}$$

实验证明，经过修正后的凯里卡特公式绝对误差的平均值为 1.65%，比修正之前更加精确，而且适用于各种纵横比。

在静载情况下，若不考虑包装件刚度对纸箱抗压强度的影响，只要纸箱实际所承受的压力 $P_0 < P$，就不会有失效破损发生。

二、包装袋类的破损

柔性包装袋是具有一定弹性的包装容器，在包装中的应用较为广泛，常用作松散粉粒物料的运输包装。物流过程中经常存在这类包装袋的破损问题，因此，对柔性包装袋分析强度因素、建立力学模型、找出破损力学条件显得尤为必要，这将对改进集装袋包装设计提供参考。因此以下以弹性力学理论为基础，对立式圆柱形包装袋进行建模和应力分析。

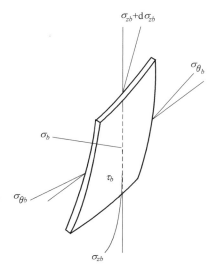

图 8-14　柔性包装袋单元体受力图

1. 柔性包装袋方程及应力求解

为便于分析，对盛装了物料的立式圆柱形柔性包装袋做以下假设：散料体与包装袋符合弹性条件；对柔性包装袋按薄膜理论分析，厚度方向应变忽略不计。柔性包装袋受力单元体如图 8-14 所示。

根据力的平衡，包装袋平衡方程为：

$$\frac{\partial \sigma_{zb}}{\partial Z} - \frac{\tau_b}{d} = 0 \qquad (8\text{-}105)$$

$$\sigma_{zb}\frac{\partial^2 U_b}{\partial Z^2} + \frac{\sigma_{\theta b}}{R+U_b} - \frac{\sigma_b}{d} = 0 \qquad (8\text{-}106)$$

式中　σ_{zb}，$\sigma_{\theta b}$——包装袋在 Z 和 θ 方向的应力；

　　　σ_b——散料体在 $r=R$ 处的正应力；

　　　τ_b——散料体与包装袋之间摩擦力，$\tau_b = \sigma_b \tan\varphi_b$；

　　　$\tan\varphi_b$——散料体与包装袋之间的摩擦系数；

　　　d——包装袋厚度；

　　　R——包装袋直径；

　　　U_b——包装袋 r 方向的位移。

2. 包装袋的几何方程和物理方程

由弹性力学，包装袋的几何方程和物理方程如下：

$$\varepsilon_{rb} = \frac{\partial U_b}{\partial r},\ \varepsilon_{\theta b} = \frac{U_b}{R},\ \varepsilon_{zb} = \frac{\partial W_b}{\partial Z} \qquad (8\text{-}107)$$

$$\begin{cases} \varepsilon_{rb} = \dfrac{1}{E_b}[\sigma_{rb} - \mu_b(\sigma_{\theta b} + \sigma_{zb})] \\[2mm] \varepsilon_{\theta b} = \dfrac{1}{E_b}[\sigma_{\theta b} - \mu_b(\sigma_{rb} + \sigma_{zb})] \\[2mm] \varepsilon_{zb} = \dfrac{1}{E_b}[\sigma_{zb} - \mu_b(\sigma_{rb} + \sigma_{\theta b})] \end{cases} \qquad (8\text{-}108)$$

式中　ε_{rb}、$\varepsilon_{\theta b}$、ε_{zb}——包装袋沿 r、θ 和 Z 方向的正应变；

　　　W_b——包装袋 Z 方向的位移；

　　　E_b、μ_b——包装袋的弹性模量和泊松比。

在 $r=R$ 时，散料体的径向位移与包装袋径向位移是相等的，由此得到包装袋的应力表达式为：

$$\sigma_{\theta b}=b_0+b_1(H-Z)+b_2(H^2-Z^2) \tag{8-109}$$

$$\sigma_{zb}=\frac{\tan\varphi_b}{t}(a_0+a_1Z+a_2Z^2) \tag{8-110}$$

式中　$b_0=\dfrac{\mu_b}{1-\mu_b}\tan\varphi_b\left[\dfrac{E_b^2}{4(1-\mu_b{}^2)^2}\dfrac{t}{R^2a_2}+\dfrac{E_b}{2(1-\mu_b^2)}\dfrac{H}{R}+\dfrac{a_0}{t}+\dfrac{a_1H}{t}+\dfrac{a_2H^2}{t}\right]+$

$\qquad\dfrac{\mu_b}{1-\mu_b}\left[\dfrac{E_b}{4(1+\mu_b^2)}\dfrac{a_1}{Ra_2}-1\right]$

$\quad b_1=-\dfrac{\mu_b}{1-\mu_b}\tan\varphi_b\left[\dfrac{E_b}{(1-\mu_b^2)}\dfrac{1}{2R}+\dfrac{a_0}{t}\right]$；

$\quad b_2=-\dfrac{\mu_b}{1-\mu_b}\tan\varphi_b\dfrac{a_2}{t}$；

$\quad a_0=\dfrac{E_b^2}{4(1-\mu_b^2)^2}\dfrac{t^2}{R^2a_2}\tan\varphi_b+\dfrac{E_b}{\mu_b(1-\mu_b)}\dfrac{t}{R^2a_2}+\dfrac{t}{\tan\varphi_b}+\dfrac{2(1-\mu_b^2)}{E_b}\dfrac{RH}{t}a_1^2+\dfrac{a_1^2}{4a_2^2}+$

$\qquad\dfrac{H}{2}a_1$；

$\quad a_1=\dfrac{4-\dfrac{\mu_bE_b}{(1+\mu_b)^2(1-\mu_b)}\dfrac{t}{R^2a_2}\tan\varphi_b}{\dfrac{\mu_b}{1+\mu_b}\dfrac{E}{Ra_2}\tan\varphi_b-4(1+\mu)(1-2\mu)}E$；

$\quad a_2=\left[\dfrac{1+2\mu}{g(1-\mu^2)}\dfrac{\mu_b}{1-\mu_b}\tan\varphi_b\dfrac{\mu}{2(1-\mu)}\dfrac{\gamma R}{E}\right]\dfrac{E}{R}$（其中 γ 为散料体重度）。

3. 堆码时的应力

包装袋立式堆码时的受力简图如图 8-15
所示。

堆码时，包装袋承受了堆码引起的附加
重量 W，表达式为：

$$W=\pi R^2H\cdot\gamma\cdot n \tag{8-111}$$

式中　R——包装袋半径，mm；

$\quad H$——包装袋散料体高度，mm；

$\quad n$——堆码时袋的数量。

在 $z=0$ 处建立力的平衡方程得：

$$\pi R^2\sigma_z\big|_{z=0}+2\pi Rd\sigma_{zb}\big|_{z=0}=W \tag{8-112}$$

当 $r=R$ 时，散料体的径向位移与包装
袋径向位移相等，则得到堆码时包装袋的应
力表达式为：

$$\sigma_{\theta d}=B_0+B_1(H-Z)+B_2(H^2-Z^2) \tag{8-113}$$

$$\sigma_{zd}=\frac{\tan\varphi_b}{t}(A_0+A_1Z+A_2Z^2) \tag{8-114}$$

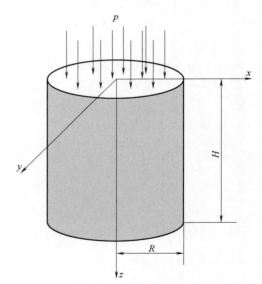

图 8-15　包装袋立式堆码时的受力简图

其中，$A_0=\dfrac{R}{2\tan\varphi_b}(H\gamma n+2\mu A_1)$，$A_1=a_1$，$A_2=a_2$，$B_0=b_0$，$B_1=b_1$，$B_2=b_2$。

三、包装瓶罐类的破损

对瓶罐类包装制品而言，一般主要考虑其在内装液体、气体物料下的压力强度，如啤酒等含气饮料在常温下的压力为 0.2～0.4MPa，包装罐（如易拉罐）常可视为承受内压为 p，壁厚为 δ，直径为 D 的薄壁圆筒。

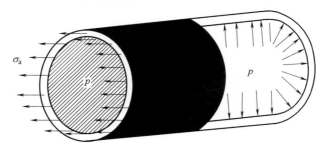

图 8-16　圆柱形薄壁容器的轴向应力

如图 8-16 所示，任取一个与轴线垂直的截面将圆柱形薄壁容器截开，考虑其右边部分的平衡，作用在薄壁圆筒部分的内压在轴线方向的分量为零，作用在容器右端面上的内压垂直于器壁的方向，其合力等价于内压 p 作用在容器内部横截面上，为 $\pi D^2 p/4$。作用在器壁中的轴向应力已假定沿器壁厚度方向均匀分布，所以其在轴线方向的合力为 $\pi D\delta\sigma_a$。由圆柱形薄壁容器右边部分的平衡有：

$$\frac{\pi D^2 p}{4}=\pi D\delta\sigma_a \tag{8-115}$$

故有：

$$\sigma_a=\frac{pD}{4\delta} \tag{8-116}$$

即为包装瓶罐的轴向应力。

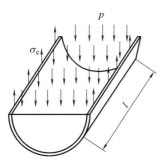

图 8-17　圆柱形薄壁
容器的环向应力

在圆形薄壁容器中间圆筒部分再取单位长度的一段，沿圆筒直径将其截开，如图 8-17 所示，考虑下半部分的平衡，作用在下面部分器壁上的压力，其合力等价于内压 p 作用在过直径的矩形剖面上，为 Dp。作用在器壁中的环向应力假定沿器壁厚度方向均匀分布，所以其环向的合力为 $2\delta\sigma_c$。由下半部分沿环向力的平衡有：

$$Dp=2\delta\sigma_c \tag{8-117}$$

故有：

$$\sigma_c=\frac{pD}{2\delta} \tag{8-118}$$

即为包装瓶罐的环向应力。

根据以上包装瓶罐的应力分析可知，环向应力是轴向应力的 2 倍，则包装瓶罐的强度计算公式为：

$$\sigma=\frac{D}{2\delta}p\leqslant[\sigma] \tag{8-119}$$

其中 $[\sigma]$ 为材料许用应力。

四、包装桶类的破损

1. 圆筒受内压

设圆筒内半径 r_a，外半径 r_b，受内压 p_a，外压 p_b，如图 8-18 所示。考察半径值为 r（$r_a < r < r_b$）处的桶壁，其应力分量为 $\sigma_r = \dfrac{1}{r}\dfrac{\mathrm{d}\varphi}{\mathrm{d}r}$，$\sigma_\theta = \dfrac{\mathrm{d}^2\varphi}{\mathrm{d}r^2}$，$\tau_{\theta r} = \tau_{r\theta} = 0$，变形协调方程简化为：

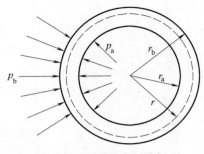

图 8-18　圆桶受内压分析

$$\left(\frac{\mathrm{d}^2\varphi}{\mathrm{d}r^2} + \frac{1}{r}\frac{\mathrm{d}\varphi}{\mathrm{d}r}\right)^2 \varphi = 0 \qquad (8\text{-}120)$$

协调方程的通解可写作：

$$\varphi = A\ln r + Br^2\ln r + Cr^2 + D \qquad (8\text{-}121)$$

其中，A、B、C、D 为系数，可根据边界条件进行求解。

于是应力为：

$$\begin{cases} \sigma_r = \dfrac{A}{r^2} + B(1+2\ln r) + 2C \\[3mm] \sigma_\theta = -\dfrac{A}{r^2} + B(3+2\ln r) + 2C \end{cases} \qquad (8\text{-}122)$$

对平面应变问题，应用几何方程求位移，得到：

$$\begin{cases} \varepsilon_r = \dfrac{\partial u_r}{\partial r} = \dfrac{1}{E'}\left[(1+v')\dfrac{A}{r^2} + (1-3v')B + 2(1-v')B\ln r + 2(1-v')C\right] \\[3mm] \sigma_\theta = \dfrac{u_r}{r} + \dfrac{1}{r}\dfrac{\partial u_\theta}{\partial\theta} = \dfrac{1}{E'}\left[-(1+v')\dfrac{A}{r^2} + (3-v')B + 2(1-v')B\ln r + 2(1-v')C\right] \\[3mm] \tau_{\theta r} = \tau_{r\theta} = \dfrac{1}{r}\dfrac{\partial u_r}{\partial\theta} + \dfrac{\partial u_\theta}{\partial r} - \dfrac{u_\theta}{r} = 0 \end{cases} \qquad (8\text{-}123)$$

式中　E'——弹性模量；

　　　v'——泊松比。

解上面 3 个微分方程，得到位移的解为：

$$\begin{cases} u_r = \dfrac{1}{E'}\left[-(1+v')\dfrac{A}{r} + 2(1-v')Br(\ln r - 1) + (1-3v')Br + 2(1-v')Cr\right] + I\cos\theta + K\sin\theta \\[3mm] u_\theta = \dfrac{4Br\theta}{E'} + Hr - I\sin\theta + K\sin\theta \end{cases}$$

$$(8\text{-}124)$$

最后，得到应力解：

$$\begin{cases} \sigma_r = \dfrac{r_a^2}{r_b^2 - r_a^2}\left(1 - \dfrac{r_b^2}{r^2}\right)p_a - \dfrac{r_b^2}{r_b^2 - r_a^2}\left(1 - \dfrac{r_a^2}{r^2}\right)p_b \\[3mm] \sigma_\theta = \dfrac{r_a^2}{r_b^2 - r_a^2}\left(1 + \dfrac{r_b^2}{r^2}\right)p_a - \dfrac{r_b^2}{r_b^2 - r_a^2}\left(1 + \dfrac{r_a^2}{r^2}\right)p_b \end{cases} \qquad (8\text{-}125)$$

由于只考虑筒内压，故 $p_b = 0$，所以圆筒受内压 p_a 作用，弹性阶段的应力分量为：

$$\begin{cases} \sigma_r = \dfrac{r_a^2}{r_b^2 - r_a^2}\left(1 - \dfrac{r_b^2}{r^2}\right)p_a \\[3mm] \sigma_\theta = \dfrac{r_a^2}{r_b^2 - r_a^2}\left(1 + \dfrac{r_b^2}{r^2}\right)p_a \\[3mm] \tau_{r\theta} = 0 \end{cases} \tag{8-126}$$

且有：

$$\sigma_1 - \sigma_3 = \sigma_\theta - \sigma_r = \frac{2r_a^2 r_b^2}{(r_b^2 - r_a^2)r^2}p_a \tag{8-127}$$

随着载荷的增大，桶在内壁处首先屈服。根据 Tresca 屈服条件，当内壁处的 $\sigma_1 - \sigma_3 = \sigma_\theta - \sigma_r = \sigma_s$ 时材料开始屈服，对应的弹性极限载荷为：

$$p_e = \frac{\sigma_s}{2}\left(1 - \frac{r_a^2}{r_b^2}\right) \tag{8-128}$$

当内压 p_a 超过 p_e 时，桶进入弹塑性阶段屈服，分为弹性区和塑性区，其分界线为 $r = r_c$（图 8-19）。

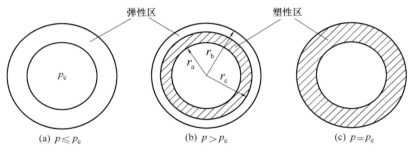

图 8-19　厚壁桶承受内压

① 塑性区，$r_a \leqslant r \leqslant r_c$。

对于平面轴问题，平衡方程为：

$$\frac{\mathrm{d}\sigma_r}{\mathrm{d}r} + \frac{\sigma_r - \sigma_\theta}{r} = 0 \tag{8-129}$$

并且，塑性区内的每一点均满足 Tresca 屈服条件，即：

$$\sigma_\theta - \sigma_r = \sigma_s \tag{8-130}$$

积分的塑性区的径向应力：

$$\sigma_r = \sigma_s \ln r + C \tag{8-131}$$

将边界条件 $\sigma_r|_{r=r_a} = -p$ 代入上式得出常数 C，再带回上式得：

$$\sigma_r = \sigma_s \ln \frac{r}{r_a} - p_a \tag{8-132}$$

将其代入式（8-132）中，得到塑性区内的环向应力：

$$\sigma_\theta = \sigma_s\left(\ln \frac{r}{r_a} + 1\right) - p_a \tag{8-133}$$

② 弹性区，$r_c < r \leqslant r_b$。

如果取桶的弹性区为研究对象，则弹性区与塑性区分界线处的 σ_r 与弹性区内压 p_e 数值上相等。由于该处位于塑性区的边界上，故根据式（8-132）得：

$$p_e = -\sigma_r|_{r=r_c} = -\left(\sigma_s \ln \frac{r_c}{r_a} - p_a\right) \tag{8-134}$$

将 $p=p_e$，$r_a=r_c$ 代入式（8-126），可得弹性区内的应力分布：

$$\sigma_r=\frac{r_c^2}{r_b^2-r_c^2}\Big(1-\frac{r_b^2}{r^2}\Big)p_e,\quad \sigma_\theta=\frac{r_c^2}{r_b^2-r_c^2}\Big(1+\frac{r_b^2}{r^2}\Big)p_e,\quad \tau_{r\theta}=0 \tag{8-135}$$

考虑到 p_e 为弹性极限载荷，根据式（8-128）有：

$$p_e=\frac{\sigma_s}{2}\Big(1-\frac{r_c^2}{r_b^2}\Big) \tag{8-136}$$

根据式（8-134）和式（8-136），有：

$$-\Big(\sigma_s\ln\frac{r_c}{r_a}-p_a\Big)=\frac{\sigma_s}{2}\Big(1-\frac{r_c^2}{r_b^2}\Big) \tag{8-137}$$

③ 塑性极限载荷，$r_c=r_b$。

当 $r_c=r_b$ 时，桶全部进入塑性极限状态，此时的内压 p_a 为塑性极限载荷 p_s，由式（8-137）可得：

$$p_s=\sigma_s\ln\frac{r_b}{r_a} \tag{8-138}$$

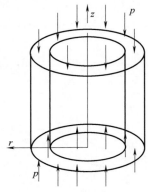

图 8-20　圆桶堆码受力分析

2. 包装桶圆筒受垂直应力

包装桶堆码，其受力状况如图 8-20 所示。

设双调和函数 $\varphi(r,z)$ 为应力函数并满足双调和方程 $\nabla^4\varphi=0$，即：

$$\Big(\frac{\partial^2}{\partial r^2}+\frac{1}{r}\frac{\partial}{\partial r}+\frac{\partial^2}{\partial z^2}\Big)\Big(\frac{\partial^2}{\partial r^2}+\frac{1}{r}\frac{\partial}{\partial r}+\frac{\partial^2}{\partial z^2}\Big)\varphi=0 \tag{8-139}$$

取 $\varphi(r,z)$ 为：

$$\varphi(r,z)=z(A\ln r+Br^2\ln r+Cr^2)+Dz^3 \tag{8-140}$$

代入应力分量表达式：

$$\sigma_r=\frac{\partial}{\partial z}\Big(\mu\Delta^2\varphi-\frac{\partial^2\varphi}{\partial r^2}\Big) \tag{8-141}$$

$$\sigma_\theta=\frac{\partial}{\partial z}\Big(\mu\Delta^2\varphi-\frac{1}{r}\frac{\partial\varphi}{\partial r}\Big) \tag{8-142}$$

$$\sigma_z=\frac{\partial}{\partial z}\Big[(2-\mu)\Delta^2\varphi-\frac{\partial^2\varphi}{\partial z^2}\Big] \tag{8-143}$$

$$\tau_{zr}=\tau_{rz}=\frac{\partial}{\partial r}\Big[(1-\mu)\Delta^2\varphi-\frac{\partial^2\varphi}{\partial z^2}\Big] \tag{8-144}$$

将式（8-140）代入式（8-144），得：

$$\sigma_z=4(2-\mu)B\ln r+4(2-\mu)C+6(1-\mu)D \tag{8-145}$$

考虑图 8-18 中的桶受均匀压力 p 的作用，即 $\sigma_z=-p=$ 常数，若使上式成立，则有：$B=0$，将式（8-140）代入式（8-141）~式（8-144）各式中，得：

$$\begin{cases} \sigma_z=4(2-\mu)\Big(C+\dfrac{3}{2}D\Big)-6D \\[2mm] \sigma_r=4\mu\Big(C+\dfrac{3}{2}D\Big)+\dfrac{A}{r^2}-2C \\[2mm] \sigma_\theta=4\mu\Big(C+\dfrac{3}{2}D\Big)-\dfrac{A}{r^2}-2C \\[2mm] \tau_{zr}=\tau_{rz}=0 \end{cases} \tag{8-146}$$

当临界应力达到时，即现对应形式的失效。

练习思考题

1. 何为冲击易损度？
2. 确定产品易损度的方法有哪些？
3. 冲击脉冲三要素是什么？
4. 冲击谱是什么？
5. 按振动理论，冲击谱分类？
6. 试推导易损度的理论描述？简述包装件的损伤失效形式？
7. 某产品中易损零件的固有频率 $\omega = 628\text{rad/s}$，将该产品固定在冲击砧上采用半正弦波对产品进行冲击试验，试验的跌落高度为 1m，脉冲峰值均为 20g，试求易损零件在这 3 次试验中的最大加速度。
8. 某纸箱长、宽、高分别为 270，270，135mm，制作纸箱的瓦楞纸板厚度为 6mm，边压强度为 15kN/m，试估算该款纸箱的抗压力。

参 考 文 献

［1］ 彭国勋，郭彦峰. 物流运输包装设计：第 2 版 ［M］. 北京：印刷工业出版社，2012.
［2］ 王志伟. 运输包装 ［M］. 北京：中国轻工业出版社，2020.
［3］ 高德，计宏伟. 包装动力学 ［M］. 北京：中国轻工业出版社，2010.
［4］ 刘鸿文. 简明材料力学：第 2 版 ［M］. 北京：高等教育出版社，2008.
［5］ 哈尔滨工业大学理论力学教研室. 理论力学：第 8 版 ［M］. 北京：高等教育出版社，2016.
［6］ 孙训方，方孝淑，陆耀洪. 材料力学：上册：第 2 版 ［M］. 北京：高等教育出版社，1987.
［7］ 孙训方，方孝淑，陆耀洪. 材料力学：下册：第 2 版 ［M］. 北京：高等教育出版社，1991.
［8］ 刘鸿文. 高等材料力学 ［M］. 北京：高等教育出版社，1985.
［9］ 石端伟. 机械动力学 ［M］. 北京：中国电力出版社，2007.
［10］ 李敏. 工程振动基础 ［M］. 北京：北京航空航天大学出版社，2011.
［11］ 丁文镜. 减振理论 ［M］. 北京：清华大学出版社，2014.
［12］ 卢立新. 食品包装传质传热与保质 ［M］. 北京：科学出版社，2021.